Science Everywhere

科学
四方

走出地球的
生命

郭金虎 —— 著

上海科技教育出版社

对本书的评价

◇

这本书不仅是一本航天科学的科普读物，更是一次富有科学广度和趣味底蕴的探索之旅。从飞天的神话故事到人类一步步探索宇宙的奥秘，从微生物、动物和植物克服严酷的空间生态环境到人类自身依靠各种技术突破限制，从星际漫游的文艺作品到未来触手可及的现实，本书以独特的视角探讨了生命在宇宙中的可能性，既有科学性和历史性，又不乏引人入胜的故事和多样有趣的主题。

对宇宙奥秘的好奇心一直是人类航天基础科学研究的进步驱力，而空间特殊环境给生命科学和医学研究带来前所未有的机遇，载人航天工程、探月工程、火星探测项目相继发展，不断延展着走出地球的生命之名单，反过来，相关的技术转化也为地球民生带来了福祉。

希望这本充满思考与创新的力作，激发更多青年人的热情，正如书中所提，尽管现实迟于幻想，我频频翘首仰观星辰。

——邓玉林，
国际宇航科学院院士兼生命科学部主席，北京理工大学讲席教授，
中国宇航学会航天医学工程与生物学专委会主任委员

◇

地球是人类的家园，也是地球生命的共同发源地和栖居地。仰望天空，人们不禁会问：地球之外是什么？地球生命如何能够走出地球？走出的地球生命会怎样呢？郭金虎教授的科普著作《走出地球的生命》，回答了这些问题。

——商澎，
国际宇航科学院院士，西北工业大学长聘教授，
中国空间科学学会理事

◇

这本书除了科学性强以外，还兼具思想性、人文性。郭金虎教授的叙述和阿西莫夫一样，充满理性的光芒和深入的哲学思考，总能将我们的思想引入一个长长的隧道中，不断引领我们向更高更远的地方去思考、去探求。全书的字里行间还非常浪漫而且自然地融入了中国人的哲学、文化和历史。

——李一良，

香港大学天体生物学副教授

◇

郭金虎博士以精深的专业知识为基础，围绕令人好奇的生命、航天、宇宙提出了专业性的问题。全书关照不同角度和层面的疑惑，令读者步步紧随。在深入回答技术发展的相关疑问之后，写作回归生命自身的形而上思考，广阔而深邃地勾勒出个体的本质。书中运用了相当丰富的艺术作品展开阐释，推进联想，是科普写作中特别有趣的跨界实验。

——樊林，

广州美术学院艺术与人文学院教授，艺术史学人，策展人

内容提要

　　遨游九天、沐浴星河是人类古来已有的梦想。如今，随着登月成功、空间站建立，以及火星探测开展，人类已经开始迈向太空。与此同时，生命离开地球摇篮后会怎么样、如何在太空中生存及生活，成了亟待了解的难题。

　　在太空中，人、动物、植物、微生物的内在生命活动及外在行为会发生什么样的变化？植物的根依然向下生长吗？仰面朝天下落的猫还能翻转身体吗？人的工作学习效率是变高还是变低？科学家、航天员如何进行太空实验？了解空间里的生命活动对生活在地球上的人们有什么意义？未来人类移居火星，要完成哪些"不可能的任务"？……本书以鲜活的文字、有趣的故事、丰富的图片，尝试回答了以上疑问。

　　本书结合前沿科研进展，融合空间探索的历史和文化，从空间环境与生态、空间环境的挑战、空间飞行的健康问题、太空旅行和星际移民几个部分，描述人及其他生物在太空中因重力、辐射、磁场等的变化而遭遇的生理、健康和行为等方面的影响，展现了科学家在太空中进行的有趣且重要的实验，颂扬了遨游太空、无畏生命挑战的航天勇士，带领读者经历一次奇妙的太空之旅。

作者简介

郭金虎，中山大学生命科学学院教授、博导。中国宇航学会航天医学工程与空间生物学专业委员会委员、中国细胞生物学学会生物节律分会副会长，曾任中国空间科学学会空间生命起源与进化专业委员会副主任委员。主持临港实验室-中国航天员中心人因工程国家级重点实验室"求索太空脑计划"项目、钱学森实验室太空探索培育项目等。2019、2020年度被中国细胞生物学学会评为先进科普个人。著有《生命的时钟》《生物节律与行为》等科普图书及学术著作。

目　录

自 序

　　宇宙中蕴藏了无穷的奥秘,令人神往。数千年来,面对天空,人类产生过无尽的好奇、憧憬与幻想。我国汉代时,有一个名叫张衡的孩童喜欢仰望夜空数星星,长大后他发展了浑天说,造出了浑天仪,为我国古代的天文学做出了巨大贡献。

　　古往今来,无数人像张衡一样为繁星密布的苍穹而着迷。战国时,思想家庄子写了一篇《逍遥游》,描绘太空是"天之苍苍,其正色邪?其远而无所至极邪?其视下也,亦若是则已矣"。他知道天是"其远而无所至极",幻想有一条大鱼(鲲)变为大鸟(鹏),"背若泰山,翼若垂天之云",可以高飞九万里,"绝云气,负青天",最后抵达"天池"。西晋张华的《博物志》和南北朝宗懔的《荆楚岁时记》分别记载天河中有牛郎织女(指的是牵牛星和织女星),后来演化成为小说,被编成戏剧。《太平广记》叙述,太原人郭翰遇织女,织女告诉他天上的情形:"人间观之,只见是星,其中自有宫室居处,群仙皆游观焉。"一年后织女与郭翰分离,郭翰寄以诗曰:"人世将天上,由来不可期。"在西方,亚里士多德(Aristotle)的《宇宙论》、柏拉图(Plato)的《斐多》、但丁(Dante Alighieri)的《神曲》里,都有大量对宇宙的认知与看法。

　　由于认知不足,更加之技术所限,古人虽能仰望星空,却难以深入探究太空奥秘。很多古人认为星星很渺小,"手可摘星辰",并没有想过要去星辰上漫步、移居。在他们的认识里,星星只是发光的小钉子,连站上去都不可能,谈何漫步与探秘?李白豪情万丈,写下"欲上青天揽明月"的千古名句,但从这句诗里可以看出,他认为月亮和篮球差不多大(可揽)。战国时期的大诗人屈原也有类似看法,他曾说"登九天兮抚彗星"(《九歌·少司命》),把硕大的彗星看成扫把了。不过也有一些民间传说,想象月亮里有宫阙、桂树还有仙人,这说明少数古人在观察星体时已经有了朦胧的透视意识,认为实际的月亮应该比眼睛看到的大很多。

厚重的历史之书一页页地快速翻过。随着近现代科学技术萌芽并不断革新与进步,当时间的脚步来到19世纪上半叶,人类已经具备了探索太空飞行的初步条件,开始对冲出地球引力束缚、遨游太空跃跃欲试,要将凡尔纳(Jules Verne)的幻想变为现实。时至20世纪中期,人类的空间探索正式开启,由此迈入航天时代。到了今天,地球大气层外数百千米范围内密布着人类的航天器,星际移民也指日可待。

古人和今人所面对的是同一个宇宙,古人充满憧憬,今人已经遨游太空。文明和科技的进步,终于为人类实现太空探索的梦想插上了翅膀,提供了动力。鸟类有羽毛,自由飞翔是鸟儿最幸福的事;理性是人类的固有特征,能够发挥理性、不断探索,是人类最幸福的事。

在对地外空间的探索过程中,人类先将机器、设备射入太空,然后在气球、探空火箭、卫星或飞船里载上各种生物以及人类自己。这是因为,人类不仅要满足探索太空的好奇心,更想亲身去征服太空。很多登山者用毅力和生命去攀登珠穆朗玛峰的一个重要原因,就是它在那里,并且难以征服。仅仅用各种科学仪器了解山峰的各种参数仍不能满足人类的探索心,我们还必须用脚去丈量,用手去攀爬,去体会、去探险、去开拓。同样,宇宙、星球就在那里,蕴藏着无数的谜团,散发着无尽的魅力，吸引我们去探索。仅仅通过卫星和望远镜去观察不能让我们满足，我们还要进入宇宙、登陆星体，甚至在那里生存和驻留，去拓展我们足迹的范围和认知的边界。

地球家园多姿多彩，各种动植物和微生物与人类共同生活在这个星球上。但是，地球上的生命在太阳系里很可能是孤独的。当我们去远征太空和星体，我们必然也会带上我们的朋友——其他一些生物。有些是我们特意携带的，有些则是不得不携带的不速之客，例如太空舱内的缝隙里以及我们身体里的微生物，它们会跟随我们去太空免费旅行。

古人以为天上是神仙住的地方，并且羡慕他们天上的生活。实际上，太空环境非常严酷，与地面迥然不同，如果人类在缺少防护的情况下前往太空，将无法生存。昼夜温差巨大、缺少重力、超强辐射，都是对地球来客的巨大挑战。那些英雄的航天员们，从繁华的地球到寂寥的太空，满怀征服的喜悦，却又在狭小的航天器里深感孤独。

空间探索承载了全人类的梦想，也吸引着全人类。1969年7月20日，在旧金山，一名叫张爱玲的中国女士听说当晚有人类登月的电视直播，赶紧去买了台电视机，却因为初来乍到，高度近视的她错把路牌当成了公交车站牌，暴晒了半天也没等到回家的车。美国航天员斯科特·凯利（Scott Kelly）小时候学习不好，调皮、惹事，5岁时通过电视看"阿波罗号"登月，深受鼓舞。令他没有想到的是，多年后，他自己成了一名航天员，承载着人类的梦想去探索太空。

时间来到21世纪。2001年4月30日至5月6日，60岁的美国富豪蒂托（Dennis Tito）来到国际空间站，在这里度过了差不多一个星期，成为首位太空游客。这件事意义非凡，标志着太空旅游不再只停留在科幻作品里，航天不再只是航天员或者前往空间从事科研的专家们的专利，普通人也可以遨游太空，实现太空梦（当然得有钱，蒂托为他的太空之旅支付了2000万美元）。太空旅游时代已经到来。

航天元素已经深入人心、深入生活。在大街小巷,不少店铺(甚至火锅店)门口或橱窗里有航天员模型或者与航天相关的装饰,用以招徕顾客。在青少年钟爱的手办店里,也必定能找到与航天题材相关的各种小玩偶或者星际熊。2019年深秋,我去北京参加一个关于火星探索的研讨会,会后在三里屯散步,听到商店里播放一首说唱乐,里面也有关于火星的歌词:"随便你叫我来自火星还是来自地球"(《飘向北方》)。霍金(Stephen Hawking)在2017年说过:"地球上的空间已经被我们用完了,唯一的出路是走出地球。探索其他星系的时间到来了。向地球之外的空间拓展可能是拯救我们人类的唯一出路。我自己深信人类需要离开地球。"在不久的将来,这将成为现实。

自从2010年回国工作以来,我一直很幸运,能够有机会参加空间生命或者与载人航天相关的研究项目。前两年流行过的一首歌这样唱道:"什么是快乐星球? 如果你想知道什么是快乐星球的话,我现在就带你研究!"快乐星球是什么,我也说不清楚,但是研究星球、空间或宇宙的过程是快乐的。在这当中,我积累了一些与航天相关的生物学、医学研究的基本知识,并逐渐萌发了撰写一本这方面科普作品的想法。经过长期的学习、积累、构思和撰写,现在终于将它奉献在尊敬的读者面前。空间生命科学涵盖面甚广,而本人的所知所悟非常浅陋,因此错漏之处在所难免,敬请各位读者不吝指正。

郭金虎

2023年立夏,广州番禺小谷围

第一篇

飞天梦想

地球是人类的摇篮，但是人类不能永远生活在摇篮里，开始他们将小心翼翼地穿出大气层，然后去征服太阳系。

——齐奥尔科夫斯基（Konstantin E. Tsiolkovsky）

一

从幻想到现实

在古典名著《西游记》里，唐僧师徒四人西天取经成功后，各自受封成仙成佛。20 世纪 80 年代，著名科幻作家童恩正续写了科幻小说《西游新记》，开篇写道：一天早晨，唐僧在法会时见佛祖愁眉苦脸，呵欠连天，精神萎靡，便上前询问。佛祖说，近来西牛贺洲的人类制造和发射了很多物件，形状不一，直上西天。这些东西有的发出光亮，有的几乎撞坏了灵山的门楼。佛祖日夜不得安宁，因此睡眠不足。于是，唐僧主动提出，派他的徒弟孙悟空、猪八戒和沙僧三人前往西牛贺洲去探个究竟，学习人类的新科技，由此引发出一连串笑话。

天高几重

人类的航天器搅得佛祖不得安宁，这当然只是故事。不过近一个世纪以来，科学技术的突飞猛进给人类插上了翅膀，人类已经实现了遨游太空的梦想。从 1957 年 10 月 4 日第一颗人造卫星"斯普特尼克 1 号"（俄语原意是"跟随地球的旅行者"）升天，到现在人类已经开始筹备重返月球、登陆火星，随着人类探索太空的脚步越走越远，地球似乎变得越来越小，而宇宙变得越来越可及。

我们平时见到"航天"与"航空"两个词，往往认为它们意思差不多，会混淆使用。其实，这两个词区别很大。南京航空航天大学的英

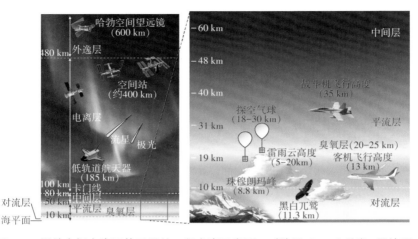

图1-1　近地空间高度及航天器的飞行高度示意图。对流层,0—10千米;平流层,10—50千米;中间层,50—80千米;电离层,100—480千米;外逸层,大于480千米。珠穆朗玛峰,8.8千米;鸟类飞行高度纪录,11.3千米;探空气球,18—30千米;雷雨云,5—20千米;客机飞行极限高度,大约13千米;臭氧层浓度最大部分,20—25千米;军用喷气机飞行高度上限,35千米。低轨道航天器(如航天飞机、空天飞机),185千米。中国空间站、国际空间站,约400千米;哈勃空间望远镜,大约600千米。这里的高度指海拔高度

文译名为"Nanjing University of Aeronautics and Astronautics",其中"Aeronautics"指航空,而"Astronautics"指航天。如果航天和航空是同一个意思,那就没有必要在校名里重复使用了。

　　航空和航天的最简单区分是看飞行器的飞行高度。距离地面约100千米的天空里有一条"卡门线",它是人为设定的大气层和太空的分界线,飞行器的飞行高度达到100千米之上才称为航天。与航天飞行器相比,航空飞行器的飞行高度都在100千米以下,不到卡门线。划定卡门线的人是大名鼎鼎的航天工程学家冯·卡门(Theodore von Karman),他是我国航天事业的奠基人钱学森在美国时的老师。

　　1931年,瑞士发明家、探险家皮卡尔(Auguste Piccard)制作了一个热气球,由他和助手基普费尔(Paul Kipfer)共同搭乘,在德国奥古斯堡

起飞，飞到了 15 781 米高的平流层，这是当时人类到达的最高高度，也是人类第一次进入平流层。但是，这一高度仍然没有达到航天的高度。

在电影《功夫》里，周星驰饰演的主角被大反派火云邪神施展蛤蟆功狠狠向上顶起，飞入云霄，站在了鹰的背上。鸟类最高的飞行纪录是 11 278 米，离卡门线还远得很。探空气球能够比鸟类飞得更高，可以到达 30—40 千米的高空，但这高度还不到卡门线一半，依然不能称为航天。

飞向苍穹

20 世纪中期，大推力的火箭发明之后，人类终于实现梦想，可以飞向大气层以外的太空。继 1957 年 10 月苏联成功发射了人类第一颗人造卫星后，1961 年 4 月 12 日，苏联航天员加加林（Yuri Alekseyevich Gagarin）乘坐"东方号"飞船实现了太空遨游。1969 年 7 月 20 日，月球在诞生 45 亿年后，迎来了第一批来自地球的客人。时至今日，越来越多的航天器和人类已经闯入天宇，当然，那里并没有佛祖。

在卡门线之上，现在已经有无数大大小小的人造航天器。空间站大约在 400 千米的高度绕地球飞行，飞船和已经退役的航天飞机的高度要低一些。为人类探索太空立下赫赫战功的哈勃空间望远镜位于 600 千米的高度，从 1990 年发射、启用算起，服役已经超过 30 年。美国最近发射的韦布空间望远镜又吸引了世人的目光，它距离地球约 150 万千米（大约是地球到月球距离的 4 倍），虽然运行不久，但是所拍摄的宇宙照片已经令世人震撼。

马斯克（Elon Musk）的星链卫星密密麻麻，挤占着低轨道空间。2019 年，星链的一颗卫星差点与欧洲"风神"气象卫星相撞，迫使欧洲空间局改变了"风神"的飞行轨道。2021 年，星链里的卫星两次差点与我国空间站相撞，迫使我国空间站避让。马斯克聪明、富有创新精神，但他的一些想法和做法很自私、鲁莽且不负责任。天上虽然没有佛祖，但马斯克的星链计划的确对人类的航天事业造成了很大的干扰。

航天和航空除了高度不同外，还存在其他一些明显区别。航空是通过飞行器依靠空气的升力而飞行，利用空气中的氧气进行燃烧。而在卡门线之上，空气非常稀薄，航天器无法依靠推动空气的反作用力来推进，再者，太空里也没有氧气支持火箭燃料的燃烧。我们前面说过，热气球和鸟类都无法到达卡门线的高度，因为热气球必须依靠空气的浮力才能上升，但在卡门线之上，空气已经非常稀薄，根本无法支持燃料燃烧和热气球上浮；鸟类在卡门线之上也无法依靠推动空气而飞行，它们甚至根本无法呼吸。

正因如此，航天旅行的飞行器需要同时携带氧气和燃烧剂，靠高速喷出燃烧产物后的动量变化推动自身前行。航天飞行器的速度比航空飞行器快很多，不考虑空气阻力的话，人造航天器速度必须达到每秒7.9千米以上，才能够脱离地球进入轨道并绕地球运转，这个速度阈值称为第一宇宙速度。航天器要脱离地球引力束缚，飞向更远的空间或前往其他星球，速度得达到每秒11.2千米以上，这一速度阈值称为第二宇宙速度。

迄今为止，在人类制造的机器里，运动速度最快的是人类乘坐的"阿波罗10号"载人飞船，其速度高达每小时39 897千米，约合每秒11千米，如果它从我们面前飞过，我们连它的影子还没看清楚，它就已经一闪而过了。

驻足太空

人类虽然已经坐上飞船，冲入苍穹，但受技术条件所限，还不能远离地球，目前只能在地球附近打造落脚的场所，这就是空间站。很多人都知道，现在天上有两个空间站，即国际空间站和中国天宫空间站。其实在这两个空间站之前，天上还存在过好些个空间站，包括"礼炮号"

系列空间站、"天空实验室号"空间站、"和平号"空间站等。这些空间站为人类探索太空、探索宇宙做出了不可磨灭的贡献，以"天空实验室号"空间站为例，在轨期间它总共进行了270多项科学实验，拍下18万张太阳活动图像、4万多张地球观测图像，还拍摄到一颗新的彗星——科豪特克彗星。

苏联在1973年4月至1976年6月先后发射"礼炮2号"至"礼炮5号"空间站，1977年9月29日发射"礼炮6号"空间站，1982年4月19日发射"礼炮7号"空间站。在这些空间站里，"礼炮"系列1—5号携带的食品、氧气和燃料等储备都很有限，它们在太空里的寿命也不长。"礼炮"系列6—7号除了可以接驳载人飞船外，由于增加了一个对接口，可以对接货运飞船，补给情况有所改善。1986年发射的"和平号"空间站，先后共有12个国家135名航天员进驻（其中有28批长期任务乘组、16批短期任务乘组），总计进行了1.65万次科学实验。

美国历史上曾多次发射载人飞船，如水星计划、双子星计划。在阿波罗计划后，美国试图建立以航天飞机和空间站为中心的航天体系，先后制造5架航天飞机，包括"哥伦比亚号"（Columbia）、"挑战者号"（Challenger）、"发现号"（Discovery）、"亚特兰蒂斯号"（Atlantis）和"奋进号"（Endeavour），这些航天飞机共飞行135架次，其中"挑战者号"和"哥伦比亚号"由于发生事故而损毁。

表1-1 过去和现在的一些空间站或空间实验室

空间站或空间实验室	建造国家	基本资料
"礼炮1号"空间站（Salyut-1 Space Station）	苏联	人类第一个空间站，1971年4月19日发射升空。"礼炮1号"长约20米，最宽处为4米，内部空间99立方米，净重约18.4吨，由传送舱、主舱、辅助舱和天文台组成。1971年10月11日坠毁

续表

空间站或空间实验室	建造国家	基本资料
"天空实验室号"空间站（Skylab Space Station）	美国	1973年5月14日发射，由阿波罗计划的"土星5号"火箭第三级箭体改造为空间站主体。"天空实验室号"由轨道舱、过渡舱、多用途对接舱、太阳望远镜以及阿波罗飞船5部分构成。NASA先后发射3艘"阿波罗"飞船，将9名航天员送入空间站。1979年7月11日，坠入大气层，于澳大利亚西部上空烧毁
"和平号"空间站（Mir Space Station）	苏联	1986年2月19日"和平号"空间站主体由苏联发射升空，它是人类首个可长期居住的空间研究中心，同时也是首个第三代空间站。2001年3月23日脱轨坠入大气层，碎片落入南太平洋中
国际空间站（International Space Station, ISS）	俄罗斯、美国等16国合作	1993年开始立项建造，2000年建成、使用。预计于2030年停止工作
"天宫一号"空间实验室（Tiangong−1 space lab）	中国	中国载人航天工程发射的第一个目标飞行器、中国第一个空间实验室，2011年9月29日发射升空，2016年3月16日正式终止数据服务，2018年4月2日坠入大气层
"天宫二号"空间实验室（Tiangong−2 space lab）	中国	中国载人航天工程发射的第二个目标飞行器，是中国首个具备补加功能的载人航天科学实验空间实验室。2016年9月15日发射升空，2019年7月16日终止数据服务，2019年7月19日坠入大气层，落入南太平洋
天宫空间站（Tiangong Space Station）	中国	2022年建成，设计寿命为10年，长期驻留3人，总重量可达180吨

国际空间站于1993年立项，由美国、俄罗斯、11个欧洲空间局成员国（法国、德国、意大利、英国、比利时、丹麦、荷兰、挪威、西班牙、瑞典、瑞士）、日本、加拿大和巴西共16个国家联合建造，是迄今世界上最大的

航天工程。非常遗憾的是，由于一些国家的反对，我国没能参加国际空间站的建造。

国际空间站位于距离地球表面330—435千米的高度，是宇宙里最大的人造物体，代表了人类最先进的空间工程技术，可供6—7名航天员长期驻留，在其中生活和开展研究工作。国际空间站也是人类迄今所制造出的最昂贵的物体，造价超过1000亿美元。2000年11月2日，一名美国航天员和两名俄罗斯航天员推开了刚建好的国际空间站舱门，国际空间站正式开始有人驻留和工作。

国际空间站是由很多部分（模块）组建起来的一个整体，最早的部分是"曙光号"（Zarya）功能货舱，是1998年由俄罗斯火箭发射上去的。在那之后几个月里，进行了多次发射和组装。到2011年6月，国际空间站共包含15个加压舱模块（都是在太空里完成组装的）及集成桁架结构（一系列的桁架，在上面安装非加压部件，如太阳能电池阵列和散热器）。其中一些比较大的模块有"曙光号"、"宙斯号"（Zevzda）、"联合号"（Unity）、"哥伦布号"轨道设施（Columbus Orbital Facility）、日本实验舱，以及"命运号"实验舱（Destiny Laboratory Module）。

国际空间站是来自不同国家的航天员之家。它大约有一个足球场大，以每秒8千米左右的速度绕地球旋转。由于国际空间站大约90分钟绕地球一圈，空间站里的航天员一天里要经历15—16次日出、日落。国际空间站有5个带有凸窗的卧室、一个健身房和两个浴室，可以供航天员长期工作和居住。在航天员眼里，空间站仿佛也是具有生命的。美国航天员斯科特·凯利说："当你在空间站里生活几个月，你就会觉得它不像一个物体。它更像一个场所（place），一个非常特殊的场所，有着自己的性格和独一无二的特征。"国际空间站包含很多生命保障系统，用以维持适宜环境，使人类在其中安全地工作和生活。空间环境里的很多环境参数，包括气压、温度、湿度、氧气及有害气体含量等，都必须

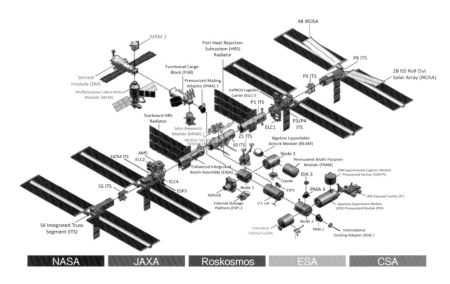

图1-2　国际空间站结构示意图。不同颜色的名称分别隶属于NASA（美国国家航空航天局）、ESA（欧洲空间局）、JAXA（日本宇宙航空研究开发机构）、Roskosmos（俄罗斯联邦航天局）以及CSA（加拿大空间局）等航天机构（图片来自NASA）

严格保持在一定范围内。

国际空间站不仅是航天员工作和生活的地方，还具有空间实验室的功能。航天员、工程师和科学家在里面要进行大量研究工作，研究内容非常广泛，涉及天文学、气象学、物理学、生命科学、航天医学、材料科学、通信等。这些研究工作不仅对地球低轨道的商业开发、生物疫苗研制、从空间理解和检测地球自然灾害、疾病（如乳腺癌和骨质疏松等）的发病机制揭示和治疗均起到推动作用，还积累了海量的外层空间天文学观测数据，增进了人们对银河系以及宇宙的了解。

在过去20余年中，国际空间站里已经开展了大约3000项科学实验，其中生物功能类的实验占大多数，总共发表了700多篇科学论文，涉及生理学和营养学、抗癌药物、气候变化、对暗物质的理解、DNA测序。除此之外，国际空间站还向49个国家的4300多万名学生提供了教学服务。

国际空间站有8个35米长的太阳能电池机翼,每个机翼包含大约33 000个太阳能电池。太阳翼面积巨大,可以反射较多的太阳光,因此国际空间站的亮度很高,甚至可以达到–3星等以上(负值越大,亮度越高),在合适的时间从地面上就可以用肉眼观察到。我国的空间站已经建设完毕,也可以用肉眼看到夜空中它清晰的倩影。感兴趣的读者可以按照所在地的经纬度根据Heavens-Above网站(http://heavens-above.com/)或者Heavens-Above APP提供的国际空间站(输入"ISS")或中国天宫空间站(输入"Tiangong")的预报信息,根据预报的时间和方位在夜空里观看。

国际空间站原计划服役到2015年,后来延长到2020年。2014年1月,美国政府批准将国际空间站使用期再次延长4年,至2024年。在奥巴马(Barack Obama)入主白宫后,NASA计划在2016年让空间站坠毁,而将更多的资金投入以重返月球为目标的阿尔忒弥斯计划,毕竟经过20多年的运转,国际空间站的很多组件尤其是俄罗斯舱的部分组件

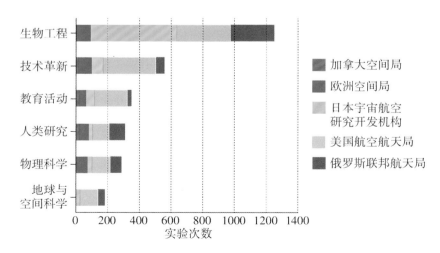

图1-3 国际空间站迄今开展的大约3000项科学实验的统计情况。可以看到不同国家、不同学科开展研究的实验次数(图片来自国际空间站研究工作综述文章)

严重老化,甚至出现裂缝和泄漏问题。不过,2022年2月2日,NASA披露,经过修补,情况有所好转,NASA决定再次延长国际空间站的服役期限至2030年。预计届时作废后,2031年部分舱体将坠入太平洋。

NASA表示,在国际空间站退役后,由美国主导的商业运营平台将取代国际空间站,NASA将依靠私营企业来帮助继续进行太空科学研究。

中国空间站建设

尽管中国人飞向九天的梦想古已有之,但直到新中国成立后才正式迈开实践的步伐。1958年,中国科学院成立了581组,开始负责人造卫星的研制工作。受当时我国整体科技工业水平和综合国力的限制,中国科学院调整了空间技术计划,提出了"大腿变小腿,卫星变探空"的工作方针,将探空火箭的研制作为先行工作,为将来研制卫星进行练兵、打好基础。探空火箭以抛物线的轨迹飞行,在空间开展测试任务,然后返回地面。

1992年9月21日,中国载人航天事业开始起步远航,因此中国的载人航天工程也被称为"921工程"。中国的载人航天工程提出"三步走"发展战略:第一步,突破天地往返运输技术,发射载人飞船,建成初步配套的试验性载人飞船工程并开展空间应用实验;第二步,突破航天员出舱活动技术、空间飞行器的交会对接技术,发射空间实验室,解决有一定规模的、短期有人照料的空间应用问题;第三步,建造空间站,解决有较大规模的、长期有人照料的空间应用问题。

2010年9月,我国载人工程空间站任务正式立项。2016年9月,中国首个真正意义上的空间实验室"天宫二号"发射成功。2021年4月29日,"天和"核心舱在海南文昌发射入轨。之后经过11次空间站舱段、载人飞船以及货运飞船的发射及在轨飞行任务,至2022年底,天宫空间站组装建设任务圆满完成,空间站开始进入应用与发展阶段。中国成为继苏联、美国之后第三个独立建设和运行空间站的国家。

中国载人空间站整体及各舱段、货运飞船共有5个名称,其中载人空间站命名为"天宫",核心舱命名为"天和",实验舱Ⅰ命名为"问天",实验舱Ⅱ命名为"梦天",货运飞船命名为"天舟"。"天和"核心舱提供了3倍于"天宫二号"空间实验室的航天员活动空间,配备了3个独立卧室和1个卫生间,保证了航天员日常生活起居。"天和"核心舱配置航天医学实验机柜,"问天"实验舱有生命生态实验柜、生物技术实

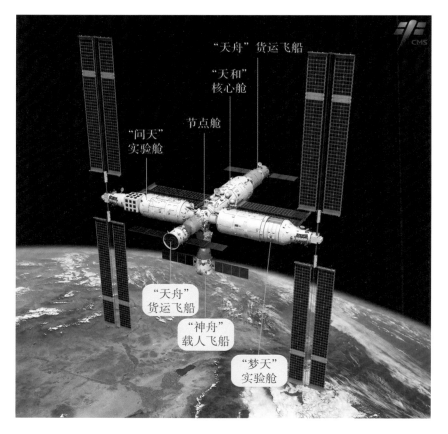

图1-4　中国载人空间站模拟构型图。空间站主体由核心舱和两个实验舱组成,还可以与货运飞船及载人飞船对接(图片来自中国载人航天官方网站)

验柜等4个科学实验柜,"梦天"实验舱是我国天宫空间站的三个舱中支持载荷能力最强的舱段,可配置13台科学实验柜,主要面向微重力科学研究,可支持生物学、材料科学、流体物理学、超冷原子物理学等前沿实验项目。

天宫空间站将发挥太空母港的作用,巡天空间望远镜等航天器将与空间站长期共轨飞行,必要时进行对接,由空间站提供在轨的补给或修缮服务。天宫空间站额定驻留航天员人数为3人,在任务交接期最多可容纳6人。例如,在最近的载人航天任务里,当"神舟十四号"任务将要结束时,"神舟十五号"发射升空,两次任务存在重叠时间。当"神舟十五号"航天员进入空间站时,空间站里的总人数达到6人。同样,在"神舟十五号"任务即将结束时,"神舟十六号"飞船已经发射,两次任务的6名航天员在空间站胜利会师。

目前天宫空间站建设任务已经完成,并预留了设备和平台接口,可以接驳更多的舱室,其中也包括充气密封舱。中国空间站已经建成开展多种科学研究的国家级太空实验室平台,并将不断进行技术升级与平台扩展。中国空间站将秉承"和平利用、共同发展、互利互惠"的原则与理念,为国际合作、推动人类航天事业的发展做出贡献。

//让你的想法飞上天//

我们可以根据网站预报的时间来观测空间站、火箭残骸等航天器。空间站等在近地轨道上绕地球飞行的航天器,通常都是在黎明或傍晚的时候才可以看到。这是为什么?为什么深夜时看不到它们?

遨游太空

　　辛弃疾在《水调歌头·题永丰杨少游提点一枝堂》中写道："无穷宇宙,人是一粟太仓中。"与宇宙相比,人类很渺小,但是无垠的宇宙没有吓退人类的好奇与探索之心,而是不断吸引人类探索未知、踏足远方,走出生命的摇篮——地球,走向太空。截至2022年3月,已经有超过622位来自不同国家、不同性别、不同肤色的航天员超越第一宇宙速度甚至第二宇宙速度,进入过太空,总共超过1300人次。共有8名航天员连续在轨时间超过300天,其中俄罗斯航天员波利亚科夫(Valeri Polyakov)连续在轨时间最长,为437天零18小时。

　　航天员是人类探索太空的先行者。200万年前人类祖先历经艰险首次走出非洲,500年前探险者漂洋过海发现新大陆,到了现代人类登上月球并放眼火星,这些都是人类

图 1-5　黄新波木刻作品《遨游》

勇敢探索、不断奋进精神的体现。对每一次的航天任务来说,航天员是载人航天的主体和核心,维持和增强航天员的能力,充分发挥人的主观能动性是确保载人航天任务成功的关键。

宇航员还是航天员?

我们在不同的场合或媒体上会看见宇航员和航天员两个词,有时用这个,有时用那个,那么这两个词有没有区别呢?由于历史原因,苏联(俄罗斯)将驾驶航天器进入太空的人员称为"космонавт",英文意思为cosmonaut。"cosmo"来自希腊语单词"kosmos",是"全宇宙"的意思,"naut"则指"船员",因此这个词的意思是宇航员。美国人使用的是"astronaut"这个词,一般翻译为"航天员"。这两个词意思其实没有区别,但这两个不同用法一直沿袭下来。

1967年2月4日,我国航天事业的奠基人钱学森基于实事求是、不夸大的原则,确定了一些容易混淆的概念和名词,例如,确定使用"空间技术"而非"宇宙空间技术",确定将"空间技术"改为"航天技术",确定使用"航天员"而非"星际航行员"或"宇航员"。由此,我国也一直沿用航天员(astronaut)这个词。从字面看,目前人类虽然已经可以离开地球,但活动范围仍然仅限于太阳系内的一小片区域,因此称太空探险者为航天员更为准确。在本书里我们都将使用"航天员"一词。

无论是体育、文艺,抑或其他比赛,通常是最先获奖的人更容易被后人记住,对载人航天来说也是如此。阿波罗计划中登上月球的总共有12名航天员,但是最为人们所知的是第一位登月的阿姆斯特朗(Neil Armstrong)。

1988年,阿姆斯特朗在访问中国时,回顾了当年的登月经历。他说:"人类第一位向往飞向月球的人是谁?是中国一位美丽的姑娘。人类第一位登上月球的人是谁?是一位美国人。那个美丽的中国姑娘,就是嫦娥；那个美国人，就是我。"

在众多美国航天员中，曾出现4名华裔航天员的身影，分别是王赣骏、张福林、卢杰和焦立中。王赣骏1985年4月29日乘坐"挑战者号"航天飞机升空，成为第一位进入太空的华人，2012年获得了"影响世界华人终身成就奖"。张福林祖籍广东中山市，毕业于美国麻省理工学院，1986年1月12日乘"哥伦比亚号"航天飞机首次进入太空。卢杰于1997年5月15—24日在"亚特兰蒂斯号"航天飞机的STS-84飞行任务中担任任务专家，此次任务中航天飞机与俄罗斯的"和平号"空间站进行会合与对接，他成为第一位进驻空间站的华裔航天员。焦立中是全世界第一位华裔国际空间站站长。

今后，列入空间探索的勇士名单会越来越长，人们对航天和航天员会越来越习以为常。但是，无论如何，所有航天员都代表了人类的坚毅与智慧，体现了人类勇于探索和不断超越的精神。

表1-2　国内外航天员创造的多项纪录

航天员	纪录	成就
加加林（苏联）	人类历史上第一位进入太空的航天员	1961年4月12日，乘坐"东方1号"宇宙飞船，绕地球一周，历时1小时48分
捷列什科娃（苏联）	第一位进入太空的女航天员	1963年6月16日，独自驾驶"东方6号"宇宙飞船遨游太空70小时50分
季托夫（苏联）	第一个在太空睡觉的人	1961年8月6日，乘坐"东方2号"宇宙飞船飞入太空，飞行了25小时11分。他也是第二个上天的航天员
列昂诺夫（苏联）	第一位进行太空行走的航天员	1965年3月18日，乘"上升2号"飞船在太空飞行，在舱外活动24分钟，包括系安全带离开飞船5分钟，在太空漫步12分钟
阿姆斯特朗（美国）	第一位登陆月球的人	1969年7月20日4时7分，走出"阿波罗11号"宇宙飞船，左脚踏上月球

续表

航天员	纪录	成就
萨维茨卡娅（苏联）	世界上第一位太空行走的女性	1984年7月25日，从"礼炮7号"空间站出舱，步入太空
谢尔盖克里卡廖夫（苏联、俄罗斯）	在太空累计时间最长的人	1988年11月至2005年10月，6次飞行累计803天
波利亚科夫（俄罗斯）	一次飞行时间最长的航天员	1994年1月至1995年3月，共计438天
艾琳·柯林斯（美国）	第一位航天飞机女指令长	1999年7月23日，第三次飞入太空，在"哥伦比亚号"航天飞机上担任指令长
科托夫和梁赞斯基（俄罗斯）	冬奥会火炬第一次在空间站出舱、太空接力	2013年11月19日，二人持2014年索契冬奥会火炬出舱进行太空行走
杨利伟	中国第一位进入太空的航天员	2003年10月15日，乘坐"神舟五号"飞船升空，在轨飞行21小时23分，绕地飞行14圈
翟志刚	中国第一位实现太空行走的航天员	2008年9月27日，身穿"飞天"舱外航天服出舱，在舱外活动了19分35秒
刘旺	中国第一位手控交会对接的航天员	2012年6月，与其他两位航天员一起完成在轨驻留任务
刘洋	中国第一位进入太空的女航天员	2012年6月，与其他两位航天员一起完成在轨驻留任务
王亚平	中国第一位出舱的女航天员	2021年11月7日，完成出舱和舱外活动
"神舟十三号"乘组	中国航天员首次在轨长达半年	2021年10月16日至2022年4月14日，翟志刚、王亚平、叶光富作为"神舟十三号"乘组，完成在轨驻留半年的任务
景海鹏	中国首位四次执行空间任务的航天员	分别参加"神舟七号"（2008年）、"神舟九号"（2012年）、"神舟十一号"（2016年）、"神舟十六号"（2023年）任务

表1-3　在轨时间超过300天的航天员

航天员	任务	发射日期	在轨时间（天）
罗曼年科	和平2-3	1987年2月5日	326
季托夫	和平3	1987年12月21日	365
马纳诺夫	和平3	1987年12月21日	365
康克里卡列夫	和平9-10	1991年5月18日	312
波利亚科夫	和平15-16-17	1994年1月8日	438
阿夫德耶夫	和平26	1998年8月13日	380
斯科特·凯利	国际空间站43-44-45-46	2015年3月28日	340
科尔尼延科	国际空间站43-44-45-46	2015年3月28日	340

中国的载人航天历程

20世纪，能够有条件将航天员送入太空的国家只有美国和苏联，我国在那时的经济和科技水平还很落后，飞天梦还只能停留在神话传说和想象里。1986年，我国批准了《高技术研究发展计划纲要》（"863"计划），将航天技术列为我国高技术研究发展的一个重点方向。1992年，我国持续开展以航天员空间生命保障和健康维护、空间科学和应用系统为内容的空间生命科学基础研究。载人航天进入加速发展阶段。

2003年10月15日，在酒泉卫星发射中心，"长征二号F"火箭喷出烈焰，飞入云霄，杨利伟乘坐"神舟五号"载人飞船进入太空。飞船绕地球飞行了14圈，历时21小时23分。"神舟五号"任务的圆满成功，翻开了中国载人航天事业的新篇章。

两年后，"神舟六号"发射，载着费俊龙和聂海胜两名航天员进入太空。如果说"神舟五号"是"单人一日太空游"，那么"神舟六号"则升级成了"双人多日太空游"。

"神舟五号"是首次载人飞行,聚焦安全可靠,确保成功。到了"神舟六号",航天员可以在轨道舱和返回舱间活动,光是食物就有差不多50种。更重要的是,"神舟六号"的成功标志着我国航天工程迈向了更高阶段,毕竟"多人多天"才是实现交会对接和建立空间站的基础。此后,"神舟七号""神舟九号""神舟十号"至"神舟十六号"陆续搭载航天员进入太空。在这些载人飞行任务中,开展了大量的空间生命科学基础研究和航天医学研究。截至2023年,已经有18名中国航天员进入太空,还有一些备选航天员虽然没有获得机会上太空,但他们同样是胸怀飞天之志的真英雄。

"神舟七号"发射升空43个小时后,航天员翟志刚开始了中国的第一次舱外活动。翟志刚在空中缓缓挥舞着五星红旗。完成这个小小动作的过程充满艰辛,其中组装舱外航天服这个过程就用了近20小时,凝结了地面上很多航天人共同的艰苦努力。"神舟七号"出舱任务的成功实施标志着我国完全有能力开展各种舱内和舱外太空实验活动,并为我国建立空间站打下坚实基础。到了"神舟十三号"任务期间,翟志刚、王亚平都顺利完成了出舱任务。

"神舟八号"飞船是专门为实施交会对接任务和载人航天后续任务打造的。2011年11月3日,在地面精准控制下,"神舟八号"飞船成功与一个多月前发射的"天宫一号"实现在轨自动对接。2011年11月14日,"神舟八号"与"天宫一号"成功进行了第二次自动交会对接。后续的"神舟九号"不仅再次成功实施自动对接,还验证了手控交会对接技术,航天员刘旺首次验证了手控交会对接技术,航天员景海鹏成为第一位进入"天宫"实验室的航天员。

"神舟十号"是中国开展载人天地往返运输系统任务的首次应用性飞行。注意,直到这一次才被称为"应用性",此前都算"实验性",这意味着我国的交会对接技术已经成熟。可以发现，我国的载人飞行发射间隔越来越短，这正显示了我国航天技术日趋成熟。

在已经遨游过太空的中国航天员当中，女航天员刘洋和王亚平是两朵醒目的太空玫瑰。2012年6月16日，刘洋搭乘"神舟九号"首次前往"天宫一号"，于6月29日安全返回。回顾太空飞行的失重环境经历时，刘洋说："特别奇妙！相对于地球，最大的感觉就是失重，觉得自己就像一条自由自在遨游的鱼。所有的东西都仿佛有了生命，不管是丝带还是绳子，一松手，就会像轻盈的鸟儿一样飞来飞去，像风中的小草一样轻轻摇曳。"

2016年9月，中国首个真正意义上的空间实验室"天宫二号"发射成功，一个多月后，它就迎来了第一位"访客"——"神舟十一号"。"神舟十一号"在轨驻留时间突破30天，这是当时我国持续时间最长的一次载人飞行。

"神舟十一号"是空间站阶段的首次载人飞行任务，为中国空间站建造运营和航天员长期驻留奠定了坚实的基础。参加"神舟十一号"任务的航天员为景海鹏和陈冬，对景海鹏来说，这是他第三次进入太空。紧接着，"神舟十二号"于2021年6月17日发射，航天员聂海胜、刘伯明、汤洪波进入太空，他们成为"天和"核心舱的首批入住人员，这也是聂海胜的第三次飞天之旅。这三名航天员在轨驻留三个月，在此期间，执行舱外维修维护、设备更换以及开展科学实验等任务。

"神舟十三号"飞船于2021年10月16日发射，载着翟志刚、王亚平和叶光富进入太空，在轨驻留6个月。在这三名航天员当中，广阔的太空对于翟志刚和王亚平来说都是故地重游了。2022年4月16日，"神舟十三号"顺利返回，三名航天员在空间站里总共驻留180天，创下了新的在轨时长纪录。

2022年6月5日，"神舟十四号"载着陈冬、刘洋和蔡旭哲飞向天宫空间站。2022年11月29日，"神舟十五号"乘组三名航天员费俊龙、邓清明和张陆飞向天宫空间站，与"神舟十四号"的三名航天员在太空里胜利会师，此时天宫空间站里共有6名航天员。2022年12月4日，"神舟十四号"乘组搭乘飞船安全返航。2023年6月初，在"神舟十五号"与"神舟十六号"交接期间，天宫空间站里也有6名航天员，加上这段时间国际空间站里的11名航天员，走出地球、在太空里漫游的人类达到了17人，创下了新纪录。

荣耀的背后是风险，是挑战

嫦娥奔月是家喻户晓的美好传说，万户飞天则是勇士的悲壮创举。载人航天任务并非每次都会受到命运女神的眷顾，由于各种原因，航天任务会发生意外，以失败告终，甚至导致航天员魂归大地或苍穹。航天之路崎岖坎坷、危险丛生，在人类航天史上，已经有22名航天员献出了宝贵的生命。

在载人航天的起步阶段，事故发生率很高。1967年1月27日，美国"阿波罗1号"飞船实验舱在模拟实验时短路起火，引燃了船舱使用的纯氧，舱门又没能及时打开，三名航天员在短短十几秒内窒息而死。1967年4月24日，苏联"联盟1号"有一名航天员罹难。1968年，加加林在一次飞机驾驶技能训练中牺牲。

1971年6月30日，苏联三名航天员乘"联盟11号"飞船返回途中全部牺牲。1986年1月28日，美国"挑战者号"航天飞机失事，有7人遇难。2003年2月1日，美国"哥伦比亚号"航天飞机失事，又有7人不幸遇难。

航天器在上升和返回的过程中都有可能发生事故。例如，"挑战者号"是在上升时爆炸的，"哥伦比亚号"在结束任务返回地面过程中解体。"联盟11号"三名苏联航天员在返回过程中座舱压力急剧降低，而他们当时没有穿航天服，因此壮烈牺牲。从此以后，在发射前以及返回前，航天员必须穿好航天服，完成气密性检查，包括面窗要扣好，处于航天员标准的着装状态——这是人类付出了生命代价换来的一条教训。

美国在实施阿波罗登月计划时，肯尼迪（John Kennedy）总统为缓解种族矛盾，特意嘱托NASA选拔一些黑人航天员。但是由于当时的种族歧视问题，军队里的黑人少，飞行员更少。NASA很快选拔出了几十名白人飞行员作为候选航天员，但费尽周折才选出一名黑人空军上校。遗憾的是，这位黑人上校在一次训练事故中遇难。

在"阿波罗11号"登月前，美国总统尼克松（Richard Nixon）准备好了两份演讲稿，一份是登月成功后的祝贺信："由于你们的成就，天空也变成了人类世界的一部分，地球上也获得和平与宁静。在这个人类历史上最珍贵的一刻，全世界的人都已融合为一体，他们为你们的成就感到骄傲。"另一份则是登月不成的哀悼信，如果登月任务失败，乘员们不幸遇难，尼克松总统就会在电视讲话上朗读这个版本："命运决定这些前往月球探险的人将永远在月球上安息。这些勇敢的人早就知道，他们没有任何回来的希望，不过他们也知道，由于他们的牺牲，人类将拥有更多的希望。"

非常幸运的是，尼克松总统没有用上第二份演讲稿。

很多小朋友梦想长大后能当航天员，在太空里遨游。实际上，一些航天员小时候也有航天梦，并为此不断努力，最终实现梦想。但是，要成为航天员绝非易事。航天员都是体能、心理素质超群的人。他们要承担航天器操控、航天器与空间站对接、空间站维护、科学研究等任务，工作非常繁重。在航天员的选拔过程中，对候选者的要求是全方位的，思想政治素质、身体素质、心理素质、知识技能等都要进行全面的考核和评定。我国的航天员选拔同样要经历层层考验，尤其是对航天环境耐力和适应性的测试，包括考察候选者的前庭功能、噪声敏感性、对超重的耐力等，极具挑战性。总之，要成为航天员需要经历层层选拔，说航天员是万里挑一毫不过分。

我国载人航天精神是"特别能吃苦、特别能战斗、特别能攻关、特别能奉献"。航天员是用体力、用生命、用信念在拼搏，去对抗超重与失重，去面对充满辐射、既绚烂也孤寂的太空，代表人类去探索科学的前沿边界。

载人航天与空间生命科学

空间生命科学是伴随人类的载人航天活动而产生和发展的新兴交叉学科，研究范畴包括航天医学、航天心理学、空间生物学和空间生态学，也涉及空间生物技术与转化应用、空间生命科学实验技术与装置等领域。

载人航天对于空间生命科学的发展可以起到巨大的推动作用，并有望在一些前沿学科上取得突破性进展。除了载人飞行外，一些无人

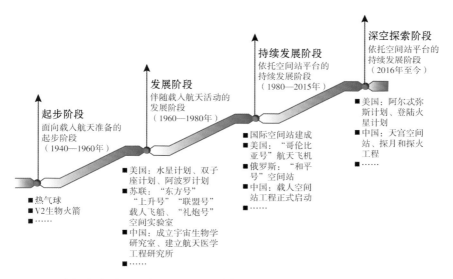

图1-6　空间生命科学的发展历程。仅列出了最为重要的事件，其他很多事件由于篇幅所限而略去

航天器也被用来进行空间生命科学的探索,通过多次返回式卫星、货运飞船等搭载不同生物,进行科学研究。

20世纪60年代以来,尤其在改革开放以后,经过几十年的努力,我国的航天事业奋起直追,已经跻身航天大国之列。

伴随航天技术的进展,我国生物学家很早就认识到,空间可以为生物学研究提供一个全新的舞台。1960年,我国生物学家殷宏章发表题为《人造小世界》的文章,提出送植物和高等生物上天的设想。1964年7月至1966年7月两年间,我国发射了5枚生物探空火箭,进行了狗、白鼠等动物和微生物的空间生理、生化、细胞和亚细胞水平的研究工作,这是我国空间生命科学研究的里程碑。

从1987年开始,我国利用返回式卫星搭载,先后在8颗人造卫星上开展了空间环境生物学效应和生物技术的探索性研究,研究对象覆盖动物、植物、水生生物、微生物和细胞组织等200余种生物样品。

如今,我国已经成为国际空间俱乐部的一员,正在由航天大国向航天强国迈进,将在空间探索包括空间生命科学在内的研究领域里发挥越来越重要的作用。

航天成就梦想

　　法国作家波德里亚（Jean Baudrillard）在《冷记忆》（*Cool Memories*）里这样描述人造卫星："真正的人造卫星，就是那个漂浮着的货币团块，在圆形轨道上环绕着地球运转。"1966年，美国的阿波罗计划正在如火如荼地进行之中，NASA用于这一宏伟计划的预算占到整个联邦政府预算的4.41%，达到59.33亿美元。NASA在1973年发布的报告称，阿波罗计划总成本为254亿美元（相当于2021年的2632.9亿美元）。航天事业花费巨大，消耗的金钱数目看起来都像天文数字。

　　环绕地球运转的国际空间站每年耗资约30亿美元，用以维持其正常运行，确实如同一个漂浮在太空里的巨大金块。中国1992年开始载人航天工程，截至2011年，这20年中总共投入350亿元人民币；"天问一号"计划的全部投入在50亿到100亿元人民币之间。那么，花那么多钱搞航天是否值得？又是否能够带来相应的回报呢？

航天事业真的很烧钱吗

　　早在1970年，赞比亚的一位修女尤肯达（Mary Jucunda）就提出类似的问题。她写了封信，寄给时任NASA马歇尔空间飞行中心科学副总监的施图林格（Ernst Stuhlinger）博士，问道："目前地球上还有这么多儿童食不果腹，为什么要为远在火星的项目花费数十亿美元的巨资？"

施图林格在回信里附上了一张航天员从月球上空拍摄的地球照片，照片的背景是繁星点点的漆黑天空，天空里的地球看起来不再是我们脚下广阔无垠的土地和海洋，而只是一颗小小的蓝色弹珠。施图林格说："它（这张照片）开阔了人类的视野，让我们如此直观地感受到地球是广阔无垠的宇宙中如此美丽而又珍贵的孤岛，同时让我们认识到地球是我们唯一的家园……在这张照片公开发表之后，面对人类目前所面临的种种严峻形势，如环境污染、饥饿、贫穷、过度城市化、粮食问题、水资源问题、人口问题等，号召大家正视这些问题的呼声越来越多。"人类对太空的探索可以让人类更好地审视和认识自身，激励大家更加努力地保护地球家园。在信的末尾，施图林格说："太空探索不仅仅给人类提供了一面审视自己的镜子，还能给我们带来全新的技术、全新的挑战和进取精神。"

很多人认为航天投入巨大，似乎超过了地球上任何其他项目。实际情况并非如此，航天的花费并不比其他重大工程项目多。例如，"嫦娥一号"的总花费估算约为5亿至10亿元；我国进行的5次探月飞行总投入约为50亿元；京广高铁全长约2298千米，建设总成本接近4000亿元，平均每千米成本达1.7亿元；在大城市，地铁修建成本每千米约5亿元。相比之下，载人航天工程的花费确实并不算多，用于"嫦娥一号"乃至探月任务的经费只够在大城市修造几千米的地铁。此外，据统计，中国人每年在餐桌上浪费粮食800万吨，价值高达2000亿元。浪费才是真正的"不值得"。

很多人也会提出疑问：花钱修地铁可以解决公共交通问题，我们很多人用得上，可是，花那么多钱建一个地球上绝大多数人都上不去的空间站，也不能解决我们的生活和经济问题，究竟有什么意义呢？在科学探索方面，风物长宜放眼量，我们应该尽量把眼光放长远一些。

目光短浅会束缚我们的想象力、理解力，也会阻碍科技的进步和社会的发展。今天我们毫不怀疑达尔文（Charles Darwin）的科学贡献对于人类社会的巨大影响，但是，假设回到达尔文时代，我们很可能也会提出类似的问题：达尔文花那么多钱满世界跑，看那些稀奇古怪的动植物，有什么意义呢？这样的问题显然是短视且可笑的。航天科技和地面人类社会的发展其实是互利互惠的，一方面，"地为天用"，地面的科技进步为航天事业的发展提供力量；另一方面，"天为地用"，航天科技会给人类社会的发展带来长期回报，其成果能够在很多方面造福社会。

航天开阔人类的视野

科技的发展能够推动社会的发展，滋养人类的探索精神。航天科技的进步让人类得以走出地球、迈向太空，可以从宇宙视角重新观察地球，从更高层面上审视和思考人类自身的许多重要问题。

施图林格提到的从月球上空拍摄的地球照片是"阿波罗8号"在飞往月球的途中拍摄的。在"阿波罗8号"任务期间，航天员安德斯（Bill Anders）从飞船上拍摄了这张名为《地球升起》的照片。在"阿波罗17号"任务时，航天员给地球拍了张大头照，名为《蓝色弹珠》，照片里的地球看上去只有我们小时候玩的玻璃球那么大。《地球升起》和《蓝色弹珠》这两张照片都为世人熟知，我小时候中学地理课本的封面就用过《蓝色弹珠》这张照片。

这两张照片让我们认识到，作为全人类的家园，地球在宇宙里是如此渺小和脆弱，需要人类共同去呵护。这两张照片的出现对环境保护运动起到很大的促进作用：1970年，第一个"世界地球日"得以设立；在随后的几年里，美国成立了环境保护局，含铅汽油被禁止使用，洁净空气法、全面清洁水法案获得通过，濒危物种法被更新，等等。

图 1-7　从太空拍摄的地球照片。a. 蓝色弹珠；b. 地球升起；c. 火星上看到的地球（箭头所指）；d. 暗淡蓝点，图中箭头所指的小亮点是地球。与图a-c相比，图d是经过更高的放大倍数才看到的（图片来自NASA）

　　美国第一位进入太空的航天员谢泼德（Allan Shepard）曾说："如果有人在我上天之前问我：在月球上看地球，你会不会激动万分？我肯定会说：才不会呢！但是，当我站在月球上第一次回望地球时，我泪流满面。"我国航天员张晓光说过，在太空看地球，大部分都是海洋，能够居住的陆地其实不多，所以我们要保护好我们生存的环境，保护好我们居住的地球。

　　1990年2月14日，"旅行者1号"探测器已经飞过海王星，来到太阳系八大行星的外围，距离地球60亿千米的缥缈空间。在情人节这天，"旅行者1号"蓦然回首，为地球拍下这张名为《暗淡蓝点》（Pale Blue

Dot)的照片。从这个角度看,地球不过是浩渺宇宙里的一粒粟米,发出微弱的淡蓝色的光,但这是一粒承载了万物生灵、芸芸众生的粟米,这粒粟米看似微不足道,对人类来说却弥足珍贵,难以替代。

航天哺育人类的探索精神

施图林格博士在回信里向修女尤肯达展示了从太空拍摄的地球照片,能从遥远的空间为地球拍照片,这本身也是人类技术巨大进步的体现。在阿波罗计划的十余年间,太空行走、交会对接、多人多天太空生存、月面软着陆、地月往返、月球车等重大问题的解决,将工业和大学紧密凝聚在一起。从月球带回的月岩为探索月球起源、太阳系起源及地球生命起源提供了重要线索。

空间科技的发展也可以在很大程度上激发青少年的求知欲、好奇心。阿西莫夫(Isaac Asimov)说过:"正是人类才有好奇心。也正是人类,永远在用无法抵抗的对未知的探求欲望来折磨自己。"

1984年,NASA启动在中小学教师里选拔太空教师的任务。经过严格测试和筛选,时年37岁的女教师麦考利夫(Christa McAuliffe)脱颖而出,如果不出意外,她将搭乘航天飞机进行太空授课。当时,作为麦考利夫的候补,还有一位名叫摩根(Barbara Morgan)的女教师也通过了筛选。1986年1月28日上午,麦考利夫和另外6名航天员乘坐"挑战者号"航天飞机升空。不幸的是,"挑战者号"航天飞机升空后不久,由于火箭助推器的燃料舱出现泄漏,航天飞机在高空爆炸,7名航天员全部罹难。麦考利夫牺牲在前往太空的路上,未能实现太空授课的梦想。

2007年8月8日,原本作为替补太空教师的摩根乘坐"奋进号"航天飞机飞向太空,成为真正的太空教师。2007年8月14日,摩根通过视频,向地面的孩子们展示了在太空里做运动、喝水等奇特情景。

20世纪60年代，美国有一对双胞胎，其中的弟弟名叫斯科特·凯利，小时候非常调皮，也闯过不少祸，但是，自从看过阿波罗登月的电视直播后，成为一名航天员就成了他的志向。为了实现这一梦想，他如同脱胎换骨般发奋学习，长大后终于成了一名航天员。凯利在空间站期间经常与地面连线，和中小学生进行对话。中小学生排着队逐一上台提问，凯利对这些幼稚但有趣的问题逐一回答，耐心且幽默。一个个头比讲台高不了多少的小女孩奶声奶气地问他：航天员去天上时带不带捕鼠器，以防止老鼠在实验中逃跑出来？凯利回答这个小姑娘：我们确实开过玩笑说，如果老鼠跑出来，我们会很难找到它们，因为舱里有很多角落和缝隙。凯利小时候曾经被探索太空所激励，长大后，他也启迪了很多青少年，唤起了他们的太空探索之梦。

加拿大从2000年起开展"太空番茄项目"（Tomatosphere Program）。在这一项目里，番茄种子被送上空间站，暴露于空间环境下。返回地面后，这些种子被分发给多所学校，让学生动手种下这些种子，观察它们的生长情况，也就是让学生通过动手来亲身参与航天研究。这个项目持续至今，已经有超过18 000个班级的300万名加拿大学生参与。此外，很多中学生提出的奇思妙想也被采纳，在空间实验室或空间站里进行了验证。1973年，美国马萨诸塞州的中学生迈尔斯（Judy Miles）提出了在太空里观察蜘蛛的结网行为，该想法被采纳并在"天空实验室"空间站里付诸实践。我国对中学生提出的空间实验方案也很重视，航天员景海鹏展示过在空间站里养蚕，这是香港中学生提出的一个研究项目，目的是探究蚕在空间环境下生长、发育的变化。景海鹏发现，与在地面时的情况相比，这些生长在太空里的蚕宝宝长得不是很健壮，也不太爱活动。

我国航天员也曾面对地球上千千万万的人进行太空授课。2013年6月20日，"神舟十号"乘组三名航天员精心组织准备了我国第一次太空授课盛宴,王亚平担任主讲,景海鹏配合她开展实验,擅长摄影的张晓光是这次太空授课的摄影师。在王亚平第一次进行太空授课前夕,世界上首位太空授课主讲人摩根女士给王亚平来信,对她的太空授课表达了热切的期盼和热情的鼓励。

2021年12月9日以及2022年3月23日,"神舟十三号"乘组又先后进行了第二次和第三次太空授课活动。探索太空是青少年非常感兴趣的话题,而聆听太空授课、与航天员对话和讨论科学问题,对他们的好奇心和求知欲无疑是极大的激励。从2013年到现在,10年时间倏然而逝,聆听王亚平太空授课的中学生,如今也已经成年,其中有些人也走上了航天之路。

航天事业推动国际合作

从1957年到1975年,美国和苏联的太空竞赛持续了近20年,大量财政预算投入航天领域而影响了国民经济的发展,这一点对苏联的影响更为明显。但是,换个角度看,将钱财用于科技探索,总比直接用于战争、互相扔炸弹要好。最早用于空间生命科学研究的V2探空火箭,原本是第二次世界大战期间德国为军事用途而研发的,战争结束后美国将之用于空间探索,这也算是一种"化干戈为玉帛"。

20世纪60年代后,尽管美苏两个超级大国长期在航天领域争霸,但在激烈竞争的氛围下,交流、互访也在断断续续地进行。1969年7月,首次执行绕月飞行任务的美国航天员博尔曼(Frank F. Borman Ⅱ)访问苏联;同年10月,苏联航天员别列戈沃伊(Georgi T. Beregovoi)和费奥克蒂斯托夫(Konstantin P. Feoktistov)回访美国。在1970年5、6月期间,登月第一人阿姆斯特朗访问苏联,他参观了位于星城的加加林宇航训练中心,也见证了苏联"联盟9号"飞船的发射。4个月后,刚从太空返回的苏联航天员尼古拉耶夫(Andriyan Nikolayev)和谢瓦斯季亚诺夫（Vitaly Sevastyanov）抵达美国，进行了为期10天的友好访问。

1975年7月15日，美国和苏联共同开展了阿波罗号-联盟号联合飞行计划，这次实验的目的是测试国际空间救援飞行中所需的载人飞船的交会对接系统。"阿波罗号"和"联盟号"成功交会和对接并共同飞行了近两天，在此期间两国的航天员进入对方的航天器进行访问，双方还共同开展了35项科学实验。

出于对成本和安全风险的考虑，2010年7月起，美国决定让所有航天飞机退役。由于美国没有发展载人飞船，所以后来很长一段时间里美国航天员都是借助俄罗斯的载人飞船往返天地之间。1995年3月14日，美国航天员萨伽德（Norman Thagard）成为首位乘坐俄罗斯发射的航天器上太空的美国人。2022年初，俄罗斯与乌克兰发生冲突，牵涉到美国和欧洲等很多国家的利益。尽管地缘政治局势紧张，美国与俄罗斯仍在国际空间站上开展密切合作。2021年4月登上国际空间站的美国航天员范德·海（Mark Vande Hei），按计划于2022年3月30日搭乘俄罗斯"联盟MS-19"飞船返回地球；2022年10月，俄罗斯航天员基金娜（Anna Kikina）搭乘美国太空探索技术公司（SpaceX）的"龙"飞船前往国际空间站。

中国空间站已于2022年完成所有建设任务，将在互相尊重、平等互利、开放透明的原则基础上，与世界各国开展载人航天合作。包括美国、日本在内，迄今至少已经有27个国家提交了中国空间站的使用权申请，已经有一些国家获得批准。

近年来，中国航天进入创新发展"快车道"，神舟飞天、北斗组网、嫦娥探月、天问探火、天宫空间站建设等辉煌成就振奋人心、举世瞩目。《2021中国的航天》白皮书的数据显示，自从2016年以来，我国已经与19个国家和地区、4个国际组织签署了46项空间合作协定或谅解备忘录。我国将不断开展广泛的国际合作，推动空间科学、空间技术、空间应用、学术交流、人才培养等领域的共同发展。

航天科技造福大众

今天，当我们行走在大街小巷，经常可以看到航天题材的塑像、手办、绘画或玩具。航天元素似乎也成了经济发展的一种推动剂。实际上，太空探索不仅能推动人类航天事业的发展，也能给人类带来许多具有实用价值的新科技、新发明，造福社会。20世纪60年代，美国的阿波罗登月计划共获得3000多项专利，使美国的高新技术产业发展大为受益。据统计，共有三万多种民用产品得益于航天技术成果，航天领域的人工智能、遥感作业等技术也带动了工农业的繁荣。因此，对航天事业的投入会产生长期的巨大回报。根据美国和欧洲多家研究机构采用不同模型进行测算的结果，在航天领域投入的每1美元，可产生7—12美元的回报。

中国航天事业的发展，同样创造了不可忽视的经济效益。我国1100多种新型材料中有80%是在空间技术的牵引下研制完成的，已有近2000项空间技术运用于通信、医疗等行业，我们社会的进步和生活的改善都受益于航天科技成果的运用。

随着科技辅助设备的不断涌现，我们很多人成了路痴，出门找路必须依靠GPS或者北斗定位系统支持的电子地图。GPS和北斗系统，都是航天科技发展的产物，这些航天科技的民用化为我们的日常生活提供了极大便利。磁共振成像（magnetic resonance imaging，MRI）技术如今广泛用于医疗行业，可以通过分层扫描获得人体不同组织、器官的立体影像，提高疾病诊断效率和精度。而正是航天科技成果应用到磁共振成像技术中，才推动了它的革新与进步，例如，用于提升月球图片清晰度的数字图像处理的技术，在医学领域被用来创建和增强人体器官的图像。其他一些高大上的设备，例如太阳能电池板、净水设备、氢能源汽车等，也都源自航天科技，或者与航天科技有着千丝万缕的联系。阿波罗时代不断走向成熟的计算技术，也为后来世人皆知的微软和苹果等高科技公司的涌现起到了重要的推动作用。

尿不湿、方便面、脱水蔬菜、电脑鼠标、数码相机，都是我们生活里的常见物品，但是如果有人告诉你这些东西都是航天技术的衍生产品，你是否会相信？此外，现在床垫或者枕头常用到的记忆海绵，以及笔记本电脑、条形码、魔术贴、烟雾探测器、气垫鞋等，最早都是在航天领域出现、为解决航天遇到的问题而被发明出来的。

空间生命科学研究有助于药物开发和治病救人。在空间环境下，地球生物的生理、行为会出现多方面的改变。对人和动物而言，骨质疏松是进入太空要面临的一个重要生理挑战。美国的一家制药公司曾经在航天环境里进行实验，对相关药物在缓解小鼠骨质疏松中的功效进行评估。

近几十年来，航天事业的发展拓展了人类活动的范围，也将旅游业的边界延伸到了天上。2021年12月8日，日本亿万富豪前泽友作在助手平野洋三的陪同下与俄罗斯航天员米苏尔金（Alexander Misurkin）一同乘坐俄罗斯"联盟MS-20"飞船飞往国际空间站，展开了为期12天的太空之旅。有人将其称为太空旅游元年，但这个说法并不准确。其实，早在2001年4月30日至5月6日期间，已届花甲之年的美国富豪蒂托，就支付了2000万美元的昂贵门票，去国际空间站度过了大约一个星期的时间。蒂托不是航天员也不是科学家，去太空纯粹是旅游，因此，蒂托才是首位太空游客，自此太空商业旅游的幕布逐渐拉开。2021年7月11日，维珍银河创始人布兰森（Richard Branson）乘坐自家公司的太空飞机完成首次人类的亚轨道旅行，但只有十几分钟。9天后，蓝色起源公司也将两名乘客送入太空。2021年9月15日，SpaceX将4名普通人送入太空，包括38岁的科技企业家艾萨克曼（Jared Isaacman）、

51岁的地球科学家普罗克特（Sian Proctor）、42岁的航空航天数据工程师桑布罗斯基（Chris Sembroski）和29岁的医师助理阿西诺（Hayley Arceneaux）。

但是，目前太空旅游只有富豪才能体验得起。2018年时，维珍银河的飞船还处于测试期，共有6个座位，每个座位票价就已高达25万美元。如今蓝色起源公司飞船票价格拍卖到了数千万美元。SpaceX的票价最贵，号称4个座位票价总共2.2亿美元。不过，太空旅游仍在高歌猛进。俄罗斯国家航天集团公司和中国长征火箭有限公司也计划在2024年开展平民太空旅游项目。我国发布的《2021中国的航天》白皮书里，提出将培育太空旅游、太空生物制药等经济新产业。未来，往返于天地之际或者穿梭于星球之间都将陆续成为现实。终有一天，航天会成为寻常百姓都可以参与的事情，大众也不会再像今天这样对航天感到神奇和关注，因为那时航天已经成了稀松平常的事，就如同我们现在坐飞机旅行。

在不远的未来，如果你的大款朋友对你说他下个周末想去月亮上度假，这可能不是开玩笑，也不是他喝多了，而是真的。

第二篇

严酷的空间环境

发射器的喷火口像管风琴一样轰鸣起来，几乎同时，一记长长的爆炸声像是要摧毁轨道舱的底部。火箭十分轻微地摇晃着……然后就腾空升起，稳稳当当，升向天空。梅耶越来越紧、越来越快地贴在他的卧铺上；刚刚还在他的胸口上跳跃的相当肥大的狗，眨眼之间又长大了不少，大约六秒钟时间里就长成了一头小象那样大……燃料用尽后，专门用于帮助起飞的推进器便跟外存储器剥落，抛射的两下小小震动就把小象变成了猛犸……一段时间里，梅耶真想就这样失去知觉。

——艾什诺兹（Jean Echenoz），

《我们仨》（*Nous trois*）

严酷的空间环境

20世纪即将到来的时候,达达主义奠基人之一、超现实主义艺术家曼·雷(Man Ray)还是一个孩童,很调皮。有一天,他把一只老鼠塞进一只装满可燃粉末的炮筒,想把它送入太空。但是,点燃粉末后老鼠只飞出了几厘米远。那时候,距离航天时代的到来还有近半个世纪之久,小曼·雷也许是受到了凡尔纳等人的科幻小说的影响,只不过空间环境对生命而言是何等严酷,他那时还一无所知。当然,即使知道,就当时的科学技术水平而言,他也无计可施。

生命能离地面多远

蓝色的天空深邃、美丽,自古以来一直吸引着人类去探索,但是高空环境其实非常严酷,那里非常寒冷、干燥,紫外线和宇宙辐射也非常强,这些因素对任何地球生命来说都是巨大挑战。当我们乘坐飞机在云层上方飞行时,我们也许会认为,在这样的高度上、这样严苛的环境里,除了飞机里的人类,机舱外面应该没有生命能够存活了吧?事实并非如此。

高空的空气中仍然存在细小的尘粒,这些尘粒由生物成分和非生物成分组成,其中微生物约占20%,这一比例甚至比近地大气尘粒里微生物的含量还要高。携带微生物的尘粒可以凭借飓风扶摇直上,最高可达对流层。2010年,研究人员采集了来自墨西哥湾、加勒比海、大西洋和美国本土距地面10千米的高空空气样本,在这些样本里的尘粒中,他们共发现了314种微生物。

高空里的微生物甚至可以影响天气和气候。丁香假单胞菌(*Pseudomonas syringae*)可以在云层高度的天空中存活,它们可以作为晶核,使得水汽凝结为水滴,因此与降水有关,这些微生物是雨滴或雪花形成的重要因素。

在距离地面更高的平流层也有微生物的踪迹,例如,科学家在距地面48—77千米的高空里发现了蝇卷霉(*Circinella muscae*)、黑曲霉(*Aspergillus Niger*)、特异青霉(*Penicillium notatum*),以及分枝杆菌(*Mycobacterium*)、微球菌(*Micrococcus*)等微生物。不过,平流层应该已经是这些微生物所能达到的高度极限,这些微生物无法再凭借大气层的涌动到达更高的地方,除非搭乘人类的航天器。

在空间中我们将面临什么

在距离地面10多千米的高空里,环境已与地面差异极大。当我们越过卡门线进入太空,就会面临更为严酷的空间环境。这里空气非常稀薄,甚至接近真空。除了水熊虫和一些极端菌类,很少有生命能在真空环境里存活。在接近真空的环境里,人无法呼吸,同时由于没有大气压,身体里的液体会在常温下便"沸腾"起来,人在短短数分钟内就会丧命。因此,当航天员和其他地球生命前往太空,必须待在航天器里;航天员如果要执行舱外任务,就必须穿上配备了氧气罐且维持一定气压的航天服,才能短暂地离开航天器,进行太空行走。在科幻小说《月球城市》(*Artemis*)里,生活在月球上的女主角由于经济拮据,买了套旧航天服去考月球导游证,结果航天服漏气,差点死掉。电影《速度与激情9》里,两名配角皮尔斯(Roman Pearce)和特尔佳(Tej)穿着潜水服当作航天服前往近地轨道,这个情节虽然很搞笑,但是完全不合理。

空间里的温度也是非常极端的。在被太阳照射的地方,温度很高,而没有太阳照射的地方,温度很低,甚至可以接近绝对零度。当然,这也与距离太阳的远近有关,比如在火星上或者太阳系中距离太阳更远的地方,阳光的亮度就比地球上弱很多,从太阳到达这里的热量也会少很多。不过,航天员在星际旅行的途中是待在航天器里的,航天器可以提供与地球环境相近的适宜温度。如果出舱,所穿着的航天服可以维持适宜的温度,不需要直接面对空间里无法承受的极端温度。

在远离地球的太空,重力其实并没有消失。之所以环绕地球飞行的空间站或飞船里人和物体会失重、漂浮起来,是因为引力转变成了向心力,导致重力降至很低。但是,如果我们进行星际旅行,在距离所有星体都很远的空间里,引力很弱,我们就将处于低重力或者微重力的环境。当我们到达其他星球,由于不同星球的大小和质量相差很大,所以引力也不同。月球的引力约为地球的1/6,火星的引力约为地球的3/8,一些小行星的引力则非常微弱。当然也有引力很大的星球,在没有找到对抗措施的情况下,地球生命是不能前往的,否则会被压成肉饼或者被扯碎为齑粉。

微重力对人和其他生物的生理、行为存在多方面的负面影响,对人类来说,最明显的问题就是会导致航天员肌肉萎缩和骨质丢失。目前,我们还没有非常有效的手段去营造人工重力环境或者对抗微重力带来的生理问题。

空间里的辐射种类更多,辐射强度也远高于地球表面和近地轨道。空间辐射对人类的太空旅行来说是一个非常严峻的挑战。航天员在空间环境里所受到的辐射强度远远高于在地球表面所受的,一些辐射甚至可以穿透航天器，防不胜防，这对他们的健康非常不利。对火星之旅而言，如果没有解决辐射防护的问题，人类几乎不可能活着到达火星。

我们赖以生存的地球存在磁场，但是当人类离开地球前往其他星球，或者进行漫长的星际旅行时，所面临的环境里的磁场可能会与地球表面的磁场存在很大的差异，例如，月球和火星几乎没有磁场。地球上的生命是在地磁场中诞生、演化和生长发育的，磁场对生命的影响现在了解得还不是很清楚，需要我们深入地进行研究。同时，我们也需要寻找和建立有效方法，去应对和解决特殊磁场环境给航天员的生理及行为带来的不利影响。

太空里的光照也是个问题。当空间站或飞船环绕地球飞行时，大约每90分钟绕地球一圈。在这90分钟时间里，约2/3的时间是暴露在太阳的暴晒下，1/3的时间是位于地球的阴影里。如果我们前往其他星球，光照情况也会与地球不同。例如在月球上，由于没有大气，月球昼夜非常分明，被阳光照射到的表面部分很明亮，未照射到的区域则漆黑一片。月球的天空也是漆黑一片，而不像地球有着蔚蓝色的天空。火星上的光照又是另外一种情形。这些特殊的光照环境会影响人和其他生物的生物节律、睡眠，会影响人的情绪，也会影响其他生物的生理活动，如生长、发育以及植物的光合作用等。当然，光照条件可以通过人工方式加以调节，可以在航天器里或者未来人类在其他星球的驻留地内设置接近地球光照条件的小环境，这样人和其他生物就不需要去面对和适应外界异常的光照环境了。但是，如果总是生活在人造的模拟地球环境里，那我们究竟算不算适应了空间环境或外星环境呢？

我们该怎么办

在我们上面提到的这几个环境因素里，真空和极端温度这两个因素可以通过航天器、航天服等设备来加以屏蔽，营造适合人类生存的小环境；光照条件可以人为加以调整，模拟地球的光照条件。但是，其他一些环境因素例如微重力、辐射、磁场和狭小密闭环境等，我们就很难进行屏蔽或调整了。目前，我们还无法在空间模拟地球的重力环境，而抵御宇宙线的辐射仍需防护材料和技术的进步，想在月球、火星或航天器里营造出与地球磁场相近的磁场环境也非常困难。至于狭小密闭空间这个问题，也很难解决，因为到了近地轨道或其他星球，我们只能居住在狭小的人造环境里。长期生活在狭小、密闭空间里，对人的生理、心理、情绪以及工作效率都会产生影响，在科幻小说里我们经常会读到对航天员在漫长星际旅途中产生强烈孤寂感的描述。

上面说到的这些环境因素都会对人的生存、健康和工作效率产生影响，因此都需要进行深入、系统的研究，我们在后文也会作更多的介绍。国际上，在航天事业发展初期，为了把航天员送入太空，美国、苏联等国家都是先在地面的模拟环境下做了大量实验，然后才把动物送入太空，观察动物的生理和行为会发生怎样的改变，是否能够适应这些环境，以及如何防护、改善和恢复这些环境因素造成的健康问题等。在积累了充分的研究数据后，最终才轮到航天员进入太空。

但是，由于人力、物力和财力等因素的制约，我们不可能把与航天有关的所有实验都拿到天上去做，那样成本太高了。虽然人类拥有空间站、飞船、航天飞机，但是也只能是少数重要的实验，或者已经在地面的模拟条件下进行过初步探索并已经取得一些有价值线索或发现的项目，才在天上进行真实空间环境下的研究。

尽管太空里的温度、空气含量（接近真空）也与地面不同，但这些因素无需模拟，因为在这种条件下人类根本无法生存，我们应该关注的是如何进行有效防护而非如何适应。因此，在地面经常模拟并开展研究的主要是辐射、磁场、微重力、光照以及狭小密闭空间等环境因素，尤其以前两者为多。如果前往火星，则与乘坐航天器绕地飞行时的环境因素又有所不同,比如与地面的联系会更少并且存在信息延迟,辐射更强等。到达月球表面、火星表面,面临的不是微重力,而是弱重力,应对方案又要有所不同。

我们有很多飞天的神话故事,例如牛郎织女鹊桥相会、嫦娥奔月,故事中人物在空间里自由来去,衣食住行与地面无二。但在真实世界里,他们都必须搭乘航天器,穿上笨重的航天服,否则喜鹊和人在严酷的空间环境里都将必死无疑——说这些好像破坏了神话故事的浪漫与美好,科学家有时候真是浪漫的敌人。

在微重力下漂浮

　　1919年，著名物候学家竺可桢在以"提倡科学，鼓吹实业，审定名词，传播知识"为宗旨的中文期刊《科学》（1915年创刊）上发表文章，其中有这么一段话："夫以科学家之眼光观之，则人类者实不啻一种不自由之囚徒耳。人类之囹圄，即地球面部之空气层是也；人类之缧绁，即直径八千哩之地球是也。吾人既不能须臾离此空气，亦无庞大之能力，足以抵抗地心吸力而使吾人翱翔于空中。"这里感慨了人要离开地球家园所要面临的巨大挑战。不过，空气尚可以携带，气压也可以补充，最难的其实是摆脱重力的束缚。

　　在嫦娥奔月的故事里，嫦娥喝了飞升仙药而摆脱重力束缚，飞到月宫。现代的科学技术还没有制造出对抗重力的飞升药，也无法让人自己能够摆脱重力，只能依靠燃料的强大推力进入太空。由于没有了空气，航天器在太空里要继续飞行，只能利用自身的惯性、星球的引力，以及喷射一些物质所产生的反作用力而获得动量的改变。在进入绕地飞行的轨道后，由于失去重力，人会在飞船或空间站里漂浮起来。航天员在太空无重力的状态下行走的情景，令很多人痴迷、向往，并且希望有朝一日自己也能去体会失重的感觉。

　　在地球上，所有地方都伸出无形的手，通过引力抓住每个物体、每个生物、每个生物体内的每个细胞以及每个细胞里的每个分子。因此，

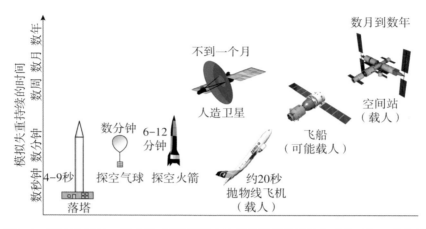

图 2-1　研究失重的一些方法,以及不同方法所能提供的模拟失重的时间。抛物线飞机和空间站都可以载人,飞船分为载人飞船和货运飞船

要在地面模拟"失重"是非常困难的事。不过,人们还是开发出各种手段,如落塔、探空气球、探空火箭、人造卫星、抛物线飞机以及空间站研究平台等,尽可能地模拟失重的环境,以进行各类实验。

落塔

地球表面的重力加速度为9.8米每二次方秒(9.8 m/s²),通常记作1g。如果在某种条件下,物体所受引力小于地表重力1g的10^{-6}(百万分之一),就被称作微重力。在忽略空气阻力的情况下,自由下落的物体可以认为处于微重力状态。但有时,人们也会不太严格地把介于10^{-6}g—10^{-3}g之间的重力都称为微重力。

为了让物体处于失重状态,我们可以举起物体,然后放手,让它自由下落。在这种情况下,物体所受到重力转变为使之向下加速运动的动力。但是,通过这种方式获得的失重持续时间很短。解决这个问题的一个办法是,在很高的高度让物体下落,这样可以延长物体从进入失重状态至落到地面的时间。当然,由于空气阻力的存在,这个物体所处的并非完全失重状态，而是部分失重。

如果你在北京海淀区中关村南二条散步，可能会注意到附近有一个高高耸立的建筑，看起来像烟囱，但外表非常光滑，不像烟囱的砖砌外壁那样粗糙，形状也不像常见烟囱那样下粗上细，而是上下粗细相仿。另外，烟囱顶端都是简单的开口以排放烟雾，这个建筑顶端却比较复杂，有规整的顶部。的确，这并不是烟囱，而是中国科学院力学研究所用于模拟失重的"微重力落塔"。

但是，落塔的高度仍然有限，物体处于失重状态的时间还是很短。为了获得更长的自由落体时间，我们还可以在落塔的下方垂直向下挖，把垂直高度向地下扩展。但即便如此，从落塔顶部下落到底端，也只有数秒钟的时间。中国科学院力学研究所的落塔高116米，自由落体实验可获得3.6秒的微重力时间。那么短的时间很难开展生物学实验，主要是用于物理学或化学方面的实验研究。由于空气阻力会改变物体自由下落的速度，对微重力水平要求较高的实验，需要在塔的中间再建设一个真空的垂直管道，使实验装置在没有空气阻力的条件下下落。

图2-2　微重力落塔（郭金虎摄）

探空气球与探空火箭

除了让物体垂直落下，我们也可以通过其他方式让物体处于失重状态。当我们斜向上抛出一个石子,石子会沿着抛物线的路径运动,先升高再落下,在离开我们的手掌后,这个石子就处于失重的状态,因为地球施加在它上面的引力转变成了使其垂直向下运动的加速度。因此,如果我们想模拟失重,其实很简单,只要抛出一个东西,这个东西就会在飞出后、落地前处于失重状态。不过,如果这个时间太短,就难以满足很多科学实验的需要。

与解决落塔里物体下落时间过短的问题类似,我们可以把物体抛得尽可能高一些,这样就可以延长其处于失重状态的时间。探空气球和探空火箭这两种模拟方法都是将实验装置携带至高空,然后抛下,其中探空气球可以飞至40—50千米的高度,探空火箭可以飞至50—1 500千米的高度。在这种高度下,必须事先做好保护措施,否则用来做实验的仪器或者生物样本在落至地面时可能会摔得稀巴烂。

顾名思义,探空气球就是用来探测天空的气球,准确地说是探测从地面到几十千米高空范围内的空间大气参数。探空气球在20世纪20年代就得到了实际应用,并沿用至今。探空气球可以直接测量超过30千米高度的大气压力、温度、湿度以及风速、风向等高空气象数据,广为使用的原因包括低成本、易操作。

探空气球多数是用橡胶材料制作,而橡胶具有很好的弹性。气球上升时,随着高度增加,空气密度和气压不断降低,橡胶气球就会不断胀大。当气球到达飞行顶点,也就是膨胀到极限时就会爆炸,结束飞行过程。此时,实验装置被抛出,自由下落,从下落开始进入微重力状态。但是,下落到30千米高度以下后,大气密度逐渐增加,空气阻力会使得微重力环境难以保持,因此微重力实验只能在下落至30千米高度之前进行。由于探空气球的飞行高度最高也只有40—50千米,用探空气球的方式开展微重力实验,所获得的微重力时间仍然不是很长。

探空火箭飞得更高，所获取的实验数据可用于天气预报、地球物理和天文物理研究，为弹道导弹、运载火箭、人造卫星、载人飞船等飞行器的研制提供必要的环境参数。探空火箭还可用于某些特殊问题的试验研究，如进行新技术和仪器设备的验证性试验等。用探空火箭研究生命活动由来已久，美国在20世纪50年代就试射过多颗"飞行蜜蜂号"（Aerobee）探空火箭，将鼠、猴等动物发射到高空中，研究火箭发射和下落过程中动物生理指标的变化情况。

探空火箭发射升空后，由于高度和速度的限制，并不会像运载火箭一样进入环绕地球飞行的轨道，而是在到达最高点后开始下降，在下降过程中利用降落伞等气动减速装置，将携带的科学仪器和设备安全降落到地面回收。在飞行过程中，探空火箭还可以检测不同高度的大气参数或辐射强度。

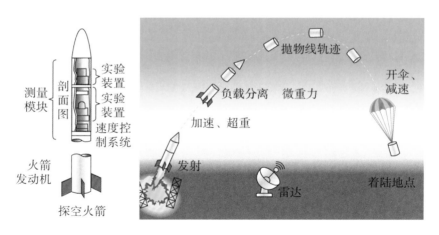

图2-3　探空火箭的结构及其飞行过程示意图

探空火箭的飞行高度，处在探空气球的飞行高度之上、探测卫星的轨道高度之下，可以获得数分钟到十数分钟的高质量的微重力时间。但是，如果考虑成本，探空火箭的成本比探空气球高出很多，因此探空气球仍然具有一定的应用价值。

利用探空火箭进行微重力和生命科学实验,均需要将样品回收,因此要考虑样品的回收技术。世界上绝大部分的探空火箭发射场都设在陆地上的无人地带,通过降落伞回收样品。

NASA和欧洲空间局每年都要发射探空火箭进行微重力和生命科学实验。2018年,瑞典科学家利用探空火箭TEXUS 54研究了微重力对细胞骨架的影响。他们利用探空火箭将人的乳腺癌细胞MCF-7送入太空,并分别在发射前和发射过程中多个时间点观察细胞骨架的动态变化。实验结果显示,在重力发生变化后,小小的细胞在几分钟内就

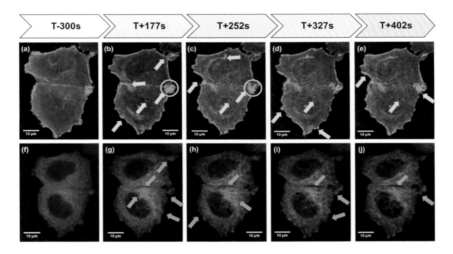

图2-4 利用探空火箭研究乳腺癌细胞MCF-7的细胞骨架肌动蛋白和微管蛋白在微重力下的变化。细胞骨架如同房屋的梁柱或者工地的脚手架,对建筑起着支撑作用。但与房屋梁柱不同的是,细胞骨架不是固定不变的,而是在不停地动态变化。从这一点上看,细胞骨架与脚手架更为相似——随着施工进展,脚手架也要不停地拆卸、组装,细胞骨架也是如此。T-300s指火箭发射前300秒;T+177s至T+402s指火箭发射升空后177秒至火箭发射升空后402秒。a-e.黄色箭头指示肌动蛋白(用绿色荧光标记)纤维的变化情况;f-j.绿色箭头指示微管蛋白(用红色荧光标记)的变化情况。实验结果显示,细胞在大约4分钟内就会对微重力做出反应,肌动蛋白和微管蛋白会在细胞的一些部位聚集成束,这种变化有可能帮助细胞形成伪足,就像变形虫那样(引自Nassef M Z, et al. Int. J. Mol. Sci. 2019.)

会做出反应。

与落塔相比，探空气球和探空火箭能够提供更长的微重力状态，但是后两者难以保持温度的恒定，也难以抵御高空的辐射，因此，对取得的实验数据在进行分析时需要考虑这些失重以外的环境因素。

返回式卫星与飞船

返回式卫星，也称为回收卫星，是指卫星在绕地球飞行的轨道上完成任务后会整体或部分返回地面。用于通信、气象、导航等用途的卫星不会返回，它们在轨道上一直工作到坏掉。还有一些卫星，如以前的用于侦察、拍照的卫星，用的是胶片相机，底片需要冲洗才能获得影像，所以这类卫星需要在完成任务后返回地面。此外，用于科学实验的卫星携带了样品，要进行回收和分析，所以这类卫星也属于返回式卫星。

我国从1987年开始用返回式卫星搭载的方式，进行空间生物学实验研究，实验对象和材料主要包括动物、植物、微生物和细胞组织等，以探索空间微重力等环境因素对生命活动规律的影响，并建立在空间环境下开展生命科学研究的技术方法。

"实践十号"卫星是我国第一颗微重力实验卫星，于2016年4月6日发射。科学家们在这颗卫星上开展了19项科学实验，涉及微重力流体物理、微重力燃烧、空间材料科学、空间辐射效应、微重力对生物的影响与效应、空间生物技术等六大领域。"实践十号"还首次把小鼠早期胚胎带上太空，在空间环境下培养这些胚胎并通过显微镜进行实时跟踪观察，看它们在微重力环境中能否继续分裂。"实践十号"卫星上还有蚕宝宝，用来观察微重力对家蚕发育的影响。

货运飞船是往返于空间站和地面的运载航天器。如果把载人飞船比喻成搭载航天员的小轿车，那么货运飞船就是专门拖货的大货车，并且这个大货车还是自动驾驶的，没有司机。货运飞船在运送物资之余，如果空间有富余，也可以搭载进行一些科学研究。2017年4月20日，我国发射了"天舟一号"货运飞船。该飞船2017年4月22日与"天宫二号"空间实验室完成对接，于2017年9月22日返回，并在大气层烧毁。我国西北工业大学、清华大学、浙江大学、香港浸会大学等单位充分利用这次搭载机会，开展了大量空间科学研究，其中包括微重力环境对骨细胞和成骨细胞生命活动、多能干细胞分化、胚胎干细胞的增殖与分化、人生殖细胞分化等的影响。2021年，我国的"天舟"货运飞船也开始公开征集研究计划，科研、商业、教育等行业的人员如果有好的研究思路都可以提出来，申请在货运飞船上做实验。

返回式卫星和飞船在轨期间绕地球旋转时有时处于微重力状态，但是原理与前面提到的探空火箭不同。飞船和返回式卫星绕地球旋转时，是沿近似圆形的轨道运动，运动方向在不断改变，在这种情况下，引力几乎全部转化为向心力，因此其中的人和物体受到的重力几近消失，处于失重状态。我们在观看火箭发射时会发现，当火箭将载人飞船送入轨道后，舱里的一些物品开始漂浮起来，就是这个原因。实际上，即使站在地面上，我们所受到的重力也不等于地球对我们的引力，因为我们随地球旋转时，也有一小部分引力转化为向心力。

航天飞机与空间站

1981年，美国的第一架航天飞机问世。航天飞机不仅具有可以重复使用、维修方便、执行任务灵活、可以使卫星简单化等优点，还可以在机舱内做研究，包括空间生命科学、空间环境探测、地球观测、微重力科学、基础物理、工业品生产等。美国一共造了5架航天飞机，执行任务次数达135次。但是，航天飞机出了不少严重的灾难性事故，因此美国不再建造航天飞机。除了美国外，苏联也曾制造和发射过航天飞机。

1988年11月15日，苏联发射"暴风雪号"大型航天飞机，进行不载人的绕地飞行两圈的飞行试验。

对模拟失重来说，在空间站里做实验当然是最理想的。空间站空间大，设施齐全，可以开展更多的科学研究，但是，空间站毕竟资源有限，不能满足所有需求。因此目前均是利用其他模拟方法或平台开展先期研究，待取得有价值的发现后再到空间站里去加以验证。除了空间站外，在不同的时期，还出现过空间实验室，规模比空间站小。

卧床实验，躺着挣钱？

2020年9月，深圳市绿航星际太空科技研究院网站上贴出一则启事，招募志愿者参加一种特殊的头低位卧床实验。志愿者需要在床上连续躺15天，并接受相关测试、锻炼和检查，全程管吃管喝，完成全部实验就可获得15 000元参试补助及参试证书。这个工作听起来很吸引人，既能为航天做贡献，又能躺着赚钱。

实际上，头低位卧床实验在航天机构里并不鲜见，NASA、欧洲空间局等机构都经常开展这类实验。那么，为什么要人连续那么长时间躺着？做这样的实验有什么目的和意义呢？

迄今在载人飞船、空间实验室、空间站等平台上已经开展了很多人体实验，但是很多问题仍然没搞清楚。尽管已经有超过600名航天员进入太空，但是由于条件限制，在空间难以开展大量、系统的研究，例如美国的双胞胎实验对象只有两个人，也只做了一次实验。因此，在地面开展模拟空间环境进行研究是非常必要的。在这些模拟实验里，−6°头低位卧床就是常用的一种模拟失重效应的方法。卧床实验人员的姿势并不是"躺平"，而是头比脚低6°。

当我们在地面站立时，由于重力的作用，身体的大部分血液位于下半身,所以血压从头到脚逐渐增高,头部血压大约是70毫米汞柱,胸部大约是100毫米汞柱,脚部大约是200毫米汞柱。当我们进入太空,处于微重力下,由于重力缺失及腿部血管收缩,血液涌向头胸部,身体各部位的血压变得相等了,都在100毫米汞柱左右。当我们在地面平躺时,血液在与床板接触的身体部位分布较多,但从头到脚由于处于水平位置上,所以血压是相等的。当我们头比脚低6°躺在床上时,血液在重力的作用下涌向头胸部,下肢的血液量减少,就可以模拟微重力条件下的体液分布变化以及由此引起的生理改变。

在微重力下,由于更多的体液流向头部,头面部会出现浮肿,而腿部由于血液减少会变细,称为鸟腿(bird leg)。头部充血会导致航天员出现很多不适,−6°头低位卧床可以较为接近地模拟这些生理改变。此外,在微重力下人的骨骼会变得疏松,肌肉会出现萎缩,而在−6°头低位卧床时,在水平方向上腿也不再受到重力,因此也会发生一定程度的肌肉萎缩和骨质丢失,因此也可以模拟太空里的生理变化。当然,头低位卧床实验时间一般不会很长,而且在卧床期间全程都有医疗监护,因此这种实验是安全的。志愿者在实验结束后,过一段时间身体状况就能够恢复。

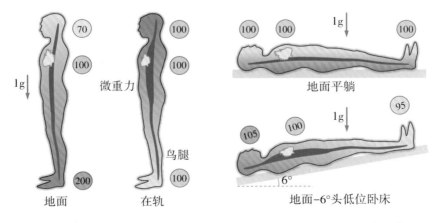

图2-5 卧床实验的基本原理。圆圈里的单位表示体液的压强值,单位为毫米汞柱。红色表示体液,主要是血液还有淋巴液。红色条索是身体血管的简略示意图

一些病人或者伤员长期卧床,也会出现上面提到的这些生理变化,因此对于头低位卧床的研究对改善这些伤病员的健康状态具有重要帮助。实际上,在头低位卧床实验里,经常会有临床医生或医学研究人员参加,他们想从卧床实验里找到治疗一些临床病症的线索。

俗话说"坐着不如倒着,好吃不如饺子",这只对短时间的休憩有效,对长时间的卧床实验来说则是无效的。在卧床实验过程中,志愿者几乎所有活动都要躺在床上进行,吃饭、阅读、洗澡、大小便等都要保持躺卧姿态,护工会为志愿者提供帮助。这对人的生理和心理是很大的挑战,并不是那么轻松就能够完成的。

有一张名为《边韶昼眠》的宋代古画,画中白胖的边韶祖胸露肚,躺在席子上睡觉,他的腿伸在一个木制的凭几上,很惬意的样子。按照这个姿势,他的脚比头高出不少,和卧床实验的姿势有点相似。但是,根据更多的古代资料或画作来看,这并不是凭几的正确使用方式,凭几一般是让人困倦时背部靠在上面或胳膊搭在上面以放松或小憩。画里这个人把腿架到凭几上应该是比较不羁的操作。不管姿势正确与否,这个人这样躺着最多也就躺几个时辰,不会很长,所以对身体的影响不明显,不像头低位卧床实验那样具有挑战性。

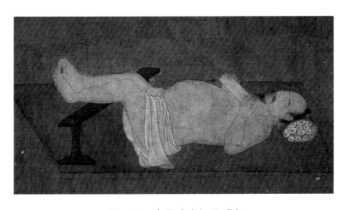

图2-6　宋画《边韶昼眠》

　　节假日我们在家里的床上或沙发上"躺平"一整天，然后不得不爬起来出门买东西或丢垃圾时，我们会觉得头晕乎乎的，走起来腿轻飘飘的。由此可见，老是躺着不动对身体是没什么好处的。但是，与长时间卧床实验相比，节假日在家躺一天简直是小巫见大巫。短时间躺一下很惬意，连续多天长时间躺着可就很难受了，健康也会受到一定影响。因此，卧床实验志愿者的报酬确实比较高，但也是辛勤付出应得的，他们为航天生物医学研究做出了贡献。天下没有免费的午餐，也没有轻松的卧床实验——躺着赚钱，也并非轻松易事。

　　欧洲空间局、法国国家空间研究中心（Centre National d'Études Spatiales，CNES）、日本宇宙开发事业集团（National Space Development Agency，NASDA）等国际宇航机构曾经联合举行过一次为期90天的卧床实验。总共有超过1000人报名参加，其中有120人通过了生理和心理筛查，最终挑选出25名受试志愿者。研究人员有66人，来自不同的国家，其中欧洲空间局有8个成员国30多个研究机构以及20家医院的人员参与其中。大约250人参与了本次实验的组织和管理工作，包括140名医生、护士、理疗师、心理医师、护工、营养师和技术人员等。医护人员是为了在志愿者突发一些疾病时可以提供治疗，而心理医生是为了防止志愿者长时间卧床出现心理问题。从这些数字我们可以看出，卧床实验是很耗时耗力的工作，需要精心的筹划与准备。实验需要经过伦理委员会审查，确保志愿者知情并了解实验的目的和可能对身体造成的潜在影响后，签署同意书后才会开展。同时，会在实验结束后设置一段时间的恢复期，继续监测志愿者的健康状况。

　　监测结果显示，卧床90天后，在进行体育锻炼的情况下，肌肉的横截面积减少可达约15%，而在不进行体育锻炼的情况下，肌肉横截面积

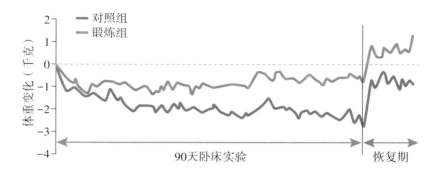

图2-7　卧床实验过程中志愿者体重变化情况。一组志愿者不进行锻炼，在90天的卧床期间体重持续下降，卧床结束后体重迅速上升，接近卧床开始前的水平。另一组志愿者每天进行锻炼，体重也会降低，但降低幅度明显小于不锻炼的志愿者。这说明体育锻炼的确可以缓解，但另一方面仍然难以完全抵消微重力的影响（https://www.esa.int/esapub/bulletin/bullet113/chapter4_bul113.pdf）

减少了大约25%。这些结果说明，虽然体育锻炼能够明显减缓肌肉萎缩的速度，但是仍然难以达到未卧床的水平。体育锻炼能够在一定程度上对抗肌肉萎缩和骨质丢失，但是并不能完全抵消这种影响，因此还需要研究和建立新的措施，才能帮助航天员应对未来长期在太空执行任务所面临的失重环境的挑战。

　　我们也可以用动物来做类似的实验。例如，让兔子趴在实验台上，用布带把兔子从背部水平固定在实验台上，然后让实验台向前倾斜一段时间，再向后倾斜一段时间，这样就会改变兔子的体液分布。向前倾斜时，体液向头部分布较多，向后倾斜时，体液向身体后部分布。蛇也可以作为实验对象。海蛇是一类毒性很强但攻击性不强的动物，生活在海里。由于受到周围海水均匀的压力，可以对抗重力的作用，因此无论海蛇沿着水平方向还是垂直方向游泳，血液的分布都不会有明显的变化。但是对在陆地上爬行的蛇来说，如果它为了捕食爬到树上或从树上爬下，身体里的血液分布就会因为重力的作用而发生明显改变：当蛇向上爬树时，血液会集中在身体尾部；当蛇向下爬回地面时，血液又会集中在身体的头部。血液分布的变化会引起血压的剧烈改变。曾有人把蛇塞在一根长玻璃管里,然后以不同角度倾斜,研究血液在蛇身体里重新分布引起的血压变化。当然,严格来讲,上面这些实验不能叫卧床实验,因为兔子和蛇并不是头低位躺卧的,但是,实验的原理与人的头低位卧床实验原理是相同的。

鼠和兔子都不像人那样躺卧着睡觉。此外,在卧床实验里,志愿者会服从规定,坚持躺卧姿势,但是兔子、鼠等动物则不可能听从指令,长时间保持一个姿势。为了达到模拟失重的目的,一般是把鼠的尾巴用胶带缠住,然后用绳子悬起让鼠后腿离开地面,使其身体与地面呈约30°角。绳子的另一端固定在一个可以随鼠活动而移动的轮上,这样鼠在笼子里可以自由活动,但只能用前肢爬行。这种姿势使得鼠的血液会像人在卧床实验中那样在头部分布更多。由于这样的实验需要把鼠的尾巴悬起,鼠后肢无法着地,所以称作后肢悬吊实验或者悬尾实验。

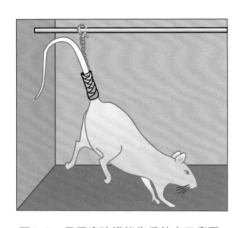

图2-8 悬尾实验模拟失重效应示意图

抛物线飞行实验

我们乘坐飞机时如果碰到气流,原先平稳飞行的飞机会发生颠簸,遇上强气流时飞机还会急剧下坠一段高度,在下降过程中乘客能够体会到失重,感觉自己变得轻飘飘的。尽管失重的感觉很奇妙,但为了安全,没有人希望在飞行过程中碰到这种事情。

有一种飞机,被称为"抛物线飞机",专门用来制造失重的环境,让科研人员开展失重环境下的科学实验。乘坐这种飞机进入失重状态

图2-9 2014年10月9日，黎明前冒着秋雨即将起飞的A300抛物线飞机。机身上的"Novespace"是运营公司名称，"CNES"是法国国家空间研究中心的英文缩写（郭金虎摄）

时，机舱中没有被固定的人或物品都会失去重量，漂浮起来。由于在飞行过程中不少人会呕吐，在机舱的一角，专门有一个大垃圾桶供呕吐之用。这种飞机是沿抛物线轨迹飞行的，而抛物线的形状形似彗星，因此，抛物线飞机也被称为"呕吐彗星"（vomit comet）。

不少电影里都出现过抛物线飞机的身影，有的是为了航天训练，例如国产影片《飞天》；也有的是为了制造浪漫、追逐爱情，如《私奔B计划》等。电影《飞天》的主要内容是作为航天员的男主角长期奉献于航天事业，刻苦训练，但几次与飞上苍穹执行任务失之交臂。在影片最后，他凭借自己的实力获得了上天修补飞船和救助战友的机会，也圆了自己的飞天梦。在男主角赴俄罗斯训练的情节里，有一个在抛物线飞机里的场景：他们漂浮在空中，接受多种训练，包括准确地用嘴接住饼干等食物。《私奔B计划》是一部情感娱乐片，剧中男主角为了取悦女主角,带她进入俄罗斯空军基地,登上了抛物线飞机,体会了失重的浪漫之旅。

在飞行过程中,抛物线飞机开始先平飞,高度约为6千米,速度约为每小时810千米,然后飞机开始沿47°倾角向上加速飞行,这一阶段持续大约20秒,在这段时间里重力为1.5g—1.8g。当飞机到达7.5千米高度时,关闭引擎,由于惯性飞机继续沿着抛物线斜向上飞,但是速度越来越慢,直至到达顶端时向上的速度为零(水平方向仍然有速度),此时飞机在垂直方向上已是"强弩之末"。然后,由于重力的作用,飞机开始沿抛物线向下飞行。在关闭引擎的这段时间里,飞机处于失重状态,持续大约22秒。当下行到大约7.5千米的高度、大约47°倾角时,飞机重新发动引擎,加速向下俯冲,同时逐渐调节飞机倾斜角度,在这段时间里重力约为1.5g—1.8g,持续时间约20秒。飞机在下降到大约6千米时,恢复为平飞状态,飞行一段距离后再重复这样的循环,每次抛物线飞机出行要飞大约30个这样的循环。

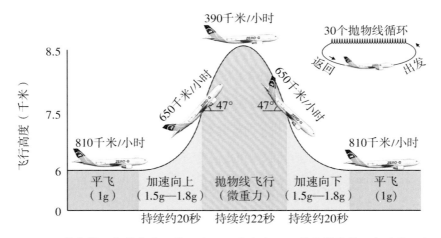

图2-10 抛物线飞行模拟失重的示意图。右上角显示的是抛物线飞机连续飞行30个抛物线周期的飞行线路示意图

在每轮抛物线飞行的22秒失重时间段里，机舱内所有没有固定的物体都会漂浮起来，在这段时间里研究人员也会抓紧做实验。当22秒快结束时，机长会提醒大家注意，因为当飞机切换到超重状态时，如果机舱里的人不抓好扶手或者蹲在地上，就会重重地摔倒在地，漂浮在空中的物体也会重重地掉落下来，所以要在切换前收拾好。

抛物线飞机机舱里的大部分座椅都会被拆掉，空出来作为实验场地。地板、舱壁和顶部都安装了一层具有弹性的材料，所有设备的边缘和突出的转角处也都包裹了海绵。在微重力阶段结束切换到超重状态，漂浮在空中的人员坠落下来时，这些弹性材料和海绵可以防止他们受伤。

抛物线飞行能够模拟的微重力持续时间很短，只有20秒左右，并且与超重、正常重力等状态交替变化，因此抛物线飞行适合研究重力的交替变化对生理和行为的影响，但要研究长时间的失重变化对生理和行为的影响就不适合了。我们前面介绍的探空火箭也是在抛物线飞行过程里模拟失重，但是探空火箭每次发射只能进行一次抛物线飞行，抛物线飞机则可以在每次起飞后连续进行多次抛物线飞行，因此进行实验操作的机会也多。

对航天员来说，在抛物线飞机里进行训练是适应将来上天的微重力环境所必需的。当然，抛物线飞机并不仅仅为航天员训练提供服务，很多科学家、工程师、学生以及一些社会名流都曾经登上抛物线飞机，有的是为了科学研究，有的是花钱买感受，在飞行中体会失重和呕吐的感觉。

抛物线飞机迄今已有70多年的历史。1950年，美国政府雇佣了德国航空工程师弗里茨·哈贝尔（Fritz Haber）和物理学家海因茨·哈贝尔（Heinz Haber），这兄弟俩提出了通过飞机飞行来模拟空间微重力条件的方案：需要进行反复多次的波浪式飞行，也就是按抛物线轨迹飞行。1957年，航天员开始接受抛物线飞机训练。

图2-11　抛物线飞行失重阶段,机舱里的乘客漂浮在空中

　　1973年,NASA接管了原先由空军负责的空间计划。但是,从2008年开始,一家私人公司"零重力"(Zero-G)开始负责抛物线飞机和相关训练的运营,他们使用的飞机是波音727-200F。

　　美国的弗吉尼亚零重力公司(Virginia-based Zero-G)从2005年开始运营抛物线飞机,并对公众开放,飞行一次的票价为4950美元。科幻电影《星际迷航》的导演武井(George Takei)和英国维珍银河公司创始人、亿万富翁布兰森都曾体验过抛物线飞行。2007年,著名物理学家霍金也曾在美国的佛罗里达航天中心乘坐"重力一号"(G-Force One)体验失重飞行,这激发了任职于NASA的斯特恩(Alan Stern)的感慨,他说:"现在是21世纪了,我期望越来越多的科学家能够在零重力下做实验，甚至在空间里做，因为新的交通工具和空间平台已经开放。"

电影《阿波罗13号》的男演员汤姆·汉克斯(Tom Hanks)、凯文·贝肯(Kevin Bacon)和比尔·帕克斯顿(Bill Paxton)，曾经在20世纪90年代在KC-135A飞机上进行抛物线飞行，NASA在那个年代曾经采用了几种不同型号的飞机开展抛物线飞行，其中最著名的就是KC-135A，不过这种机型早已退役了。

目前，可以进行抛物线飞行的国家有美国、德国、俄罗斯和法国等。法国的抛物线飞机由Novespace和AirZeroG公司运营。我曾经于2014年10月带着学生与中国航天员科研训练中心的人员一道前往法国波尔多做抛物线飞行实验，但我因为事先未来得及进行体检，所以不能上飞机参加抛物线飞行，只能将准备好的样品放到飞机里让样品在天上飞，飞机返回后再取出样品，带回实验室进行处理和分析。进入机舱取样品时，我看到角落里有一只大桶，工作人员说那就是供人呕吐用的。

当时为我们提供服务的是由一架空客A300改造的抛物线飞机，机身上写着很大的"ZERO-G"，也就是零重力的意思。说出来让人难以置信，这架飞机竟然是法国空中客车公司于30年前制造的老飞机，但仍然性能良好。在我们这次实验结束后不久，它就"退休"了。这架飞机在服役期间，总共执行过275次抛物线飞行任务，共有24个国家和地区的研究团队参与这些任务。依托它发表的700多篇科研论文里，以物理学论文最多，其次是生理学、生物学和技术科学论文，其中也有我们的一篇生理学论文。后来，一架更先进的空客A310开始接替它进行新的抛物线飞行实验，成了新的"呕吐彗星"。

"呕吐彗星"这个名字听起来不雅，而且抛物线飞机真的可以让人前庭功能紊乱，出现呕吐、胃部痉挛等不适反应，那为什么还有很多人非常向往抛物线飞行的经历？除了能满足好奇心、探索欲，大概还因为稀有。

抛物线飞行的成本很高,所以机会非常宝贵——如果是以游客的身份前来,体验价大概是6000欧元飞行一次(最新价格为8200美元并要交5%的税)。由此也可以推断,《私奔B计划》里的男主角应该是个大款。

模拟失重的其他一些方法

让人晕头转向的回转器

回转器是一种常用的设备,可以在地面模拟失重。回转器的工作原理很简单,就是让物体不停旋转,改变方向。回转器既有二维的也有三维的,在二维回转器上,物体必须是在垂直平面上旋转或者在倾斜平面上旋转,而不能在水平面上旋转,否则重力的方向总是垂直向下,并不能起到改变重力方向的作用。

三维回转器看起来有点像舞厅里旋转的灯球或者游乐场里的三维太空环,物品在三维回转器或人在三维太空环里旋转时,重力并没有消

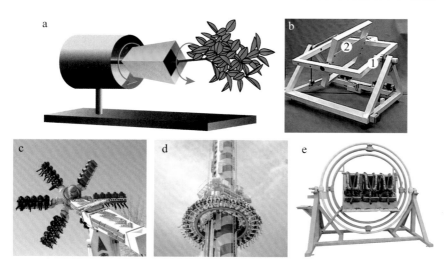

图2-12　回转器和一些类似的游乐场项目。a. 二维回转器;b. 三维回转器;c. 极速风车;d. 跳楼机;e. 三维太空环。在b中的回转器里,需要模拟失重的物体放在框②中间,①和②两个框都可以独立朝不同方向旋转,产生的叠加效应导致物体受到的重力方向不停变化

失,但是物品或人在不停转动,所受的重力方向一直在变化,因此可以模拟失重效应。在游乐场里,有一种叫极速风车的设施,它的叶片可以绕轴心旋转,每个叶片也可以独立旋转。极速风车在绕轴心旋转但叶片不转时与二维回转器很相似,因为游客只在一个平面上旋转;如果极速风车在旋转时叶片也独立旋转,游客同时在不同平面上旋转,那就像三维回转器了。三维太空环的原理与此类似。

一些游乐场里还有跳楼机,人在上面也可以体会到失重的刺激。跳楼机有多个英文名,如 free fall、jumping tower 及 drop tower,最后一个词 drop tower 和落塔是一个意思,而且落塔和跳楼机的原理也是相同的。此外,游客在大摆锤等设施上能体验到超重的感觉,还有的设施可以让游客同时体验超重和失重,比如带旋转功能的跳楼机。这些各色各样的设备不由得让人怀疑:游乐场是不是带有培养航天员的功能?

当我们光着脚走在溪流里,潺潺流动的溪水轻柔地缠绕着肌肤,我们能够根据水流冲刷的力量清晰地感受到水流的方向。同样,当细胞处于流动或涡旋的培养液中,流动的液体也会对细胞产生力的作用,称为剪切力。在利用回转器模拟失重效应时,要注意尽量减小液体剪切力对细胞的影响,转速不能太快,否则实验所观察到的变化主要是由这种液体剪切力造成的,而非失重造成的。

可以让青蛙漂浮的抗磁悬浮

如果读者朋友有机会去参观西北工业大学生命学院,可以在那里见到抗磁悬浮装置。这种装置可以产生很强的磁场,让细胞或者水滴悬浮在空中。由于富含水分的物体和含蛋白质物体都可以在强磁场下悬浮,科学家还实现了让体积更大的微生物甚至小动物在更强的磁场里悬浮起来。

抗磁悬浮技术是由英国科学家海姆(Andre Geim)发明的。1977年,海姆担任荷兰奈梅亨大学的副教授,他一直想用可以调节强度的电磁铁来做一些有价值的实验。常见的水、木头和生命有机体自身产生的磁场会与外界施加的磁场相互排斥，称为抗磁性。具有抗磁性特征的材料或物体可以悬浮起来，处于真正的微重力状态下。他尝试将一滴水滴入嵌有永磁铁因而可以产生强大磁场的仪器中，令人吃惊的是，这滴水不再下落，而是摆脱了重力，静静地悬浮在磁场当中。海姆的实验取得了成功。接下来，他的目标是把活的生物体悬浮起来，青蛙首先成了他的实验对象。他将一只青蛙放入一个螺线管内，因为青蛙的重量远大于一滴水，所以需要螺线管产生更为强大的磁场。当磁场增强到地球磁场强度的160 000倍时，青蛙竟然真的漂浮了起来，在空中不停地摆动四肢，成了一只"反重力青蛙"。这就是著名的"悬浮青蛙"实验。这个实验很有趣，也很魔幻，还于2000年获得了"搞笑诺贝尔奖"。

搞笑诺贝尔奖虽然听起来不太正经，但并不等于获奖的工作没有价值。海姆的"悬浮青蛙"实验获奖的原因可能是青蛙在失重条件下的样子让奖项评审人很开心，但是"悬浮青蛙"背后蕴含的是货真价实的先进技术。而且，海姆不仅在磁场方面有成就，在石墨烯研究方面也做出过卓越贡献，并于2010年获得了正儿八经的诺贝尔物理学奖，亦谐亦庄，两种诺贝尔奖都收入囊中。

通过抗磁悬浮研究生物的失重也存在不足之处，主要问题在于强磁本身会对生物体产生影响，我们看到的结果不仅仅源于失重效应。因此，在实验时要考虑各种方法的优缺点，甚至采用多种方法进行相互验证。

中性水槽和干浸水槽

我们有时会在电视里看到，航天中心有个大水槽，航天员穿着潜水服潜到水下进行训练。这种水槽叫作中性水槽，也是用来模拟失重的。不过，在水槽里，航天员并不是处于失重状态，只是水的浮力会抵消一部分重量。举个例子,一艘船漂浮在水面,它受到浮力和重力,并且两者处于平衡状态,但此时不能说是处于失重状态,如果失重的话,船里的乘客和物品就会漂浮在空中——实际上并没有发生这样的情况,否则牛顿(Isaac Newton)的棺材板就压不住了。此外,在水下行动时还会受到水的阻力影响,而这一点与空间的微重力环境也不同。由于这些局限性,水槽训练主要是让航天员增加在失重状态下进行设备操作、舱门开启等动作的体会。

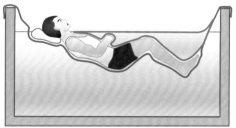

图 2-13　干浸水槽模拟失重效应。左图:在进行干浸实验的人员;右图:干浸法示意图。蓝色的防水膜铺在水面上,人躺在上面,身上也盖上装了水的防水膜。通过这种方式,受试人员漂浮在水里,但身体不会被水浸湿(左图来自欧洲空间局)

除了中性水槽,还有干浸水槽实验。在这种实验里,人体自由漂浮在特制的水槽中,身体与水之间用防水布隔开,仅露出头部。躺在干浸水槽里,人体缺乏支撑,与失重状态非常相似,能够有效模拟失重对本体感觉、心血管和肌肉的效应。干浸水槽实验持续时间一般不超过一个月,主要用于模拟失重,以研究心血管功能失调和肌肉萎缩。想知道躺在干浸水槽里的感觉,可以想象躺在没有充满气的充气床垫上的感觉,不过在干浸水槽里,身体没有依托的漂浮感会更强烈。

一些游乐场有一种名为“风洞”的娱乐设施,从地下通过一个洞口向上吹出强劲的风,游客穿上防风的衣服、戴上面罩,在洞口张开四肢,调整好姿态,就可以被风力托起,漂浮在空中,体会到“站在风口上,猪也能飞起来"的感觉。当然,这种风洞模拟与中性水槽模拟类似,难以模拟真正的失重状态。

为什么要模拟失重

通过前面的介绍,我们了解到在地面很难长时间模拟真实的微重力状态,那么是否在空间环境里就可以很好地研究微重力对生命的影响了呢?未必如此。

在空间里,除了微重力以外,其他很多环境因素也与地面存在巨大差异,例如强辐射、弱磁场(或者快速交替变化的磁场)、特殊的光照等。空间环境实际上是一个高度复合的环境,我们在空间里观察到生命的某种变化规律并不能简单归结为微重力的影响,而可能是辐射、磁场或者这些因素和微重力共同的作用结果。因此,对于在空间站里获得的实验结果,我们要谨慎分析。

假设我们在空间站里开展植物实验,与地面生长的植物相比发现了一些有趣的变化,我们不能草率地下结论说这些变化就是微重力引起的,因为这可能是辐射、磁场等其他环境因素引起的。在这种情况下,我们可以在空间站里把植物放置在离心机里,调整转速,让离心机产生1g的重力,也就是创造与地面相同的重力条件。如果这时我们所观察到的重力变化时生长也发生变化的现象仍然存在,才可以得出结论微重力是主要原因,如果这些现象不复存在,则说明其他环境因素在起主要作用。

具体到某一个实验,究竟是在地面的模拟条件下做,还是在空间环境下做,需要考虑实验的具体目的。如果我们想研究空间多种环境的复合效应对生理的影响,那么在天上开展研究是最理想的;但是如果我们要有针对性地分析某种特定环境因素对生理的影响,仅在空间里研究是不够的,因为难以排除其他环境因素的影响。为了获得更有说服力的结果,在条件允许的情况下,通常会采用地面模拟和空间实验相结合的策略。

为了研究微重力下生物生理和行为的变化,我们要想方设法模拟失重条件,但是我们也可以反过来,换一种思路开展研究——采用增加重力的方式,比如用离心机来营造一个超重的条件,从而观察超重对生理和行为的影响,据此反推失重的影响。

// 让你的想法飞上天 //

❶ 在空间站里,氢气球会不会向上飘?

❷ 当我们抓住猫的后腿,让它用两只前腿走路时,相当于是在做一个短暂的后肢悬吊实验,但由于时间太短,其生理效应可以忽略不计。但是,对于那些长时间倒挂的动物,例如在冬眠时或夏季白天总是倒挂在树上或岩洞里的蝙蝠,它们的心血管是否存在特殊之处?人如果每天都站立而不是躺着睡觉,又会对身体有怎样的影响?

生活在磁场里

　　磁，对我们每个人来说都不陌生。小时候我们会拿磁铁去吸引铁钉、铁屑，能观察到磁铁两极的同极相斥、异极相吸，长大后我们知道指南针其实是通过磁铁的偏转来指示方向的，由此认识到原来我们赖以生存的地球其实是一个巨大的磁铁。

　　我们生活在地球上，也就生活在地球磁场的笼罩之下，地球上所有生命都生活在地球的磁场环境里。但是很少有人会去想这样一个问题：如果地球磁场消失或者变强，会对地球上的生命产生怎样的影响？地球磁场也会改变，只是这个过程非常微弱且缓慢，对生命来说可以忽略不计。但是，当人类不满足圈囿于地球，而是迈向空间和其他星球时，我们会遭遇与地球截然不同的磁场环境，如何迅速适应就显得非常重要了。

磁场与生命息息相关

　　太阳像一个巨大的光源和能量供给站。一方面，地球上的万物生灵都离不开太阳，太阳源源不断地为地球生命的生长、繁衍直接或间接地提供能源；另一方面，地球如果没有磁场和大气层的保护，太阳释放的能量和辐射会伤害地球表面的生命。假如地球磁场消失，除太阳辐射外的各种宇宙线也会直接照射到地球表面，导致动植物出现严重的染色体畸变和基因变异。除了阻挡辐射外,地球磁场也有助于保持地球的大气。如果没有地球磁场,太阳风会吹走地球表面的大部分空气。可以说,我们今天眼之所见的勃勃生机,地球的磁场功不可没。

地球的磁场称为地磁场(geomagnetic field,GMF),其中95%源自地球内部,是由地球内部液态铁的流动产生的。此外,地球还有部分磁场来自地球外部,主要是来自太阳。地磁场并不均匀,在赤道附近强度约为3×10^{-5} T,在极地区域约为6×10^{-5} T。这里的T指磁场强度单位特斯拉(tesla),此单位是为了纪念塞尔维亚裔美籍发明家特斯拉(Nikola Tesla),他是一位富有创造力的天才物理学家、机械工程师、电气工程师,一生申请了近千项专利,在电磁学领域做出了卓越贡献。

地磁场大约在35亿年前产生,与地球生命的诞生时间相当。地磁场平均每50万年发生一次逆转,也就是南北磁极颠倒。目前地球的磁极与地极(南北极)基本重合,所以可以用指南针来定向。动物在长途迁徙中,通常通过天体例如太阳、星星来定向,地磁场也是它们定向的重要参考。对依靠地磁场定向的很多动物来说,磁场改变会导致它们迁徙或迁飞的方向出现偏差。

1969年,美国康奈尔大学的基顿(Willian Keeton)做了个实验,他把鸽子养在不透光的房子里,外界的光照不进去,房子里有人工灯泡,按24小时周期开灯和关灯,但是相位比外面的昼夜更替要早6小时。也就是说,如果外面是早晨7点太阳升起,那么房子里面的开灯时间就是凌晨1点。基顿在晴天的中午将鸽子放飞,它们的方向感就会出错,飞行的方向会与鸽巢的方向相差90°。但是,如果在阴天放飞鸽子,那么鸽子仍然可以找到正确方向。这些实验的结果表明,鸽子可以通过不同的方式定向,在晴天根据太阳而在阴天通过磁场来定向。如果在阴天把一块磁铁缚在鸽子的背部,鸽子就会丧失方向感,归巢时飞到偏离鸽巢几十千米的地方;而在有太阳的晴天,鸽子的方向感不受磁铁的干扰。此外,对于第一次缚上磁铁放飞的鸽子,即使在晴天放飞,它们的定向还是会受一些影响;即使有背磁铁飞行经验的鸽子,如果长途飞行时背上缚着磁铁,定向能力也会受到影响。20世纪60年代,美国科学家弗兰克·布朗(Frank A. Brown, Jr.)发现招潮蟹和涡虫的生物节律也会受到地磁场的影响。

弱磁场或零磁场对人和动物的生理、行为会产生不利影响。如果生活在比地磁场弱很多的环境里,人的代谢和神经系统的正常功能会受到影响。弱磁环境还会干扰生物节律,导致节律紊乱或睡眠障碍,不利于人的健康。

在缺少磁场的条件下,人的血液循环也会出现问题。在正常状态下,红细胞由于表面带负电荷,相互不会黏结、堆积,但是如果缺少磁场,红细胞会相互黏结成一长串,如同古代用绳子穿起的铜钱。这样的红细胞称为缗钱状红细胞。黏结的红细胞容易造成血管栓塞,运输氧气的能力也会下降,造成缺血。在病理条件下,多发性骨髓瘤、巨球蛋白血症等疾病也会导致出现缗钱状红细胞。磁场改变会引起细胞过早衰老、生长发育迟缓等,尤其是导致心血管疾病、慢性疲劳综合征等。

研究表明,在零磁场中,小鼠心肌细胞的线粒体结构会发生明显的改变,线粒体膜的电势差以及线粒体内的葡萄糖代谢也会出现变化。

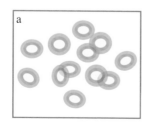 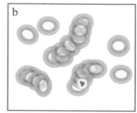 

图2-14 磁场与红细胞。a. 正常红细胞;b. 缗钱状红细胞;c. 缗钱(铜钱串)

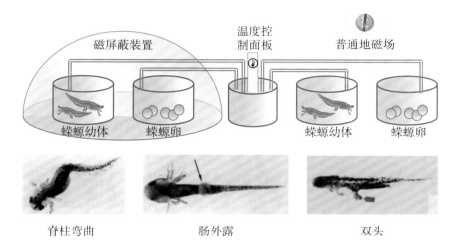

图2-15　磁场与生物发育关系的实验。上图：实验装置示意图，蝾螈幼体和受精卵分别在磁屏蔽和正常条件下培养，温度保持一致；下图：磁屏蔽环境下一些发育异常的蝾螈，箭头指示了异常部位（下图引自 Asashima M, et al. Bioelectromagnetics. 1991.）

零磁场或者亚磁场（强度小于或等于 0.5×10^{-5} T）也会诱导骨骼肌线粒体中葡萄糖代谢降低；与心肌细胞类似，线粒体膜的电势差也会下降。在培养的人神经瘤细胞里，亚磁场会诱导活性氧自由基减少。地磁场对于动物的正常发育非常重要。在屏蔽了地磁场的零磁场条件下，日本蝾螈在发育过程中会出现脊柱弯曲、眼球形态异常以及发育迟缓等现象。在亚磁场的条件下，大鼠心率加快、忍耐力下降、认知能力降低，同时出现一些行为上的变化，建立条件反射所需的时间有所延长。不过特殊磁场也并非没有好处，例如一项研究发现，培养在亚磁环境里的人支气管上皮细胞对辐射的防护能力有明显提升。

　　弱磁场也会影响植物的生长、发育以及果实的产量。一项用拟南芥进行的研究揭示，生长在亚磁场中的拟南芥每株的总重量比对照植物低30%，产生角果及种子的数量也明显要少。

　　如果磁场很强，人和动物同样难以适应。当人暴露于2—3 T的强磁场中,会感到眩晕和恶心。我们做磁共振成像时,设备的磁场强度一般是1.5 T或3 T,而且时间较短,对人体健康没有显著影响。

奇特的趋磁细菌

20世纪70年代,美国学者布莱克莫尔(Richard Blakemore)利用显微镜观察海洋沉积物中的微生物时,发现一些细菌总是从载玻片的一侧移动到另一侧。起初他以为是趋光行为,但改变光线方向以及在黑暗条件下,细菌仍然往同一个方向游动。如果在样品附近放一块磁铁,细菌的运动方向明显发生改变,表明细菌应该是受到了地磁场的影响。

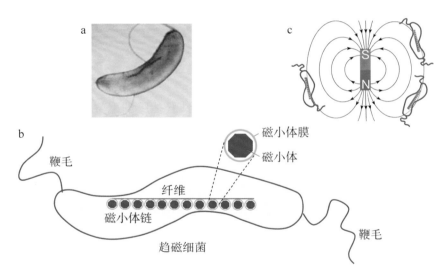

图2-16　趋磁细菌。a. 电子显微镜下的趋磁细菌;b. 趋磁细菌的结构示意图;c. 趋磁细菌沿着磁力线游动的示意图

今天我们知道,趋磁细菌直径在1微米(1毫米的千分之一)左右,表面长有鞭毛;趋磁细菌的细胞里存在磁小体,富含铁元素,主要成分是Fe_3O_4和(或)Fe_3S_4(需氧菌一般含有Fe_3O_4,而厌氧菌只含有Fe_3S_4),

磁小体通常组成链状结构。磁小体具有抗氧化酶活性,可以减少细胞内游离的铁元素,帮助早期生命应对氧化应激,也可以抵御辐射。趋磁菌都是严格厌氧菌或微好氧菌,通过磁小体的导向作用和鞭毛的推动,细菌可以逃离高氧区域,向低氧或无氧区域移动,以到达适宜自己生存的生境,如泥水分界面、沉积物等。

由于其他细菌没有趋磁特性,对磁铁无动于衷,所以可以利用磁铁像逗猫棒招来猫那样来筛选趋磁细菌。细菌趋磁行为的原动力不是磁场,例如死亡的趋磁细菌就不会移动,细菌的鞭毛运动才是趋磁行为的动力,磁场则决定细胞的运动方向。

空间、月球及火星的磁场

尽管月球的核心可能像地球一样是熔融状态的,或者是部分熔融的,但与地球相比,月球磁场非常弱。月球表面的平均磁场强度约为 4×10^{-9} T,大约是地球表面磁场的万分之一。在月球表面的低洼区域,磁场要强一些,可以达到 6.7×10^{-8} T。即使在月球风暴洋地区,测量到的磁场强度也只有地球磁场的0.1%,那么弱的磁场可以忽略不计,因此我们通常认为月球没有磁场。

在太阳系里,有些行星是没有磁场的,例如金星。以前人们认为火星不存在磁场,但是有人借助火星探测器发现火星也会发出极光。远古时期火星可能是存在磁场的,但后来丧失了,只剩下几片斑驳的地区还存在微弱的磁场,因此在火星上能看到散布的少量极光。木星磁场很强,大约是地磁场的10倍。论磁场,宇宙中的脉冲星是超级巨无霸,其磁场非常强大,可达 10^9 T。

当人类乘坐航天器远离地球进行深空探索,处于没有较大行星的寂寥空间里,比如在离开地球前往火星的旅途上,磁场都非常微弱甚至接近零,可以认为是零磁场环境。

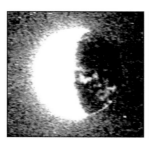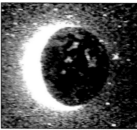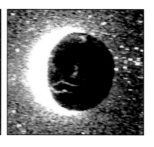

图2-17 背对太阳的火星半球处于阴影区域，在这片区域里我们可以看到不规则的斑块或曲线状的极光。三张图片里火星背对太阳的阴影区域大小不同（阿联酋航空火星任务摄）

此外，人体也有磁场，主要由人体内的电荷运动产生，生物磁性材料以及磁性物质（如磁性粉尘）进入肺等器官也都能产生感应磁场。人体磁场在外部弱磁场环境下会发生什么变化，如何影响人体健康，也是值得研究的课题。

为了迈向太空甚至深空，研究磁场对人及其他生物的影响是不可或缺的，因此科学家开发出在地球上模拟磁场的方式。例如，为了研究零磁场对生物的影响，可以想办法通过设备对地磁场进行阻隔，营造出

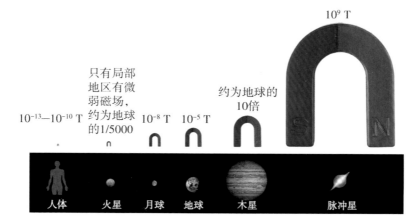

图2-18 不同环境下磁场强度的比较。磁铁图标所表示的磁场强度以及不同星体的大小只是相对的，并非严格按照比例绘制

一个磁场非常微弱的内部空间,在里面开展实验。这种设备内部的磁场强度非常微弱,通常小于2×10^{-8} T,甚至小于5×10^{-9} T,不到地球磁场强度的万分之五。动物及人的心脏和脑也会产生微弱的磁场,但是在普通环境下由于地磁场的干扰,很难检测出来。而排除地磁场的干扰,就可以在零磁场环境下对心磁信号和脑磁信号进行检测,这也是零磁场模拟对生命科学研究的意义之一。

空间中的磁场有强磁场、弱磁场以及接近无磁场的零磁场等,这些我们都可以模拟。我国目前在一些地方,如中国科学院强磁场科学中心、哈尔滨工业大学空间环境与物质科学研究院、西北工业大学生命学院等,已经建立了磁场的模拟设备。

—— // 让你的想法飞上天 // ——

地球磁极逆转可能影响动物的迁徙行为,动物的灭绝数量有可能会增加。我们可以设计怎样的实验来验证这个说法? 需要注意的是,在磁极逆转过程中,除了磁极发生变化外,磁场强度是否也会发生一定改变,如果磁场有所减弱,生物灭绝可能也会加剧,这个问题也需要考虑在内。

可怕的太空辐射

在童恩正的科幻小说《西游新记》里，悟空师兄弟三人来到现代美国的耶鲁大学留学，孙悟空主修物理学。有一天，他听见导师说加速器如何如何厉害，不以为然，心想，这玩意难道有太上老君的炼丹炉厉害吗？于是，他偷偷钻了进去，结果被各种粒子轰击得体无完肤，灰溜溜地逃了出来。自此，孙大圣开始相信科学的力量，学习更加刻苦。

太空就像一个巨大的炼丹炉，除了真空和极端温度等因素，对生命来说，辐射也是极其危险的存在。无论是过量的紫外线，还是各种深空辐射，都是太空生命不得不面对的大敌。

危险的紫外线

我们都知道，太阳光是由不同波长的电磁波组成的，其中包括可见光、紫外线、红外线等。太阳的照射可以为地球提供热量，植物通过光合作用将太阳的光能转化成氧气和有机物，为动物提供食物和能量来源，因此太阳光是地球生命所必需的。但是，太阳光如果过于强烈，也会带来不利的影响，尤其是过多的紫外线辐射，对生命来说是有害甚至非常危险的。

我们人类能够看见的红橙黄绿青蓝紫的可见光，波长范围为400—700纳米。紫外线的波长范围在10—400纳米，如果不借助设备，人是看不见的。太阳发出的紫外线分为UVA（波长为315—400纳米）、UVB（波长为

280—315纳米)、UVC(波长短于280纳米)三种,要经过8分钟的漫长旅程才能到达地球。地球大气的臭氧层能够吸收其中所有的UVC,但是臭氧层这个防护盾对于UVA和UVB就没那么有效,只能部分吸收这两种紫外线。也就是说,UVA和UVB会透过大气层,如同漏网之鱼,到达地球表面。

紫外线可以促进维生素D的合成,帮助维持骨骼健康。然而,长期暴露在强烈的紫外线下会导致严重的健康问题。UVA和UVB都能造成晒伤,并造成DNA的损伤,导致罹患肿瘤的风险明显增加。与UVB相比,UVA穿透力更强,能够到达皮肤真皮层,而UVB只能到达皮肤表皮层。

UVB辐射在太阳到达地表的能量里仅占不到0.5%,但它足以导致细胞里DNA、RNA、蛋白质和脂质等生命大分子组分的损伤。在这些大分子当中,DNA的功能是存储遗传信息,紫外线可诱导DNA分子上相邻的嘧啶碱基形成环丁烷嘧啶二聚体和嘧啶-嘧啶酮光产物,其中前者占75%,后者占25%。这两种DNA损伤会诱导突变、干扰基因转录,严重的话会导致细胞死亡。植物不能移动,无法躲避紫外线,更容易受到UVB的伤害,导致生长减慢、产量降低。

因此,面对紫外线辐射,我们需要进行必要的防护,例如,在沙滩上进行日光浴时,我们需要抹上防晒霜。在我们买的墨镜或者防晒霜的标签上,通常会标出可以防UVA还是UVB,或者可以同时抵挡两种紫外线。

在地球历史的早期,地球上并没有臭氧层,那时候所有生命都躲在水下生活。后来,海洋里大量的蓝藻通过光合作用制造了丰富的氧气,可供现在的很多生命生存之用。丰富的氧气也促进了大气层中臭氧层的形成,这样就能够阻挡来自太阳的大部分紫外线,这为生物从海洋进军陆地提供了先决条件,寂寥的大地从此变得热闹起来。

由于没有空气,外层空间里充满了紫外线、宇宙线等多种辐射,航天员将暴露在大剂量的辐射环境下。在空间里,UVC辐射水平高于UVB。在火星表面,UVB的辐射强度也要超出地球表面很多倍,超过了生命能够生存的极限值。因此，要想保障航天员的健康，尤其是对将来前往火星的航天员来说，防止过量的紫外线辐射是不可忽视的。

难以抵御的深空辐射

我们平时听到过"深空探测"这个词，在空间探索任务中，从地球去往太空到达多远的地方算是深空探测呢？航天和航空可以根据卡门线来划分，深空是否也有一条界线呢？一般来说，距离地球表面2000千米范围内的空间称为低地球轨道（Low Earth Orbit, LEO），超过2000千米的空间称为深空。如果我们前往登月或者火星，乃至将来飞出太阳系，都超出了低地球轨道的范围，就属于深空探测。

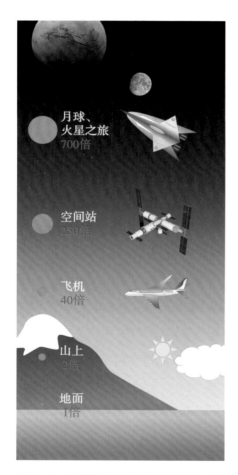

图2-19　不同地点的辐射强度与地面辐射强度相比的倍数。蓝色圆圈大小表示辐射的相对强弱

与在低地球轨道空间内相比，深空探测面临的辐射差异很大，这与地球的环境息息相关。地球不但有着厚厚的大气层，它所拥有的磁场，也影响着地球周围很大一片空间。在低轨道范围内，由于地磁场如同无形之盾抵御了相当一部分辐射，辐射强度在100 MeV以下。而深空范围超出了地磁场的保护疆域，辐射强度会大为增强。

无论是把人或者卫星送上天

的运载火箭，还是围绕地球运转的空间站，在深空里主要面临三种辐射：银河宇宙线、太阳高能粒子流，以及范艾伦辐射带的电子和质子辐射。这几种辐射的强度与太阳周期、航天器高度和不同部位的防护条件有关。

宇宙线是来自宇宙空间的各种高能粒子构成的射流。银河宇宙线来自银河系和河外星系，主要由质子（氢原子核）组成，氦原子核占7%—10%。用于衡量辐射能量的常用单位是电子伏（eV），因为比较小，有时会用兆电子伏（MeV）表示，银河宇宙线能量为100—10 000 MeV。

在太阳系里，太阳是不可忽视的庞然大物。太阳日冕因高温而向外膨胀，不断向行星际空间抛射出高能粒子流，形成吹向地球的"太阳风"。这些太阳高能粒子流，也是深空辐射的一部分。太阳剧烈活动时，释放的高能粒子数量更多、强度更大，例如太阳质子事件发生时，能放出能量超过10 MeV的高能质子。

在世界上绝大多数国家，外国商品都只能经由特定的口岸进入国内。与此类似，太阳发出的各种辐射也不是可以长驱直入轻易就到达地球表面的。来自太阳的高能粒子到达地球附近后，地球磁场会迫使它们改变方向，绕过地球或者从南北极的上空进入大气层，高能粒子与大气中的原子、分子碰撞，激发出不同色彩的光芒，化作美丽的极光。

在地球周围被太阳风包围并受地球磁场控制的区域，叫地球磁层。地球磁层位于距大气层顶600—1000千米高处，磁层的外边界叫磁层顶，离地面5万—7万千米，它是地磁场控制区域的最外层，也是直接承受太阳风扰动的区域。

由于地球的运转，地球磁层处于高度动态变化之中。太阳活动也会对其产生很大的影响。太阳风会压缩正面的磁层，地球朝向太阳一面的磁层的高度大约是地球半径的6—10倍，太阳风冲击磁层时会产生超声波，称为弓形激波（bow shock），弓形激波会加热太阳风粒子并使之减速，环绕磁鞘改变方向。在背对太阳的一面，太阳风将地球磁层

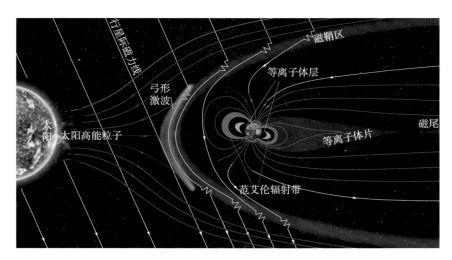

图2-20　地球附近的磁层结构与太阳风。行星际磁力线用白色线条表示,太阳高能粒子射线用橙色表示。地球两端绿色圆圈表示地球上空可以形成极光的区域。范艾伦辐射带由蓝色外层(外辐射带)和黄色内层(内辐射带)组成,各自像轮胎一样环绕一周,所以形状有点像甜甜圈。内辐射带里高能质子多,外辐射带里高能电子多

拉伸到很远的地方,距离大约是地球半径的1000倍甚至更远,被拉伸的磁层部分如同一条长长的尾巴,称为磁尾。

武侠小说《天龙八部》里虚竹的北冥神功非常厉害,可以将袭来的兵刃、暗器挡在护体真气之外,或者改变攻击方向。在抵御辐射方面,地球也是高手,可以通过磁场让很大一部分辐射改变方向,难以到达地球。

在地球磁层当中,有很多被地磁场限制在这里的带电粒子,它们形成了范艾伦辐射带、等离子体层(plasmasphere)和等离子体片(plasmasheet)。范艾伦辐射带是环绕地球上空1000—60 000千米的两个甜甜圈状的辐射区域。美国第一颗人造卫星"探索者1号"在1958年1月发射,这颗卫星携带了研究宇宙线的设备,发现环绕地球有一圈充满了被地球磁场俘获的带电粒子的区域,也就是范艾伦辐射带。范艾伦辐射带内的高能粒子对载人空间飞行器、卫星等都有一定危害,其

内辐射带和外辐射带之间的缝隙则是辐射较少的安全地带。空间站处于辐射带内环和地球之间，一般来说是安全的，但是太阳活动加剧时有时会使得辐射带扩大，在这种情况下空间站必须小心应对。

太空里的健康杀手

太空中的各种辐射是由能量很高的粒子组成的，这些粒子以接近光速的速度运动，不仅会对航天器的设备造成严重损害，更严重的是能够穿透人体，对航天员的健康产生威胁。

我国曾经把装有辐射剂量测量仪的假人放在航天器里进行检测，测量结果显示，如果离开航天器去舱外作业，每小时受到的辐射剂量为

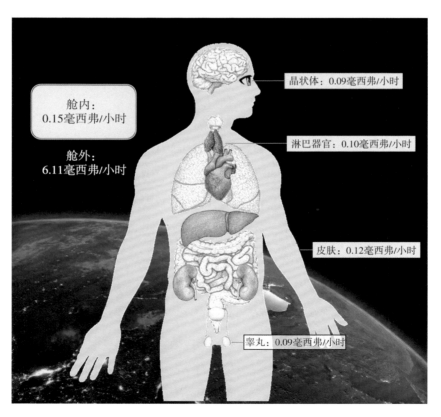

图2-21　人体（男性）不同部位在太空受到的辐射剂量

6.11毫西弗,而如果在舱内就安全很多,平均只有0.15毫西弗。人体各器官所受到的辐射剂量略有差异。

科学家认为,在长期的太空任务中,宇宙线轰击会增加航天员患癌症的风险,还对大脑、中枢神经系统和心脏造成损害,进而导致各种退行性疾病。长期暴露于辐射环境令人罹患癌症的风险明显升高,每接受1西弗剂量的辐射照射,患致命癌症的风险就会提高5%。NASA设定的上限要比1西弗低很多,仅仅是往返火星所受的0.66西弗照射,就会超过NASA的上限。设定这个上限是为了防止航天员受到长期伤害,包括晚年的健康受到影响。

此外,有报道显示,航天员中早发性白内障的比例更高。NASA的双胞胎实验调查了在国际空间站里长达一年的太空生活对健康的影响,结果显示,辐射暴露可导致DNA损伤,相应的基因表达发生广泛变化,出现心血管系统和认知能力的改变,由此带来的健康风险还可能传递给后代。

表2-1　不同辐射类型的累计辐射剂量

不同的辐射类型	累计辐射剂量（毫西弗）
X光胸透（每次）	0.05—0.24
X光盆腔透视（每次）	0.6
X光腹部透视（每次）	0.04—1.1
头部CT（每次）	0.9—4
脊柱CT（每次）	1.5—10
胸部CT（每次）	4.0—18
腹部和盆腔CT（每次）	3.5—25
主动脉血管造影（每次）	5.0—32
航天员在国际空间站	每天：0.5 每年：182.5
航天员未来在火星（每年）	672

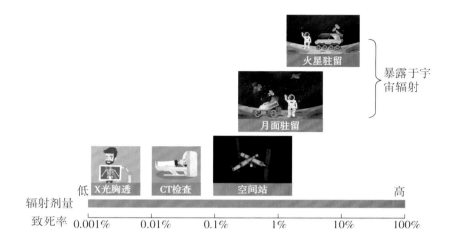

图2-22　辐射剂量对于40岁成人的患癌致死率

战胜辐射，走向深空

辐射对机械和人体有害，想方设法减少受到的辐射是非常重要的。迄今大多数载人航天任务都是在有地磁场保护的范围里进行的，只有在阿波罗计划中，航天员飞出了地磁场，暴露在更强的辐射之下，但幸运的是，巧妙的航行路线和较短的暴露时间使得他们所受的辐射剂量有所降低。

即使在国际空间站上，航天员因工作而受到的辐射剂量也是航空公司飞行员或放射科护士的200倍。因此，NASA一直在监测局部的太空天气信息。如果探测到宇宙辐射爆发，位于美国得克萨斯州休斯敦的任务控制中心就会指示航天员中止太空行走，转移到轨道实验室中防护力更高的区域，甚至调整空间站的高度，以尽量减少宇宙辐射对航天员健康的影响。

空间站每天绕地球运转，从地球不同区域的上空飞过，其中南大西洋里有一小片区域被称为南大西洋异常区。这个区域十分古怪，磁场比周围地区弱，这意味着这一区域难以将来自太阳和范艾伦辐射带内带的带电粒子反射回空间。当空间站经过这一区域的上空时，会暴露在很强的辐射当中，这种强度相当于航天器飞出地磁场保护层之外时的情形。每天空间站穿过这一区域的时间累计只有短短几分钟，但航天员在这几分钟里所受辐射的积累却不容忽视，因此需要加厚辐射防护板，或者在飞经该区域上空时提醒航天员尽量在空间站舱壁较厚的舱室里工作，以减少辐射暴露。

地球大气层和磁场保护我们免受宇宙线的轰击，如果飞到地磁场之外，就意味着远离了地磁场母亲般的温柔臂弯，它无法再为我们遮挡辐射了。30多年前，阿波罗计划是人类首次离开地球磁场的保护，未来，在前往火星的旅途中，航天员可能会受到比地球居民高700倍的宇宙辐射。火星本身没有固定磁场，那里的大气也相对稀薄，无法为航天员提供保护。因此，当人类前往火星，抵御辐射就成为关乎生存的头等大事。如果缺乏有效的辐射防护措施，我们的火星之旅只能变成纸上谈兵，是不可能真正实现的。

第三篇

走向太空的生命

一只变形虫比起一颗恒星更为复杂和更难预测。一名天文学家能够以适当的信心预言，一颗恒星在距今10亿年后会有什么行为；而一名生物学家仅仅能够猜测，一只变形虫在此后的15分钟内将会干什么。

——阿西莫夫，
《不羁的思绪》(*The Roving Mind*)

进入太空的动物们

人类和其他动物共同生活在地球上，当人类远赴太空甚至移民外星时，也不会孤独前往，而是将带上其他一些动物作为伙伴，共同前往。不过，作为探索空间的先锋，一些动物先于人类进入了太空。在过去的半个多世纪里，多种昆虫、爬行动物和哺乳动物先后乘坐航天器飞入太空，为人类的各种太空研究做贡献——尽管它们自己不一定愿意。

在这些动物里，有一些被人类起了名字，载入史册，甚至被人类发行邮票或者竖立雕塑以示纪念，但更多的则默默无闻。

进入太空的汪星人

古人认为月食是天狗食月，也就是说，他们认为天上有狗。神话故事里二郎神有条哮天犬，可以跟随主人腾云驾雾，或上天庭，或下凡间。在航天史上，确实有很多狗乘坐航天器飞入太空，为人类航天事业做出过贡献，甚至献出了生命。

1951年，苏联把两条狗吉普赛（Tsygan）和得利卡（Dezik）搭载到Ⅲ A-1飞船上，这两条狗在这次任务中活了下来。但是，得利卡在后来的一次任务里和一条名叫丽莎（Lisa）的狗同伴一起殉职了。同年9月，苏联计划送一条经过训练的狗鲍力克（Bolik）进入太空，但是在发射前一天鲍力克逃跑了。人们只好从附近找来一条流浪狗代替，并将这条狗命名为ZIB（俄语"代替失踪的鲍力克"的缩写）。幸运的是，这次的飞天任务成功了。

1957年11月3日，苏联把"斯普特尼克2号"人造卫星送入轨道，这颗卫星上有一名乘客，是一条名叫莱卡（Laika，俄语里的意思是"爱叫的狗"）的母狗。莱卡原本是莫斯科街头的一条流浪狗，它被找来和其他10来条狗一起，接受了20多天训练。在训练中，莱卡脱颖而出，被选定执行飞天任务。在飞天过程中，它被绑在舱室内，提供水和食物。它的身上安装了很多电子感知元器件，可以记录它的呼吸、心跳、叫唤等数据，通过无线电传送到地面控制室。起飞前，莱卡的心率大约是100次/分钟，起飞过程中飙升至240次/分钟，但是坚强的莱卡挺过了最初的煎熬，在第三小时心率回到了起初的100次/分钟。不幸的是，在进入空间、绕地球飞行几小时后，仪器再也记录不到它的心跳。莱卡因隔热设备失控以及缺氧而牺牲。

在莱卡之后，苏联将更多的狗送入了太空。1966年，两条名叫微风（Veterok）和煤块（Ugolyok）的狗被送入轨道，绕地球运行了22天，这是

图3-1　苏联航天器里的小狗莱卡

当时最长的动物在轨纪录。

除了狗以外，苏联科学家也曾将其他动物送入太空。1959年7月2日，一只名叫小玛莎（Марфуша）的灰色雌兔乘坐R2-A火箭冲出大气层。小玛莎的旅途并不孤单，它本次太空之旅还有不少伙伴，包括狗、鼠和果蝇等，这些动物后来都安全返回地面。小玛莎在本次太空飞行前已经怀孕，从太空返回后它顺利产下了兔宝宝。

1958年，我国卫星工程开始启动，航天医学研究也随之发展。从20世纪60年代开始，我国多次将动物通过探空火箭射入空间。中国科学院研制的T7型探空火箭，是一种能探测60—80千米以下的大气温度、气压、风向、风速的空间探测系统，由当时的中国科学院上海机电设计院、自动化研究所和"581"组等单位共同研制。这种起飞质量在一吨左右的探空火箭，在20世纪60年代总共进行了20多次发射，最高发射高度达到312千米。1964年7月19日，中国第一枚探空火箭T-7A（S1）发射成功，飞行高度70千米。火箭的生物舱内搭载了4只大白鼠和4只小白鼠，以及装在12支生物试管里的果蝇等生物，这些动物在飞行后安然返回。随着研究的进展和技术的突破，在后来的发射任务里，更多的动物和植物种子被带入空间。

宠物猫狗被戏称为喵星人和汪星人，是人类的宠物和朋友，在人类的太空探索当中，当然也少不了它们的陪伴。喵星人和汪星人这两个名字，听起来也仿佛它们更适合去太空。

我国也用狗来开展航天医学试验。这些精心挑选过的狗性情活泼、亲近人、防御性不强。哪怕经过有些"残酷"的离心机试验，它们从舱里出来后仍然友好地朝工作人员摆尾巴。经过训练，它们在实验舱里也不会随地大小便。

我国"飞天狗"的挑选是非常严苛的。首先，对狗的外在形象和"内涵"有很多要求。要想成为飞天狗，必须个头小巧，被毛紧贴身体且毛色富有光泽，鼻子较短粗，鼻部湿润，眼睛圆而大、无分泌物，脸部口、鼻、眼的位置分布匀称,得长相顺眼、样子漂亮,这么多要求,不亚于遴选"超模"。对飞天狗的情商要求也很高,必须性格活泼,易亲近人并且不害怕陌生人。此外,还必须会对新环境、新刺激感到新奇,有明显的探究反射,而非消极的防御反应。总之,那些胆小、爱咬人、对新环境适应慢、吠叫不停的狗,都不符合要求,只能被淘汰。经过层层筛选,小豹和珊珊两只京巴狗最终胜出。

京巴狗也叫宫廷狮子狗,是世界上最古老的犬种之一。京巴体态娇小,毛发柔长,眼睛又大又亮,憨态可掬。它们的性格固执独立,同时也很勇敢,对熟人很友善,对陌生人却很警惕。历史上,京巴出过不少风头。例如,曾经有一条京巴狗随着哈珀与罗出版公司的继承人亨利·哈珀(Henry Harper),登上过著名的"泰坦尼克号"邮轮,并在邮轮失事后获救。以这个犬种的优异历史和表现,脱颖而出并不让人意外。

1966年7月15日,在安徽广德,我国的第一枚"载狗"生物火箭T-7A(S2)准备发射,乘客小豹在舱里突然狂躁起来,发射只好推迟。饲养员被紧急召唤到现场,她爬上火箭,发现小豹在流泪。工作人员对它进行了安抚,在检查它和仪器各项参数均没有问题后,火箭腾空而起,将小豹送入高空。生物火箭搭载的生物舱里装备了仪器,用来观察小狗呼吸、血压、心电和温度四大生理指标,研究人员希望通过这些实验搞清楚,在飞行中的超重和失重阶段,狗狗们的这些生理指标将会如何变化。在20多分钟的飞行过程中,小豹承受了高达12.3g的超重。仪器显示,它的呼吸、心率、血压和体温都在急剧增高,但都在正常范围之内。飞行结束后,小豹所在的生物舱在距离发射场40千米的地方安全着陆,由空军派出的直升机部队及时寻获带回。小豹的各项生理指标在降落后第二天就恢复正常,试验取得圆满成功。7月28日,珊珊也乘坐T-7A(S2)生物火箭进行了一次同样的飞行,但由于飞行过程中火箭震动过大,仪器没有采集到可用的数据。所幸的是,珊珊也安全返回了。

图3-2 参加空间任务的京巴狗珊珊(左)和小豹(右)

小豹和珊珊凯旋后,受到了英雄般的礼遇。从此,小豹就享受特殊待遇,住单间,吃小灶,有专人照顾。有一次,有人嫌它吵,用橡皮筋捆住了它的嘴巴。饲养员发现后大骂:"哪个混账小子干的?你以为它是你们家随便养的一条狗啊?它是功臣,是第一个从天上飞回来的!"由于单位调整,小豹后来住在原总后勤部军事医学科学院的动物房。非常不幸的是,它在这里被一条大狗咬死了。

虽然两只京巴狗所搭载的探空火箭的飞行高度并没有超过人们公认的100千米高度的太空边界,但是它们先于航天员承受了火箭飞行中的超重、失重和震动,为空间生物学研究和空间生命保障系统的研制提供了资料与经验,为之后开展载人航天工程研究积累了宝贵数据。当时,我国的航天研究正在起步,前景美好。但令人痛心的是,航天研究被随后的政治动荡严重拖累和阻断了。

从流浪者到太空猫

20世纪60年代的某一天,法国巴黎街头出现了一只流浪猫,一只黑白相间的母奶牛猫。奶牛猫在国外也被称为燕尾服猫，因为黑白相间的样子看起来有点像人类的燕尾服。后来，法国国家空间研究中心的工作人员收养了这只脾气温和的母猫，并给它起名叫费莉切特（Félicette）。当时法国国家空间研究中心计划将猫送入太空做实验，总共有14只猫参加选拔，接受了高强度太空训练。费莉切特凭借沉稳的姿态和流畅的体形胜出，成为一只航天猫。

1963年10月18日上午，费莉切特被送上"维罗尼克"探空火箭，从阿尔及利亚哈马吉尔的基地一飞冲天，飞到了157千米的飞行高度。费莉切特神情坚定，英姿飒爽。它的头部植入了电极，发射后期经历了5分钟的失重状态。发射13分钟后，费莉切特安全返回地面，被直升机接到康复中心进行检测。有人说奶牛猫是"猫中二哈"，但奶牛猫费莉切特成了英雄，它是第一只进入太空并成功返回的喵星人。

但是，费莉切特在完成太空任务后却未能享受英雄应有的优待，研究人员对它进行了持续三个月的行为观察后，对它实施了安乐死，还取出了它的大脑进行研究。在费莉切特之前，法国还曾把大鼠送入太空，返回后进行解剖、研究，好在他们没有同时把猫和老鼠送入太空。

太空猫费莉切特有很多粉丝，其中一位名叫盖伊（Matthew Guy）的人认为，费莉切特也应该像苏联太空狗莱卡那样得到人们的关注，

图3-3 法国太空猫费莉切特以及报道它太空之旅的报纸

比如给它竖立雕像或纪念碑。"是时候让太空猫获得它应得的了"，盖伊提出了要为费莉切特制作一尊雕像的想法，并开始募集资金。经过努力，费莉切特的青铜雕像于2020年制作完成，陈列在法国斯特拉

斯堡的国际空间大学。

　　除了阿猫阿狗这些毛孩子,还有其他很多动物被送入太空,以进行科学研究。与主动参加航天任务的航天员不同,航天动物并没有参与这些实验的意愿,但是它们在经历艰苦的训练后参加或完成了不同的航天研究任务,为人类探索太空提供了宝贵的参考依据。费莉切特的雕像提醒人们,动物航天员在人类探索太空过程中做出了重要贡献,甚至付出了生命。

猴哥上天庭

　　在神话小说《西游记》里,孙悟空神通广大,可以直上云霄,畅游天庭。在现实世界当中,人类也曾把很多只猴子送太空,开展多种科学实验。苏联人偏好用狗进行太空实验,在地球的另一端,美国似乎更喜欢用猴子来做太空实验,他们称之为阿尔伯特计划。1948年6月11日,一只名叫"阿尔伯特1号"的恒河猴乘坐V-2火箭升空,但最高只飞到了63千米,未能到达卡门线的高度。不过"阿尔伯特1号"很不走运,它在火箭升空阶段就已经死于窒息。

图3-4　载有"阿尔伯特2号"的V-2火箭顺利发射

　　继"阿尔伯特1号"之后,一只名叫"阿尔伯特2号"的恒河猴,在1949年6月14日由V-2火箭发射升空,顺利抵达距离地面134千米的高度,跨越了卡门线,成为第一只抵达太空的灵长类动物。但是,在返回的时候,降落伞没有正确打开,"阿尔伯特2号"摔得粉身碎骨。后来的"阿尔伯特3号"和"阿尔伯特4号"均死于事故,"阿尔伯特3号"在1949年9月16日V-2火箭发射后不久就因火箭尾部爆炸而死亡;"阿尔伯特4号"的命运与"阿尔伯特2号"类似,它活过了发射阶段,但是在返回时由于降落伞打开失败而丧命。不过，记录它在空间时生理变化的数据被记录和保存下来，这也是不幸中的万幸。

1958年12月13日，一只美国空军训练过的名叫戈多（Gordo）的松鼠猴被送入太空。戈多是只"猴坚强"——它在太空里经历了8分钟的微重力，在返回地球途中，返回舱以每小时1.6万千米的速度飞行，它又经受了10g的超重。不幸的是，在最后的一段距离里，由于降落伞未能打开，返回舱撞得粉碎，戈多也不幸遇难。

1959年5月28日，两只猴子阿贝尔（Able）和贝克小姐（Miss Baker）乘坐一枚"朱庇特"火箭，抵达了距离地面580千米的高空。返回时，降落到距离佛罗里达的发射场以东2700多千米的大西洋洋面上靠近波多黎各岛附近的区域，被美国海军大西洋舰队的军舰成功营救。这两只猴子在被送入太空前都被注射了麻醉剂，在整个太空旅程里处于昏睡状态，且身体被植入了各种生命体征检测仪器。幸运的是，它们都活着从太空返回地面，但是植入阿贝尔体内的电极引起了感染，它再也没有醒来。在后面几次任务中，舱内安装了摄像机，这样可以更好地实时观察太空环境下动物的生理和行为变化。

1961年1月31日，美苏正处在太空竞赛的关键时刻，水星计划的飞船搭载着一只名叫汉姆（Ham）的黑猩猩驶离地球，以研究微重力环境对脊椎动物生理和行为的影响，为将来的航天员进入太空进行探索。在这次飞行任务里，汉姆到达了距离地球253千米的高度，比预期的高度还要高，其间它经历了7分钟的微重力状态。之后，载着它的返回舱降落在大西洋，距离发射地点697千米，被工作人员成功营救。汉姆成功进入空间，俨然成为天宫里的"齐天大圣"。所不同的是，齐天大圣是靠自己的本事闯入天庭，而它是乘坐人造卫星被火箭送入空间的。猴哥汉姆能够顺利进入太空并安全返回，依赖的是人类的科技进步。

汉姆是1959年美国空军从喀麦隆买来的，然后被带到霍洛曼空军

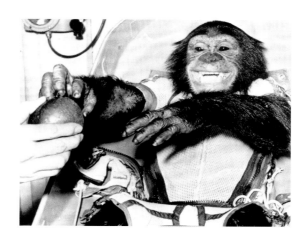

图3-5　进入太空的黑猩猩汉姆

基地。汉姆的英文名来自美国新墨西哥州霍洛曼空军基地下属的霍洛曼航天医学中心（Holloman Aerospace Medical Center）的首字母缩写。此外，训练它的人也用编号65来称呼它。除了名字和编号外，训练人员还会称呼它"张麻溜"（Chop Chop Chang）。汉姆在训练期间就表现出了它的聪明劲儿，在受训时学东西比较快。它操作操作杆最为熟练，超过其他40多只猴子，可能就是它被叫作"麻溜"（Chop Chop）的原因吧，至于为什么姓张，就不得而知了。

　　从"天庭"回来后，性格和善的汉姆声名大噪，从此过上了舒适生活。它先在华盛顿国家动物园度过了一段时光，然后搬家到北卡罗来纳州动物园，直至1983年在那里死去，走完了它光辉的猴生。

　　1985年5月，两只松鼠猴搭乘"挑战者号"航天飞机进入太空，用以研究微重力环境如何改变它们的进食习惯。这两只猴子不像汉姆那样幸运，它们没有名字只有编号，分别为"3165"和"384-80"。在太空里，这两只猴子整日昏昏欲睡，没有食欲，"水土不服"的情形和刚进入太空、尚未适应的航天员有点类似。

　　人类探太空，动物当先锋。为了保障人类的生命安全，在把航天员送入太空之前,科学家先把不同的动物送入太空,研究它们的生理和行为变化。这些动物为载人航天的探索做出了贡献甚至牺牲了生命,值得人类尊重。小狗莱卡的纪念碑伫立在莫斯科,黑猩猩汉姆被葬在新墨西哥州的国际太空名人堂,为人类所铭记。我们也应该为小豹和珊珊做一些事情,如发行邮票或者建塑像,纪念它们为我国太空探索事业所做出的贡献。

太空里的绿色生命

　　从太空里看,地球是一颗蓝色星球,不仅海洋看起来是蓝色的,大气层的边缘看起来也是一道迷人的幽蓝弧线。这蓝色是地球大气含有丰富氧气的缘故。在40亿—25亿年前,远古地球的大气里氧气含量很低,所以地球看起来是红色的,和现在的火星有点像。地球大气里氧气含量的升高要归功于蓝藻的光合作用。

　　绿色被我们视为生命的颜色,如果没有绿色植物,地球上很多的生物包括人类都不可能存在。在人类征服太空、奔赴远方的旅途中,必然少不了绿色植物的陪伴。在太空旅程里,植物可以作为食物的来源,吸收二氧化碳、产生氧气,改善航天器的舱内环境,或者在星际移民时用来营造一个小型、模拟地球环境的生存空间。

太空的植物使者

　　人类在探索太空的初期,就已经开始在微重力条件下用种子和植物进行研究工作。早在二战结束后的1947年2月27日,美国科学家用一枚从德国缴获的V-2火箭将一些玉米种子和一群果蝇送入太空。本次实验的目的是了解太空辐射环境对生物体DNA的影响。在3分10秒的时间内,这枚火箭到达了109千米的高度,越过了卡门线。太空飞行结束后,玉米种子和果蝇都安全返回地面。不知道这些玉米的后代今天在什么地方,它们是否会把祖先上天的经历吹嘘给其他玉米听。

到目前为止,已经有很多植物跟随人类进入太空,包括食用植物(洋葱、韭菜、生菜、西红柿、油菜、小麦和水稻等)、观赏性植物(兰花、郁金香和玫瑰等),以及用于科学研究的模式植物(如拟南芥等),这些空间任务的主要目的是研究植物在空间如何种植以及植物在微重力下如何生长、发育。

1960年,若干小麦、豌豆、玉米和洋葱的种子搭乘苏联的空间卫星"斯普特尼克4号"进入太空。1971年,美国"阿波罗14号"飞船携带了大约500粒树种飞向月球,包括花旗松、火炬松、梧桐、枫香、加州红木等不同物种。这些种子在月球轨道上飞行了34圈,因此NASA将这些种子萌发、长成的树木统称为月亮树(Moon Tree)。这些种子返回地球后分到美国各地种植,还有一些种子被作为国礼送给巴西、日本和瑞士。这些从月球轨道带回来的种子萌发、长大后,看起来与它们没有上过天的同类并没有明显的不同。现在,加州首府萨克拉门托市的市府大楼的北边有一棵北美红杉(*Sequoia sempervirens*),就是当年月亮树中的一棵。北美红杉主要分布于美国加利福尼亚州,能长到109米高,已知最老的北美红杉树龄超过3000年。

我国的"嫦娥四号"月球探测器携带了棉花种子登陆月球,在月球上着陆后,生物科普试验载荷罐里的种子长出了绿色的叶片,这是第一株在月球上萌芽的地球植物。今后如果有更多机会,将更多植物包括生命周期短暂的植物(如葫芦藓等)带上月球,或许可以观察到更完整的生长发育过程,并与地面生长的植物进行比较。在科幻小说《红火星》中,人类将地衣移植到火星进行种植,以达到改变火星表面大气环境的目的。这个想法并非不切实际,2005年,欧洲空间局曾将地衣带到太空,结果发现地衣能够承受外太空高强辐射和缺氧环境,确实有可能作为登陆火星的先锋植物。

沿重力前行

300年前，人们没有先进的研究设备，没有抛物线飞机，更无法到天上做实验，但是那时候有人通过巧妙的办法观察到重力对植物根生长方向的影响。1806年，法国科学家奈特（Thomas Knight）利用自己花园里的溪水，制作了一个流水带动的转轮，可以连续、快速转动，和离心机相似，能够产生比地球引力大几倍的离心力。他把植物固定在水轮上，结果发现植物的根不再垂直向地生长，而是顺着离心力的方向朝外生长。这个实验说明植物的根具有沿重力方向生长的特性。这个实验也反映了科学家可以通过简单、巧妙的方法探索复杂的问题，这也是科学研究的魅力所在。

重力对植物生长方向的影响非常显著，因此早期的在轨实验通常关注植物对重力的响应、重力的作用机制。通过对空间环境下的植物研究，发现植物很多细胞过程和生理过程包括染色体损伤、细胞分裂、

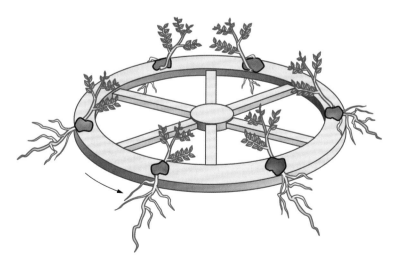

图3-6　奈特的植物"离心机"实验。几株植物固定在转轮上生长，固定植物的部位同时向植物提供水和养分

胚胎发生、光合作用等，都会受到微重力的影响。微重力也会影响细胞壁形成、淀粉代谢、氨基酸组成、脂质和脂肪酸组成、病理和基因表达等，最终影响作物的产量。

通常来说，植物具有感知重力的能力，并通过这种能力往下向土壤里扎根、朝上钻出土壤向着阳光抽芽。这种行为称为向重力性（gravitropism）——根往下生长为正向重力性，茎叶向上生长为负向重力性。"tropism"的意思是向性，前面加上"gravity"（重力）就是向重力性的意思。在地球上，重力总是指向地面的，所以也称"向地性"。

图3-7　植物向地性。左图：花盆里植物根的向地生长；右图：一个植物的回转器，进行向地性实验

植物的向地性和向光性均受到激素的调节。生长素（化学本质是吲哚乙酸）可以促进或抑制植物细胞的生长，促进还是抑制取决于它们在植物里的分布位置。在茎秆的生长过程里，生长素促进新生细胞长度增加。如果植物处于均匀阳光的照射下，植物的茎秆各方向所受到的阳光辐射也基本相同。但是，如果植物只有一面朝向阳光，生长素就会移动到茎秆阴暗面的细胞里，促进阴暗面细胞的生长，导致植物向光源方向倾斜、生长。如果一盆植物被调转到水平方向，茎秆靠近地面的部位处于阴影里，生长素会刺激这部分茎秆的生长，导致植物茎秆朝向光源方向弯曲，并逐渐恢复向上生长。这是由于光的作用。但是，如果我们将植物头朝下，放在持续

黑暗的环境里,它的茎秆也会逐渐弯曲,逐渐恢复向上生长,这就不是由于光的影响了,而是由于生长素迁移顺着重力的方向,沿重力前行。

在根部细胞里生长激素的作用与在茎秆部相反,起的是抑制细胞生长的作用,让根部远离光照,向土壤深处沿着重力的方向朝下生长。如果让植物的侧根暴露在光照下,根靠下的细胞生长被抑制,靠上一面生长较快,使得根向下弯曲即土壤里生长。在土壤里,生长素聚集在根的底部,对于向水平或朝上生长的根须,由于重力的原因生长素会使它们重新向下生长。除了光和重力外,水分对决定根的生长方向也很重要,称为向水性(hydrotropism)。

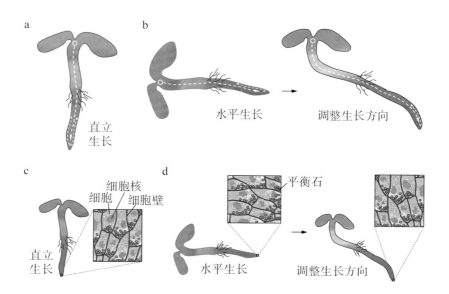

图3-8　生长素、平衡石在调整生长方向中的变化。a和b表示立位生长、水平生长及方向调整过程中生长素的分布变化(与卧床实验类似,堪称植物的卧床实验),红色虚线表示水平放置后根下部的生长素分布,注意线的粗细表示生长素含量的相对差异。c和d表示植物以不同姿态生长时根尖细胞里平衡石的分布变化情况

太空植物的生理改变

空间植物研究的内容非常广泛,涉及植物的各种生理过程,包括植物染色体损伤、细胞分裂、胚胎发生、光合作用、生物量生产、细胞壁形成、淀粉代谢、氨基酸组成、脂质和脂肪酸含量、病理、生殖发育及基因表达等方面。

为了研究植物在空间的生长,1998年,"STS-91"飞船上的航天员携带了装有玉米和黄豆的塑料容器。到达轨道后,航天员向塑料容器里加水,让种子萌发。其中一半数目的容器被固定在舱内,用普通的荧光灯管为这些植物提供光照;另一半数目的容器放在黑暗的柜子里生长。除了种子以外,每个容器里都有两层棕色纸巾,水分存储在纸巾里,植物则从纸巾里吸收水分,这样可以避免水在微重力下形成一个球飘来飘去,或者附着在容器壁上难以被植物吸收。因此,这个实验同时可以分析植物向光性、向地性和向水性在空间环境下的变化情况。

在科幻电影《太空旅客》里,由于人工重力装置失灵,航天器突然处于微重力状态。当时女主角正在泳池里游泳,重力消失后,泳池里所有的水形成了一个大水球,包裹着女主角漂浮起来。没有了重力,也就没有了浮力,女主角无法自动浮出水面,而是沉浸在大水球里,差点儿溺死。在失重情况下,细胞里水的张力会更为明显,所以细胞的形状会变得更圆。这种现象在松树子叶细胞以及玉米、还阳参等植物的根尖细胞里都发现过。在微重力条件下,细胞中重力对细胞结构产生的压力、拉力等机械力也会消失。

在一次实验当中,葫芦藓在太空飞行了96天,研究人员发现葫芦藓哑铃状和梨状的细胞数量明显增加。有些植物在微重力环境下,细胞会变得更小,淀粉粒也会变小,叶绿体的结构也会发生改变。另一些植物却并非如此,例如在还阳参、玉米、豌豆和小麦的根尖里一些细胞的体积会变大,玉米和小麦幼苗的细胞变得更长。在微重力状态下,大茴香种子在萌发过程中分化得更快,胡萝卜种子的分化也与地面不同,导致长出的根更长。除了微重力因素外,太空里其他环境条件也与地面不同。在空间站里,阳光更为强烈,这可能是太空植物更早变绿的原因。一般侧根和须根都在离根尖较远的地方才开始形成,但在太空里,在根尖位置就开始形成根毛了。还有研究发现,兰花在太空里生长明显迟滞,而豌豆的节间长度明显增加。

拟南芥在微重力下种子萌发率与在地面1g重力下的萌发率没有明显差异,但是在微重力下抽薹要早一些。在微重力及地面条件下,拟南芥从萌发到开花所需时间没有明显差异,大约都是在第26天开始开花,花的外形也相差无几。但是,在微重力下花梗生长速率较快,花梗上长出的小花数目也明显增多,大约是1g重力下的2—3倍。此外,在显微镜下可观察到,雌蕊、花丝、花药的横向长度在微重力下显著变长,所以花的结构还是出现了改变。

拟南芥在"礼炮7号"上面完成了完整的生命周期,但是发育有所延迟,结的籽粒有很多是空的。种子的重量在微重力下变大,但是这些种子带回地面后难以萌发,而地面收获的种子萌发率超过70%。

如同在健康的人身体里存在很多微生物一样,在健康的植物细胞和组织里也生存着很多内生微生物。与侵入植物体内的病原微生物不同,内生微生物对植物的生长、发育、固氮、渗透压调节等生理过程起着重要的调节作用,它们是互利共生的关系,离开内生微生物,植物甚至可能无法生存。豆科植物根瘤中的细菌可以帮助植物固氮,这类细菌称为植物的内生菌。模拟失重也会导致生活在小麦幼苗内部的内生菌的含量和种类发生明显改变,这意味着选择恰当的微生物或许可以帮助小麦适应和应对微重力的环境条件。

充满挑战与希望的太空农业

太空育种也称空间诱变育种，是将农作物种子或试管种苗搭载返回式太空舱，进入太空，利用太空的高真空、宇宙线、微重力等特殊环境的共同诱变作用，使种子产生基因变异，种子被带回地面后由科研人员进行筛选、培育，获得稳定的新品种。航天育种可以追溯到第二次世界大战后发展起来的辐射育种，辐射育种是人工使用 γ 射线、X 射线或其他辐射源处理植物种子，通过电离辐射诱发植物的遗传变异，再按照人类的需要从这些种子的后代中选育出新的优良品种。

1946 年 7 月，美国利用 V-2 火箭将玉米种子首次送入太空并成功回收，这可以认为是最早的太空育种。20 世纪 60 年代，苏联用卫星把种子带上天，种子返回后发现其染色体畸变频率有较大幅度的增加。1984 年，美国把番茄种子送上太空，获得了变异的番茄后代。

中国的太空育种始于 1987 年，最开始仅有蔬菜种子，随着太空育种技术不断发展，粮食、蔬菜、水果、油料等农作物品种，花卉、中草药及用于制药和酿酒等的微生物类都有涉及。植物种子一直是我国返回式卫星、神舟系列飞船的常客。太空的复杂环境，如微重力、弱磁场尤其是严酷的空间辐射，可以提高种子的突变概率，从而获得大量的突变后代，在返回地面后可以从中筛选到符合需要的性状。在我国的"嫦娥五号"月球探测器上，就搭载了 40 克稻谷。30 多年来，我国相继进入太空的农作物达 50 个大类、400 多个品种，主要有青椒、番茄、黄瓜、丝瓜、胡萝卜、莴苣、莲子、玉米、花椰菜等蔬菜种子，以及水稻、小麦、高粱、棉花等作物和花卉草木等种子。

据不完全统计，1957—1997 年，全球发射空间生命科学卫星 120 颗，搭载植物材料 38 次，其中苏联 16 次，美国 14 次，中国 8 次。但是，很多国家后来放弃了太空育种，这可能与遗传诱变的不定向性、随机性有关。具体地说，无论在地面用高温、辐射等逆境或者采用化学试剂诱导突变，还是在太空里利用空间的环境因素诱导突变，所诱导出来的突变都是不确定的，并非在太空里就能获得更高比例符合我们期望的突变。太空环境的确很特殊，但在地面上采用各种物理学或化学手段创造严苛条件来诱导突变，也可以增加突变率。而无论是在地上还是在天上，都无法实现定向诱变。经过航天返回的种子，虽然培育出的植物及其后代发生了形形色色的性状变化，但是变化是随机的。例如，有植株由高变矮的，也有植株由矮变高的；有果实变大的，也有果实变小的；有花色变得更明艳的，也有花色变得更暗沉的，并不是都符合期望。而且，天上获得预期性状的概率并不会比地面高。此外，航天搭载资源非常宝贵，许多重要实验有待开展，因此很多国家不再支持航天育种试验。

"太空种子培育亚洲未来"（Space Seeds for Asian Future）是亚太地区航天结构论坛的一个下属机构，旨在推进公众对科学研究的理解并获得训练，这个计划旨在给亚太地区的学生和年轻的研究人员提供机会，了解空间实验和空间环境，以及微重力等环境对植物生长和生理的影响。他们将植物种子带入国际空间站的"希望"（Kibo）太空舱，返回后分发给学生去种植和比较，分析太空环境对草药的影响。这个活动主要的参与国家有澳大利亚、新加坡、泰国和日本。这一活动的目的与加拿大一个项目类似，并非为了育种，而是为了培育青少年内心的科学探索之种。

相比产生五花八门的性状而言，如何让作物在空间里更好地生长、提高产量等问题更值得关注和研究，这些问题也属于太空农业的范畴。达·芬奇（Leonardo da Vinci）说过："太阳赋予植物生命和精神，土壤给予它们营养与水分。"在空间环境里，植物要正常生长，仅有阳光和土壤是远远不够的。在太空里,给植物浇水、施肥也成为比较麻烦的事,太空微重力环境会造成在植物根系周围形成一个边界层,水和气无法自动分离,植物必须依赖外力才能与周围环境进行正常物质交换。如果植物根部水分运动控制不好,极易造成根部水分过多而根系缺氧,或者水分过少而根系缺水。要解决这些问题,可以利用人工栽培基质进行植物培养,水分的运动主要依靠基质颗粒的毛细作用力来进行。早期的栽培基质有离子交换树脂、固态化琼脂等,后来岩棉、蛭石、蒙脱石、PPC颗粒土、人工烧结的陶粒等材料也陆续被用作培养基质。

最早在太空里生长的蔬菜是在1993年"和平号"上Svet培养箱里。和平温室(Mir Greenhouse)还种植过芜菁和小麦,芜菁在温室里繁殖了2.5代,小麦繁殖了2代。1996—1999年,俄罗斯在"和平号"空间站成功种植了小麦、白菜和油菜等植物。我国在太空农业方面的研究工作正在迎头赶上,也在"天宫二号"中尝试了种菜,不过是实验性质的,没有吃。在我国空间站里,神舟十四号任务的航天员曾在科研人员的指导下种植拟南芥、水稻和生菜等植物,并且航天员已经品尝了他们自己种植的生菜。

成功的太空农业依赖于在微重力环境中人工控制条件下的植物生长,当然,这离不开工程设计,空气流通、微环境、能源消耗等问题都很重要。

民以食为天,对航天员来说也是如此。太空农业不但可以让航天员部分或全部实现食物供应的自给自足,也可以制造氧气,维持生态系统的平衡,建立起适合生存的环境。在未来登陆月球或火星后,太空农业还将在改造土壤、调整空气成分和改善气候等方面发挥重要作用。

//让你的想法飞上天//

在电影《阿凡达》里，那棵生命之树长得非常高大，伸入云霄。在地球上，植物生长能够达到的极限高度取决于它们能够将水、无机盐和其他养分运送到的高度。植物从根部吸收水分、养分，然后通过维管运输到植株各部位包括顶部的枝叶。毛细管作用对于植物的水和养分运输起一定作用，但植物主要是通过叶片的蒸腾作用来对抗重力，如同水泵抽水一样把水和养分运输到很高的地方包括树冠的枝叶。如果把地球植物带到微重力或低重力的空间或者其他星球上，任其自由生长，植物生长的高度会发生怎样的变化？

性情大变的微生物

　　细菌、真菌、病毒以及一些很小的原生动物被统称为微生物。在我们生活的环境里，微生物无所不在，甚至在我们的身体表面和身体内部，也存在数量多到数不清的微生物。人一只手的皮肤表面就有超过150种细菌，而且不同人手掌上的细菌种类也有明显差异，其中大约只有13%是相同的。

　　在人的很多器官和组织里都生活着很多微生物。人身体表面和内部的微生物群落，被统称为微生物组。人的肠道里生活的细菌特别多，总重量约为2千克，数量大约有100万亿，包含大约1000个不同的物种。可以这样认为：人类的身体不仅是我们自己的，也是许许多多细菌的温床和乐土。这些细菌里有对人体有益的，也有对人体健康有害的。婴儿在刚出生时，肠道里是没有微生物的，但之后不久，外界的微生物就开始进驻，并在肠道生活下来。

　　在地球上，病毒几乎无所不在且数量惊人，一升海水里就有多达1000亿个病毒——也就是说，几勺海水里的病毒数目就超过地球上的人口总数。人类的病毒会对人类健康造成损害，其他动物和植物的病毒也会对那些动物和植物产生危害。甚至细菌也有着针对它们的病毒，例如噬菌体。

　　在地面上，我们赖以生存的庄稼经常受到各种细菌、真菌和病毒等微生物的威胁，造成严重减产或危害食用者健康。例如，中世纪欧洲有一种可怕的传染病，造成上千万人死亡、许多妇女流产。患者全身肌肉剥落，疼痛难忍，如同烈火焚身，患者还会昏昏欲睡，甚至产生幻觉。由于当时科学不发达，这种疾病也被称为"圣安东尼之火"，与宗教联系起来。"圣安东尼之火"的罪魁祸首其实是一种叫作麦角菌的真菌，它寄生在黑麦上，随着人食用被它污染的黑麦进入人体。

既然微生物与我们同在，那么当航天员搭乘飞船或航天飞机等工具代表人类进入太空时，微生物也会免费前往，无论我们愿意不愿意或者它们愿意不愿意。在这些走出地球、进入太空的微生物当中，有漂浮在空气里的，有吸附在舱壁或躲在缝隙里的，也有附着和生活在人皮肤、毛发、衣服上以及身体内部的。

空间里的微小生命

"阿波罗12号"任务的研究报告称，航天员从月球将之前发射到月球表面的3号探测器带回了地球。科研人员发现，这个探测器的相机上存在50—100个缓症链球菌（*Streptococcus mitis*），其中一些缓症链球菌能在培养基上继续生长，也就是说这种细菌活了下来。这些细菌在被带回地球前已经在月球表面暴露了950天，强辐射、真空、缺少水分和养分都没有干掉它们。不过，也有人认为，"阿波罗12号"带回的这些细菌可能来自太空舱中或者返回地球后的污染，如果是这样的话，那它们就并非月球表面严酷环境下的幸存者。我国科学家发现，在返回式卫星和神舟飞船里，一些细菌和放线菌生长加快，也就是说，微生物的突变频率有所增加。地球上芽孢杆菌在苛刻的环境下（例如脱水）会产生芽孢，芽孢可以耐受严酷的环境，等到环境适宜时再生长成为正常细胞。在空间环境里让芽孢杆菌脱水，芽孢杆菌也会产生芽孢，而且出现芽孢的时间有所提前。芽孢杆菌在产生芽孢时，细胞里还会产生菱形、方形或不规则形状的伴孢晶体,这种晶体具有杀虫作用。在空间环境下,芽孢杆菌产生伴孢晶体的时间会提前。

在美国,沙门菌造成的感染每年导致15 000人住院、400人死亡。2006年,NASA资助了一项研究,把沙门菌带到了空间站。研究人员发现,沙门菌在空间环境里致病力明显增强了。经历了太空飞行之后,沙门菌变得更加凶猛,杀死鼠宿主的能力提高至三倍左右。研究人员还鉴定出了导致沙门菌致病力增强的基因通路——沙门菌有一条信号通路负责调节铁离子的运输,在微重力下,铁离子的运输并没有明显改变,但是这条通路出现了新的功能,导致致病力增强。尽管这些是听起来令人费解的分子层面的研究,但是其中的原理与前面介绍过的水熊虫超强的耐辐射原理有相通之处:水熊虫超强的耐旱能力使得它"触类旁通"——获得了抵御辐射的超强能力;与此类似,沙门菌的铁离子调节通路在空间特殊环境下发挥了新的作用。此外,其他研究发现,在模拟微重力条件下,一些病原菌如脑膜炎奈瑟球菌对抗生物的耐药性增加,一旦感染会更难治愈。

空间站是一个密闭环境,在这个密闭环境里不仅生活着忙碌的航天员,也有很多微生物在这里生存、繁衍。2016年3月,美国科学家发表的一项研究报告称,在被送至国际空间站的48种无害细菌当中,很多细菌能够适应微重力环境,只有一种细菌对太空环境不太适应。多数细菌在太空里并不会出现明显变化,出现显著改变的只是少数。沙福芽孢杆菌JPL-MERTA-8-2就是这些少数的细菌之一,太空环境简直就是这种细菌的乐土,它们在这里的生长速度比在地球上时快了60%。

航天员大战微生物

微生物除了与航天员健康密切相关外,空间的特殊环境也会影响微生物与其他生物之间的关系。此外,空间微生物也会对航天设备产

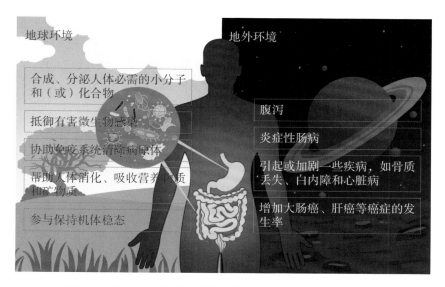

图3-9　地外环境影响肠道微生物变化可能引发健康问题

生腐蚀作用，严重威胁平台设备安全，具体可以分为对金属和合金材料的腐蚀、对有机材料的腐蚀以及对无机材料的腐蚀，因此需要采用生物、化学或物理方法进行灭杀。

　　既然微生物对航天员的健康以及航天器的设备存在潜在风险，那我们干脆把舱里的微生物全部杀死，再飞上天，不是更好？或者甚至把人体的微生物也都清理掉？事实上，对于小鼠，人类已经可以做到除净它们身体内外的所有微生物。但是除净了以后，小鼠活得并不安稳，不仅在生长发育方面赶不上普通小鼠，免疫力和代谢也会出现紊乱。

　　在空间环境下，航天员自身的免疫力会下降，一些微生物的致病力会增强，这两方面的因素都会增加航天员感染和生病的风险。航天员在前往国际空间站之前，需要经过一周的隔离，称为"健康稳定计划"（Health Stabilization Program）。2016年的一项统计显示，在长达半年的航天任务里，38名航天员当中有大约一半的人罹患过微生物引发的感冒、过敏等。由于一些微生物在太空环境下致病力可能会增强，所以在

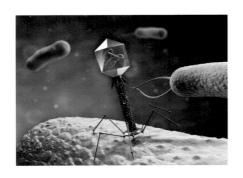

图3-10 噬菌体黏附在细菌表面准备入侵示意图

太空里研制疫苗、药物对于保障航天员的健康非常重要，对于地面的人群也具有意义。

不过，如果病毒是有害生物的"敌人"，那么由于"敌人的敌人就是朋友"，这些病毒就可以用来做有益人类的事情。例如，我们可以用噬菌体来消灭危害人类健康的细菌，也可以用病毒来对付危害庄稼的害虫。有研究发现，在空间环境下，作为细菌天敌的噬菌体的活力会增强，可以更高效地消灭细菌，对远征太空的人类而言这算是一个好消息。

在未来，当我们发展太空农业时，我们既要利用有益的微生物，改善我们的健康、提高作物的产量，也要小心防范有害微生物，以免辛苦耕种的庄稼因有害微生物而遭受损失。

去月球上找便便

在阿波罗登月时代，在飞往月球的过程中，航天员靠"一个绑在屁股上的塑料袋来收集粪便"，像柯尔鸭的粪兜，很不方便。阿波罗计划的航天员们在去绕月飞行或者登陆月球时，他们用过的包裹了便便的一些纸尿裤被弹射在月球上。1972年，"阿波罗16号"航天员杜克（Charlie Duke）在月球上待了71个小时。他证实当时的航天员乘组确实在月球上留下了人类粪便。"我们确实这么做了。"他说，"我们把收集到的尿液放在一个水箱里……我认为我们有过几次排便，但我不确定（粪便）是不是在一个垃圾袋里。我们在月球表面扔了几袋垃圾。"杜克以为所有东西都会被太阳辐射消毒、灭菌。

在月球上乱丢粪便或其他垃圾这种做法是不对的，更合适的做法是带回地球进行处理，不过这会增加飞船回程的负荷。如果按重量计算，粪便重量的大约50%都是由微生物组成的，其中包含生活在肠道中的大约1000种微生物。现在，这些袋子仍然留在那里，没有人知道里面的微生物在过去的这几十年时间里发生了怎样的改变，是否有一些微生物还活着。这些留在月球上的便便引起了一些科学家的兴趣，他们希望人类重返月球时找到这些半个世纪前被丢弃的粪袋，检测其中是否还有微生物幸存。

按照目前的认识，我们认为月球上没有生物，但是在阿波罗时代人们对这个问题却不敢确定。在飞往月球前，"阿波罗11号"的三位航天员阿姆斯特朗、迈克尔·柯林斯（Michael Collins）和奥尔德林（Buzz Aldrin）在发射前进行了三周的隔离，以尽量减少携带地球微生物污染月球的可能性。在他们回到地球后，同样需要进行隔离，以防止来自月球的微生物（如果存在的话）污染地球。对于阿波罗计划带回来的月壤，科学家们处理起来都小心翼翼，也是出于这个原因。

//让你的想法飞上天//

美国航天员斯科特·凯利在他的自传里提到，在空间站里，水果和蔬菜似乎比地球上腐烂得更快，但他不知道原因。水果、蔬菜的腐烂与微生物密切相关，而微生物的生理在太空里会发生改变，这可能是造成水果、蔬菜腐烂加快的原因。当然，也存在其他可能性。你如何设计实验来分析这种可能性是否正确？

让猫失灵的微重力

辛弃疾在《木兰花慢·中秋饮酒》一词中将月亮比喻为飞翔的镜子,并且提了一个问题:"飞镜无根谁系?"浪漫的诗人通过生活常识已经隐约意识到,似乎应该有什么力量牵引着月亮,才使它不至于远离地球而去。当然,古人的灵光乍现只是遗憾地停留在瑰丽的诗句里,并没有人从科学的角度去钻研这些重要问题。我们现代人都知道,是引力束缚令月球围绕地球旋转。

当航天员搭乘飞船、航天飞机或者空间站环绕地球时,由于重力已经完全转化为向心力,因而处于失重状态,也称为微重力状态。随着航空和航天科技的发展,人类已经可以借火箭或者航天飞机之力离开地球,甚至到达距离地球38万千米外的空间,漫步月球。在月球表面,物体受到的重力只有在地球时的1/6,人可以轻松跃起,打破地面上任何一个跳高选手的世界纪录。火星表面的重力也很小,只有地表重力1g的3/8,相当于一个人在地球上如果能举起50千克的重物,那么在火星上他就可以举起132千克,举重若轻。

达尔文说过,这个星球(地球)按照引力的规律周期性转动,美丽和奇特的无尽(生命)得以演化出来。生命自诞生以来,就一直是在地球的引力下生存、繁衍和演化,因此地球上所有生物的生理和行为都适应了地球的引力,否则早已被淘汰。人类总是渴望摆脱重力束缚,渴望探索太空。那么,摆脱了重力之后,是否人就真的无拘无束,可以逍遥畅游了呢?摆脱重力的束缚是一件困难的事情,然而,到了空间环境里,我们又会发现,如何适应缺少重力的环境成为更大的挑战。

在失重下迷失方向

一些植物在生长过程中并非总是垂直向上,而是摇摆着生长。但是,如果把植物固定在回转器上培养,它所受到的重力方向在不断改变,就相当于没有了恒定向下的重力作用(地面实验室常用这种方式模拟失重),在这种情况下,植物生长过程里的摇摆特性会消失,这说明植物生长过程中的这种摇摆特性与重力有关。

细长的金针菇脆嫩可口,烫火锅味道很不错。在地面生长时,金针菇保持整齐向上的板寸发型,到了空间站里金针菇则会朝各方

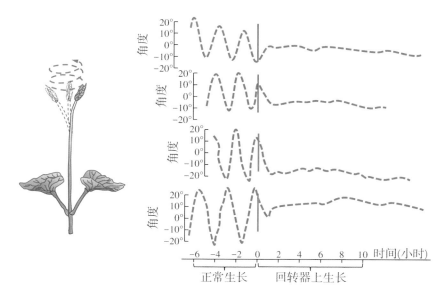

图3-11 拟南芥的胚轴在生长时的转圈(摇摆)现象在微重力下消失。红线之前为在正常重力状态下的生长状况,红线之后为在回转器上生长的状况

向生长,成了"一头乱发"。问题是,在空间站里,与地球表面存在差异的环境因素不止引力,还有磁场、辐射、光暗周期、大气压等。那么金针菇"发型"的改变究竟是引力缺失还是其他环境因素改变造成的呢?为了回答这一问题,科学家把金针菇放进空间站的离心机,这种离心机可以产生1g的重力,模拟与地球表面的引力相当的环境。在这种实验条件下生长,金针菇的"发型"又变成整齐的板寸了,这说明在空间站的多种环境因素里,引力是决定其生长方向的主要因素。

　　植物根和芽的生长具有向地性的特点,即根向地下生长而芽向上生长。当植物处于生长的旺盛阶段时,如果把它们水平摆放,很快它们的芽会弯曲向上生长,根弯曲向下生长。但是,当植物衰老、不再生长时,就难以观察到这种变化,或者说这个过程会变得很缓慢。这些特点与植物的生长密切相关,如果芽向下生长会影响光合作用;如果根向上生长则植株无法立于土壤之中,也无法吸收土壤里的水分和养料。

图3-12　金针菇在不同重力条件下的生长方向。左图:空间站微重力下金针菇向不同方向生长;右图:地面正常重力下金针菇向上生长(引自Moore D, et al. Mycol Res. 1996.)

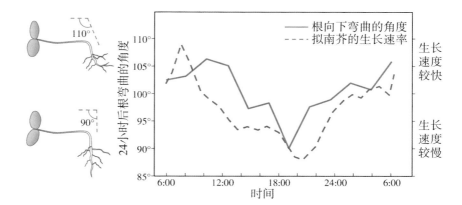

图3-13　拟南芥根尖的向地性也受到生物钟的影响。将原本向上生长的拟南芥横向摆放。由于重力作用，其根会逐渐向下弯曲，而茎芽会向上弯曲生长。在一天的不同时间（横坐标）做这个实验，观察在相同的时间（1小时45分）后拟南芥的根向下弯曲的程度

很多植物在夜晚的生长速度与白天不同，那么如果把植物水平摆放，它们恢复芽向上、根向下的生长方向是否也受到生物钟的影响？换句话说，是否在不同的时间，植物恢复生长方向的能力会有差别？有人把拟南芥在不同的时间水平放置，观察它们经过一定时间后根向下弯曲的角度，如果大于90°，说明还没有调整过来；如果等于或小于90°，说明已经完全恢复成向下生长了。通过对不同时间的实验结果进行分析发现，拟南芥的根部在后半夜调整方向加快，在上午至中午时间段角度调整变慢，说明拟南芥的向地性与生长速率有关，同时也受到生物钟的调节。

当然，植物除了受地球引力的影响而具有向地性，也会受其他环境因素的影响，例如光照和水分。即使没有了重力，只要空间站里有光照和水，植物的芽就会朝着光源和水源的方向生长，因此，在空间站里对于植物生长的向性问题不需要太担忧，可以通过光或者水分来调整植物的生长方向。

微重力下萌态百出

20世纪70—80年代，美国和苏联把多种不同的动物带到了空间站进行研究，但这些研究并没有发表出来，所以实验结果无从知晓。1985年，"空间实验室3号"（Spacelab Ⅲ）采用了刚刚发明出来可以固定小动物的装置，使得在空间环境下以啮齿类动物为对象开展实验研究更为方便。1992年，空间实验室-J任务里采用了盛放水族类动物的装置，可以将鱼类带到空间站。

在20世纪的空间动物研究工作中，相当多的实验都是观察动物在失重状态下的行为变化，研究对象包括小鼠、仓鼠、猫、松鼠猴等。多数动物在空间里会变得动作迟缓，动作协调性变差。在微重力下，蒙住眼睛的鸟不再平着向前飞，而是沿着背部绕圈飞。致盲的鱼在微重力下也不能沿着水平方向向前游，但与鸟相反，鱼向下沿着腹部方向绕圈游泳。造成这种现象的原因其实也很容易想明白：地球上的鸟在飞行时，翅膀受到的空气升力和自身受到的重力大致相等，才可以平飞。处于微重力环境且鸟还没有适应的情况下，它就会扇动空气，一方面产生向上的升力，一方面产生向前的动力，两者的合力会使它向背部方向绕圈飞。鱼类的情况则相反，在水里时，鱼受到的重力和鱼受到的浮力相抵时鱼才可以向前直线游动。在微重力环境中，鱼在没有适应的情况下在努力向前游的同时可能还是会努力向下游，以抵消实际上已经不存在的浮力——没有重力也就没有了浮力——这样就会导致鱼只能向着腹侧绕着圈游泳，而无法沿直线前行了。

1984年，3000多只蜜蜂被装进笼子，搭乘"挑战者号"航天飞机进入太空。在为期7天的任务结束时，这些蜜蜂在筑巢方面已经完全适应失重环境，建造的蜂巢无论是厚度还是几何结构都与在地球上的蜜蜂旗鼓相当。

1991年6月，"哥伦比亚号"航天飞机搭载了一批水母水螅体进入太空。在为期9天的任务中，这些水母不断生长、繁殖，它们的后代进入下一个生命阶段——碟状幼体，在装有海水的小瓶中游动。实验结果表明，在太空出生的水母可以在太空微重力下自由游动，在地球上出生的水母进入太空后则不具备这种能力。

很多动物在太空里姿态非常古怪：一些生活在树上的动物还有壁虎等在微重力下会伸开四肢，似乎要滑翔或者想要抓住什么。树蛙在微重力下摆出俯冲时的姿势，张开四肢和爪蹼，似乎认为自己在下落。在各种动物当中，蛇在微重力下的表现尤为怪异。在抛物线模拟的微重力环境下，漂浮的蛇会拧巴成一团，像鞋带一样打结，或者卷曲成一个球。蛇也会惶恐地爬来爬去，并且身体不同部位会相互碰撞——而通常蛇是不会这样做的。从这点来说，这些行为看起来似乎蛇对自己的身体没有了正确的认知，要么是由于觉得自己是另外一条蛇而产生应激反应，要么是觉得自己是另外一条蛇可以抱团安慰。这也意味着蛇的本体感觉和方向感需要接触地面才能获得。

人在太空里自由漂浮时会表现为头略向下低、手臂伸开，两腿微曲，这种姿态称为中性体态，看起来与胎儿在羊水里的姿态多少有点相似。和人类对微重力环境充满好奇不同，动物们看起来挺烦失重环境的。这些结果表明，生活在地球表面的这些动物在失重情况下都表现出了应激状态。所谓应激状态，就是动物和人受到刺激或者环境变化时表现出的情绪和行为上的紧张状态。

1992年，"奋进号"航天飞机携带了4只雌性南美爪蛙上天。在本次任务里，航天员也携带了南美爪蛙的精子，在进入太空后的第二天，航天员进行人工授精实验，一段时间后这些受精卵成功孵化出小蝌蚪。这些蝌蚪的行为很怪，它们在水面上窜来窜去，飞快地转圈游动，还不停地摆着尾巴，时而向前翻跟斗，时而向后翻跟斗，展现出各

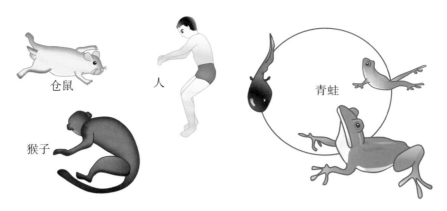

图3-14 微重力下很多动物失去了优雅的身姿,变得萌态百出。图中显示了仓鼠、猴子、人以及青蛙在微重力下的姿态

种各样古怪的游泳姿势。但是,在返回地球之后,这些在微重力下出生的蝌蚪却不会在正常地球引力条件下游泳,结果溺水身亡。它们曾在没有上下方向感的环境下生长,回到地面后不能适应,因无法及时游到水的表面进行呼吸而挂掉。从太空回到地球,太空蛙变成了悲伤蛙。

在太空里织网

周建人曾在一篇科普文章里引用一则谜语来描述蜘蛛:"南阳诸葛亮,稳坐中军帐。排起八卦阵,单捉飞来将。"很多蜘蛛都会结网,而且织网速度快,在30分钟内就可以织就一张完整而精美的网。国外还报道过一些蜘蛛可以集体结网,结出的网连在一起,绵延可达几千米。当然,也不是所有的蜘蛛都会结网,有一些蜘蛛只会吐出一根长丝,然后抓着这根蛛丝跳跃或随风飘荡,甚至飞到高空,寻找新的家园。

蜘蛛在地面是纺织能手,可以织出结实、耐用的蛛网,但到了没有重力的空间站会变得笨手笨脚,在头几天时间里几乎忘记了自己的拿手本领，只能织出一团乱糟糟的东西，简直难以称之为网。不过，它们在空间站里生活一段时间后，就又能织出和地面上很相似的合格蛛网了。可是，如果仔细观察蜘蛛在地面以及在空间站里结的网的结构，会发现在天上结的网在细节上与它们在地面所结的网存在一些差异。

1973年，有两位"蜘蛛侠"从地球前来，造访美国"天空实验室号"空间站。它们在到达空间站后被放了出来，花了4天的时间学会了在没有重力的环境下织网。两只"盘丝大仙"的作品和在地球上的大小差不多，形状也比较规整，但是在一些细节上存在差异。随着待在太空里的时间越来越长，它们织的网越来越不规则，尺寸也越来越小。另外，由于缺乏食物，蜘蛛也变得越来越瘦小。

2008年，一只丛林类肥蛛和一只迷宫蛛被带到国际空间站，放进了同一个容器里，它们在这里仍然没有忘记织网的本领。丛林类肥蛛经过努力先织成了一张网，一个小时后迷宫蛛也开始撸起袖子加油织网，搞笑的是，它结的网把上一只蜘蛛辛苦织好的网给破坏了一部分，真是"一舱难容二蛛"——在地面上不会发生这种情况。在空间站里，在有光照的条件下，蜘蛛能够编织出网，这种网是不对称的，和在地面结的网相似。网结好后蜘蛛就在网的顶端待着，守株待兔。但是在没有光的情况下，蜘蛛编织出来的网是对称的，这种情况很少见。这些实验结果说明，重力对蜘蛛织网来说并不是很重要，而光照对织网的作用更重要。这与我们前面介绍的植物倒是多少有点类似——植物在微重力环境下借助光照也可以维持根和芽生长的方向性。

猫与鼠的困惑

很多人知道，让猫从一定高度肚皮朝上落下，猫会在空中翻转，调

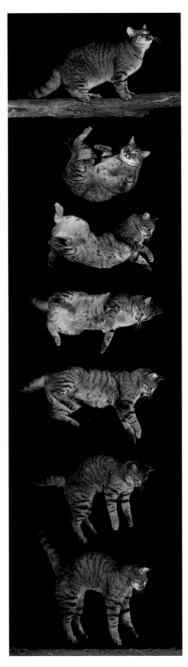

图3-15　下落的猫在空中调整姿态,以脚着地

整姿态,扭转身躯,最后以四脚着地的方式稳稳地落地——如果做这样的实验,一定要注意保护猫咪,可以在软垫子上或者草地上让猫落下,下落高度也不要超过1.5米。如果猫出现明显的应激反应,就要停止实验。但是,在失重状态下,猫就不会完成潇洒的空中转体动作了。1947年,美国空军航空医疗处将两只猫带上了一架C-131运输机进行抛物线飞行。对两只小猫来说,这一天似乎过得并不有趣,在失重环境下,它们无法像平时一样完成在空中扭转身体然后四脚落地的动作,而是挥动几下脚爪后,就无奈地在空中随风飘荡了,怀疑喵生也是有可能的——在微重力下,身手敏捷的猫也失灵了。猫咪为物理学、数学、神经科学,甚至是太空探索都做出了贡献,为铲屎官们的科学研究操碎了心。

不仅是猫,鼠从空中落下时也能够扭转身体,四脚着地。大鼠在地面的正常重力状态下,如果背朝下落下,它们在空中通常用三种方式着地。第一种方式是头、前肢和后肢一次性扭转,然后落地;第二种方式是头和前肢一起先扭转,然后后肢扭转,落地;第三种方式是在空中身体弯成"U"字形,然后身体旋转,再张开四脚,平稳落地,有点像跳水运动员在空中手脚接触,然后变为头朝下的姿态,最后入水。在STS-90项目里,有人拿大鼠做实验。这些大鼠在航天飞机的微重力环境下生活了16天,返回地面后它们采用第一种落地方式的频率明显减少,而采用第三种落地方式的频率明显增加了。这些大鼠在返回地面后,立刻就可以四处走动,但是走路的姿态有点奇怪:身子趴得比较低,并且后腿和屁股在走路时会左右摆动,像是变成了柯基。

这些猫和鼠的实验并不能说在太空里汤姆(Tom)就一定会败给杰瑞(Jerry),因为实验里的猫咪只是在抛物线飞行过程中短暂地暴露于微重力环境下,它们可能需要更多的时间去适应微重力,大鼠则在天上度过了很多天。另外,两个实验的测量方式也不同,猫咪是在抛物线飞行时的微重力环境下观察它们的转体反应,而大鼠是在返回地面后在正常重力条件下测试它们的落地转体反应。

在失重状态下,人的姿态也会变得古怪,需要一段时间才能适应。在电影《神话》里,有成龙和几个人在秦始皇陵墓里的失重环境下打斗的场景,几个人开始不适应失重环境,无法自如活动,笨拙、狼狈的情形比猫和青蛙优雅不到哪儿去。

不平衡的蜗牛

蜗牛的脚长在腹部,像拖拉机或坦克的履带,称为腹足,它依靠腹足的波浪状运动爬行。在地球上,淡水蜗牛(*Biomphalaria glabrata*)总喜欢沿着河坡往下爬,爬到河底后,在自己的壳里制造出一个气泡,借助气泡的浮力漂上水面,然后沿着河坡往下爬。因此,感受重力的方向对于它们这种行为有重要作用。但在空间站里,淡水蜗牛很容易从水族箱的壁上脱落下来,漂浮在水中。因为它无法感知重力,腹足会向四面张开,无法攀住水族箱的玻璃壁。

　　这种蜗牛的重力感受器官结构很简单,称为平衡囊,看起来像一颗无花果,尤其是把它剖开就更像了。这颗"无花果"的壁是由支持细胞和感受器细胞组成的,其中感受器细胞朝向内侧的表面有很多细长的纤毛,像无花果的花蕊。在平衡囊内部的空腔里存在液体,还有平衡石。

　　平衡石是由支持细胞分泌形成的,功能与植物细胞里的淀粉粒类似,具有感受重力的作用。在1g重力下,这些平衡石都沉积在平衡囊的下部,与下部的感受器细胞的纤毛接触,如果蜗牛转动头部,平衡石就会移动,与平衡囊内部其他部位的纤毛接触,从而产生神经信号并传递到中枢神经系统,蜗牛就可以感受到重力和自己运动姿态的变化。

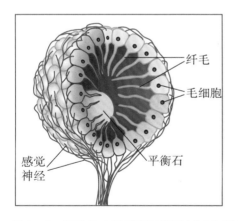

图3-16　蜗牛体内平衡囊示意图(左)和无花果(右)。平衡囊内包裹一层毛细胞,围成球形,每个毛细胞都有一根很细的纤维伸向内部。平衡囊结构像一颗剖开的无花果,只是无花果里没有像平衡石一样的圆球。图中平衡石落在正下方细胞的纤毛上,如果平衡囊向左倾斜,平衡石会压在左下方细胞的纤毛上;如果平衡囊向右倾斜,平衡石压在右下方毛细胞的纤毛上;如果平衡囊上下颠倒,平衡石会压在图中正上方细胞的纤毛上。总之,平衡石受到重力的作用,落在平衡囊的哪个区域就会压到这个区域的纤毛,产生神经信号,经过感觉神经传递至脑,判断出重力方向

在空间站里长大的淡水蜗牛的平衡囊生长得更大,有了更大的"无花果",而且"无花果"里面的平衡石数量也更多。这种现象有点类似器官的代偿效应,例如当人的动脉主干阻塞时,供血功能由扩大的侧支循环来进行代偿;因病被摘除一个肾脏的人剩下的肾脏会明显增大,以弥补排泄功能的不足。在太空中,平衡囊虽然长得更大,但由于没有重力而无用武之地。于是,蜗牛既分不出上下,也难以在水族箱壁上攀爬了。

地球上生命始终是在看不见的重力环境下生长发育的,所有的生理、行为都无法摆脱重力的影响。生命通过演化去适应各种环境因素,例如温度、光照、湿度等因素,当然也包括重力。如果某种生物在演化过程中无法适应地球的重力环境,那么这种生物必然会被淘汰。2015年,日本的一个研究团队发现,YAP基因突变的日本青鳉在胚胎发育过程里,在发育至25—28天的时候,鱼的胚胎不像正常胚胎那样具有明显的立体感,胚胎厚度很薄,不是躺平,而是摊平在鱼卵当中。他们推测,YAP的突变可能造成青鳉发育过程中不能形成具有足够强度的器官和身体,难以抵御重力,这也就如同我们前面所说,重力其实也是一个进化的选择因子。

古怪生物的高超本领

地球上的很多生物都有独特之处,在人类不借助工具的情况下,很多动物的本领都为人类所不及。论力气,我们人类比不过大象;论奔跑,我们比不上猎豹;论游泳,我们比不过鱼类;我们也无法像鸟儿一样飞翔。但是,人类可以用高度的智慧及社会组织性来弥补个体能力的不足,成为万物之灵。我们制造出了起重机,力量超过大象;我们发明了汽车、高铁,比猎豹跑得更快;我们制造出船舰,让我们可以游弋大海;我们没有翅膀,但制造出了飞机、飞船,比鸟儿飞得更高、更远。

三人行,必有我师焉。同样,很多生物也可以作为人类的老师,为我们苦苦探索而不得其解的问题提供启发和思路。为了实现人类走向太空的梦想,我们也要学习各种生物的独特本领,来应对极其严酷的空间环境。

极端环境的忍者——水熊虫

在科幻小说《三体》里,三体人生活在三体星上,他们的天空中有三颗太阳,太阳运行很不规则,导致三体星的气候变化非常混乱,时而极热,时而极寒,转变突如其来。为了适应,三体人在极端环境下能够快速脱水,使自己变成一具干尸,但并没有死亡。在气候适宜的时候,只要有水浸泡,三体人就能够复活。在现实世界里,真有三体人这样具有强悍生命力的生物吗?

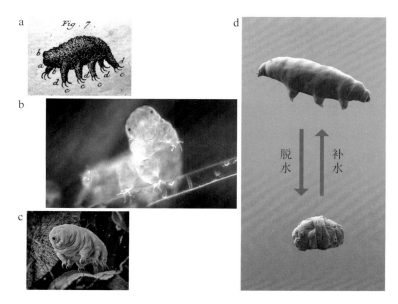

图3-17　水熊虫。a. 格策画的水熊虫；b. 一只真实水熊虫的照片；c. 水熊虫游泳的示意图；d. 在有水和干旱时候的水熊虫

　　300年前，荷兰人列文虎克（Antonie Philips van Leeuwenhoek）从水沟里取了些水样，滴在玻璃片上，没多久这滴水就干涸了，只剩下一片渍痕。到了秋天，他把这个玻璃片取出来，往上面又滴了些干净的水，拿到显微镜下观察，他这样记述道：我原本以为干了那么久，上面应该没有任何活的生物了……但是我错了。加水半小时后，我在显微镜下看见几百个微小的动物，有的坐在玻璃片上，有的在行走，有的在游泳。列文虎克的发现说明，很多低等的生物具有顽强的生命力。

　　18世纪时的德国牧师格策（J. A. E. Goeze）喜欢摆弄显微镜，透过镜头观察水中的微观世界。1773年，格策在显微镜下的水滴里看到了一种长着8只脚的微小生物，慢悠悠地爬动或游泳，像懒洋洋的熊。格策把这种生物称为水熊虫（little water bear）。

　　水熊虫也叫水熊，是缓步动物门生物的俗称，这类动物至少5亿年前就已经出现在地球上。水熊虫有8只脚，体形细小，长0.05—1.4毫米，也就是说当它们长大后,我们用肉眼就可以看见。它们生活在水中,以植物、藻类、细菌和比它们更小的动物为食。水熊虫足迹几乎遍布全球,地球上有水的地方几乎都有它们的踪迹,包括海洋、湖泊、河流,以及覆盖在苔藓、地衣表面的水膜。在地球上很多人迹罕至的地方,也都有水熊虫分布,包括平均海拔6000米以上的喜马拉雅山、4700米以下的海底。

水熊虫并非都是透明的,人家其实多姿多彩,有着不同的颜色,这取决于它们摄入的类胡萝卜素的多少。类胡萝卜素是水熊虫主要的食物来源。这一点与火烈鸟有点类似,火烈鸟的粉红羽色是由它们所吃的藻类色素在体内富集而产生的,而非自己的本色。此外,与螃蟹、虾等甲壳类生物类似,水熊虫在一生当中要经历多次蜕皮才能长大。

水熊虫有三种生存方式:在生活条件较好,吃喝不愁时,它们就开启活跃模式,尽情地进食、生长和繁育后代;如果环境恶化、缺少氧气,它们就会开启厌氧模式,在这种模式下,它们的身体会膨胀,四处漂浮,但它们并没有死亡,只要环境好转就会苏醒,重新焕发生命活力。

尽管水熊虫通常生活在水里,但并非不能离开水。当环境变得极其干燥时,水熊虫还会开启第三种生存模式:隐生模式。在这种模式下,水熊虫体内水分会大量流失,"手脚"缩回体内,形成干瘪的一团,就像我们家里蓬松的被子抽真空后缩成一个硬块那样。在休眠状态时,水熊虫的新陈代谢也停摆了。

水熊虫最多可以失去体内97%的水,而脆弱的人类缺水超过7%就会死亡。熊可以冬眠,以度过寒冷且食物匮乏的冬季,水熊虫名字里有熊,但论起冬眠或休眠的本领,与水熊虫相比,熊就小巫见大巫了,这也是三体人想具备水熊虫适应逆境的超强能力的原因。

水熊虫是一种本领超凡的嗜极生物。1983年在南极昭和站里,日本科学家曾经将一批水熊虫进行了冷冻,2014年又把它们解冻了,结果这些水熊虫"满血复活"。德国弗赖堡大学的科学家曾把水熊虫分别放在150℃和零下200℃（接近绝对温度）的环境中，然后回到常温下并给予水分，它们竟然也能够奇迹般地复活。总之，水熊虫号称"地表最强生物"绝非浪得虚名，不管是150℃的高温、零下200℃的低温，还是近万米深的马里亚纳海沟、5700戈瑞强度的超强辐射等极端环境，它都能存活下来。甚至600兆帕的压力——地球上最深的马里亚纳海沟水压的6倍——也压不扁它。

空间里的辐射使得在空间环境里生命无法生存。但是水熊虫似乎也能忍受很高强度的辐射，一副"我命由我不由天"的气概。2007年9月，欧洲空间局FOTON-M3任务利用Biospan-6平台开展了一项研究，在258—281千米高的低轨道空间的10天时间里，把脱水的成年水熊虫暴露在空间的真空环境下，结果水熊虫仍然能够存活，并且返回地面后存活率也没有明显降低。还有一些水熊虫甚至暴露在空间的太阳辐射下仍然能够活下来。

水熊虫的基因组编码很多内在无序蛋白，具有抵御高温的作用。有的蛋白质具有稳定的结构，打个比方，一张较硬的纸可以折成一架飞机或一只动物；无序蛋白则相当于一张柔软的纸，自身无法形成固定的形状。当然，无序蛋白并非我们想的那样结构毫无章法可言，尽管它们自己不能形成稳定结构，但是可以结合其他蛋白，帮助它们形成有功能的结构，并发挥功能。这些无序蛋白是如何帮助水熊虫适应极端环境的？这个问题还有待学者继续探索。

2019年，以色列的"创世记号"（Beresheet）月球探测器飞向月球，在距离月球地面不到10千米的高空，主引擎突然失灵并造成探测器坠毁。这个探测器上携带了大约1000只水熊虫，因此散落在月球上。在飞往月球之前，这些水熊虫已经被事先做过脱水处理，进入了休眠状态，代谢活动也都暂停了。这些因事故逃逸的水熊虫引起了很多科学家的兴趣，他们非常想知道这些水熊虫能否在月球表面存活下来，开创月球的"水熊虫世纪"。要揭晓这个问题的答案,只能等到人类重返月球的时候了。不过,以后还是尽量不要朝月球或其他星球上乱丢地球生物,这倒不是因为会砸到花花草草,而是可能会破坏那里的原生态。

DNA拼图游戏的王者——耐辐射奇球菌

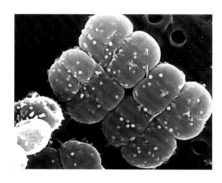

图3-18 耐辐射奇球菌

辐射灭菌是食品加工业常用的一种杀灭微生物的方法。不过,在20世纪50年代,罐头加工厂的工人发现,总有一些罐头在经过高强度的辐射处理后仍然会变质,也就是说里面还有细菌没有被杀死,高强度的辐射也奈何不了这些细菌。

1956年,美国科学家安德森(Arthur Anderson)和他的同事从经过4000戈瑞电离辐射灭菌后仍然变质的肉类罐头里分离出一种细菌,由于这种细菌具有超强的抗辐射能力,所以他们称之为耐辐射奇球菌(*Deinococcus radiodurans*),这个名字的含义是"抵御辐射的怪浆果",抵御辐射是指这种细菌的超强能力,怪浆果是指它的形态。耐辐射奇球菌分裂后仍然会黏在一起,以4个或8个细菌聚集的方式生活,看起来像浆果,其中4个细菌聚在一起最为常见。这种细菌在培养皿上培养时,呈现出粉红到橙红的颜色。

迄今为止,辐射奇球菌抵御极端环境的能力在已知的微生物里是最强的,它可以抵御极度的脱水、寒冷、真空、强酸、营养缺乏等严苛环境,对紫外线、电离辐射、强氧化剂有着惊人的抗性。5戈瑞的辐射剂量可以杀死一个人,数百戈瑞的辐射剂量可以杀死大肠杆菌,大约4000戈瑞的辐射剂量可以杀死缓步虫,但是要想杀死辐射奇球菌,这些辐射剂量还是不够,还得继续加大辐射火力,这种细菌扛得住5000戈瑞的辐射剂量。由于其超强的耐受辐射能力,这种细菌被"吉尼斯世界纪录"收录,被誉为"世界上最顽强的细菌"。

　　日本的一个研究团队曾经将耐辐射奇球菌送上太空,培养这种细菌的三块细菌板被固定在日本太空实验舱的机械臂上,暴露在宇宙线的辐射里。每过一年,把机械臂上的细菌板卸下一块,拿进舱内带回地球进行分析。连续三年的观测结果显示,耐辐射奇球菌结成的团块厚度越大,它们耐受辐射的能力就越强。如果细菌的结团的厚度超过500微米,那么它们的存活率与在地面时无异。根据细菌厚度和存活时长的关系推断,厚度大于500微米的耐辐射奇球菌团块能够在实验舱外存活15—45年;厚度超过1毫米的耐辐射奇球菌团块即使漂浮在太空中,也能够存活8年。

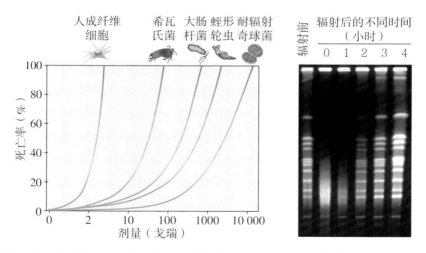

图3-19　耐辐射奇球菌惊人的耐辐射能力。左图:各物种耐辐射能力;右图:耐辐射奇球菌基因组DNA酶切后电泳结果,显示其DNA在暴露于辐射后很快被修复。辐射前基因组DNA完整,可以被内切酶切割成不同的片段,条带清晰分明。在经过辐射后,基因组DNA碎成片段,所以跑电泳后不再显示出明显的条带,但是细菌很快开始着手修复自己的DNA,2个小时后基因组DNA已经基本修复,电泳又显示出明显的条带,4小时后基因组DNA已经修复如初

为什么耐辐射奇球菌形成的菌团能够在太空的严苛环境下存活？
一方面是因为位于菌团外层的细菌具有保护作用，即使外层细胞死完
了，它们的"躯壳"仍然能保护内部的细菌，减少辐射对内部细菌的
DNA造成的损伤。因此，在越大的菌团里耐辐射奇球菌存活的时间
越长。另一方面，耐辐射奇球菌具有超强的DNA修复能力。每个耐
辐射奇球菌拥有至少4个拷贝的基因组，甚至多达10个拷贝。这也是
其耐受辐射的重要原因之一。不少低等的生物具有很强的再生能力，
但这种再生是指组织或器官水平的。生命在更微观的尺度上的调控
更为重要，例如细胞里的DNA在辐射的环境里，会发生断裂或突变。
如果辐射剂量处于较低范围内，很多生物是可以进行修复的；如果辐
射剂量过大，或者暴露于辐射的时间过长，则难以修复，生物将走向
死亡。

要想把一张撕碎的地图拼完整是一件非常困难的事，但是，如果我
给你另外一张完全相同的完整地图作为参考，拼那份地图碎片就会容
易很多——实际上我们在拼图或者搭积木时经常会偷懒，参照图纸去
拼。辐射奇球菌的细胞里有很多拷贝的基因组，当暴露于辐射环境下，
这些基因组会在不同的部位发生断裂，然后细菌开始修复这些断裂的
DNA，当然不能胡乱拼接，不然就把原来的基因顺序打乱了，基因无法
正常表达，细菌就会领盒饭。和上面所说的拼地图类似，由于每个细菌
都有多个基因组，并且断裂部位不同，所以在修复某个断裂部位时，可
以参照没有断裂的其他基因组信息进行拼接。

但是，地球上并没有那么强的辐射环境，水熊虫和耐辐射奇球菌为
什么要保持这种根本用不着的"屠龙"本领呢？关于这个问题，目前普
遍为人接受的假设是"干燥抗性与辐射抗性的协同进化说"，这个假设
认为，干燥胁迫与辐射胁迫对细胞的影响和效应是相似的，水熊虫和耐
辐射奇球菌演化出了应对干燥环境的强悍能力，而这种能力同时刚好

也可以应对辐射。在电影《新少林寺》里,成龙扮演少林寺里的一个伙夫僧人,天天烧饭。但通过烧饭,他的气力和反应速度都得到了锻炼。当敌人来犯时,他发现自己通过烧饭学到的本领竟然可以杀敌护寺。这似乎与耐辐射奇球菌有异曲同工之处。

　　科幻电影《地心引力》的开头有一句话"Life in space is impossible",意思是生命无法在太空里生存。这句话当然指的是地球生命包括人类在不依靠航天服、空间站的情况下,无法面对太空里的严酷环境,但是这句话放在水熊虫、耐辐射奇球菌等极端生物身上,可能就不那么准确了。

在太空里孕育生命

地球的引力或者说重力是一个相对恒定的环境因子，自从地球上出现生命以来，所有生命的演化也必须适应这个重要的环境因素。生物的发育、行为都直接或间接地受到重力的影响，也演化出适应重力的特性。例如，在陆地上生活的动物具有坚硬强韧的骨骼，有助于它们承受因重力产生的身体重量，进行各种复杂的活动；鸟类的骨骼则中空且充满空气，这样有利于减轻它们的体重，助力飞行。

从1961年加加林首次飞天开始，截至2022年，已经有超过600人进入过太空。在迄今所有的载人航天任务里，除了阿波罗计划的24位航天员绕月飞行或登陆月球外，其他航天员都是在1000千米以下的低轨道绕地球飞行。我们可以想象，由于缺少重力、支撑和把握点，太空中人类很多行为，行走、运动、饮食、洗澡和如厕等，都不如在地面上有重力的状态下轻松自如（除了举起重物外），生殖行为也是如此。

科幻小说《月球城市》提到，在月球表面重力仅有地球表面重力的1/6的环境下，性行为也会出现很大的不同，人们需要重新发现和认知这个问题。法国作家艾什诺兹的小说《我们仨》里，写到一对男女航天员在空间站里释放激情，并被忘记关掉的摄像机录了下来。这只是小说里的故事，根据官方消息，人类至今在太空里没有发生过性关系，因此也就不存在受孕和生殖等事情。

但是,未来人类在太空的时间会越来越长,还会移居其他星球,那么在这些地方生育、繁衍后代是迟早的事,因此对太空里的生育问题开展研究也是迟早的事情。那么,如果人类将来定居月球或火星,或者冒险去往更遥远的宇宙旅行,人类是否有能力繁衍后代呢?虽然人类在太空的生殖实验还没有开始,但是对动物生殖的研究早已开展,这些研究对于理解未来人类在太空的生育和繁衍问题可以提供重要的线索和参考。

在美国东部,舞毒蛾幼虫是阔叶树的可怕天敌。1994年,一批舞毒蛾卵搭乘"奋进号"航天飞机进入太空。此次太空之旅缩短了它们的发育周期,同时令它们丧失生育能力。德国的研究结果和塔什(Tasń)等人在1997年的研究都发现,海胆或牛的精子在微重力环境中游动的速度实际上比在地球上快。但在一个实验中塔什发现,向海胆精子添加卵细胞分泌的肽类分子(具有触发精子获能的功能)时,获能过程的发生要慢得多。这些用不同动物开展的研究工作表明,空间环境对于地球生物的生殖可能存在显著的不利影响。

身材娇小的透明青鳉格基(Genki)、科斯莫(Cosmo)、米基(Miki)和尤莫(Yume)是第一批成功在太空交配的脊椎动物。1994年7月,这些小家伙搭乘"哥伦比亚号"航天飞机进入太空,最后成功孕育出几十条健康的小宝宝。研究人员希望他们的实验能够帮助在未来的人类太空前哨建造养鱼场。

我国在这方面的研究也不甘落后。在"神舟七号"任务中,贡氏红圆尾鳉被送上太空,科学家们对其进行了孵化率、仔鱼畸形率、鱼苗存活率、生长速度等方面的分析。贡氏红圆尾鳉的卵与多数鱼的很不相同,多数鱼的卵透明、软嫩,贡氏红圆尾鳉的卵则非常坚韧,而且很耐干旱,这是它们对非洲大陆炎热干旱环境的适应。

1992年,"奋进号"航天飞机携带了4只雌性南美爪蛙进入空间轨道，在这次旅程中航天员也携带了蛙的精子。进入太空后的第2天，航天员给4只雌蛙注射了激素以促使它们排卵，其中2只雌蛙产卵后，航天员将这些蛙卵浸在水中，并注入精子，让卵受精。然后，这些受精卵被分为两组，在不同条件下孵化：一组处于空间站的微重力条件下孵化；另一组放在航天飞机上携带的离心机里孵化，离心机用来模拟地球表面的正常重力条件。这次实验的目的是研究在微重力条件下脊椎动物受孕和胚胎发育是否可以正常进行。实验结果显示，这些受精卵在天上可以正常发育，与地面蛙卵的发育没有明显差别，只是在天上出生的蝌蚪在开始时肺比较小，不过，等发育到需要用肺而不再是用鳃呼吸时，它们肺的大小就与正常蝌蚪差不多了。

1959年7月2日，苏联科学家将已经怀孕的兔子小玛莎送入太空，此后它顺利产下了幼崽。但是，这次太空飞行时间很短，即暴露在空间环境下的时间很短，对兔子的生育影响不大，所以不能由此得出空间环境对于生育没有影响的结论。

微重力并不是影响太空生育的唯一因素。在地球附近，存在着由大量带电粒子聚集而成的辐射层，在这个辐射层以外，辐射暴露可能会对生物造成严重的损害。2017年5月20日的《生殖》(Reproduction)杂志发表了一项研究，指出在太空中发现的带电粒子会对雌鼠的卵巢造成损害。"我们的研究发现，暴露在带电的氧粒子或铁粒子中时，有限的卵泡储备被耗尽，而这些粒子都是宇宙线的组成部分。"该研究的通讯作者，加州大学欧文分校的医学、发育和细胞生物学以及公共卫生学教授卢德勒(Ulrike Luderer)写道，"这种损害是不可逆转的，会导致卵巢早衰以及绝经提前。"

卢德勒还表示，人类和动物研究提供的证据表明，暴露在 γ 射线和带电铁粒子下精子的活力会降低。此外，即使在太空中成功受精，怀孕和分娩也会面临问题。美国贝勒医学院太空医学中心的伦哈特

（Kris Lehnhardt）表示，目前还不清楚胚胎在太空环境中的发育情况，也不知道是否能够自然分娩。

2018年4月，SpaceX公司进行了一次发射任务，向国际空间站提供补给。这次装载的2631千克的货物中，包括了从太空的有利位置研究雷暴的设备，以及在轨道上种植蔬菜所需的器材。与这些物品一起旅行的，还有一些不同寻常的东西：一个装有冷冻精子样本的容器，其中装有美国加利福尼亚州一家精子库提供的12名匿名捐赠者的精子以及6头育种公牛的精子样本。携带这些精子样本是为了进行名为"Micro-11实验"的太空任务中的一项研究。进入轨道后，航天员先将精子解冻并添加了一些化学物质，以刺激精子的运动。然后，他们将精子放在显微镜下，拍摄精子游动的视频。

地磁场对于地球生物的正常发育也是必需的。还有人研究了磁场对昆虫发育和生殖的影响，稻飞虱在零磁场里饲养一个月后体重会降低，雌虫的生育率也会下降。这些虫子的死亡率也会显著高于在地磁场条件下饲养的虫子。我们在磁场一节提到过，在亚磁场环境里，鱼的发育会出现各种各样的异常。对于非洲爪蟾来说，胚胎在亚磁场下暴露2小时就会引起细胞有丝分裂出现问题，导致发育出现畸形。小鼠的胚胎在发育早期，如果暴露在零磁场会导致胚胎细胞分裂时细胞骨架排列出现异常，母鼠流产率增加。

用动物来研究在空间环境下的生殖与发育的一个重要目的，是为研究人类未来在太空里生殖和发育积累资料、提供线索。那么，是否有对于航天员的一些初步研究呢？其实也是有的。根据对已有的数据进行整理和分析发现，女航天员通常会推迟生育，她们一般会选择在完成重要的在轨任务后再生儿育女。女航天员首次上天执行空间任务的平均年龄为38岁，因此平均来看，她们生育一般是在38岁以后，多数在40岁左右。由于年龄较大，她们一般会接受辅助生殖技术，而她们的婴儿出生情况与其他婴儿没有明显的差异。从空间回来后,女航天员出现意外流产的平均年龄为41岁。但是,由于女航天员人数比较少,对于这些数据还难以得出准确的结论。要获得更为客观的评估,还需要积累更多的研究资料和数据。

美国亚利桑那大学的英庞(Chris Impey)认为,当我们前往其他星球,移民的数量要达到5000名以上才能够维持群体长期的稳定生存与繁衍。在未来登陆、移居火星后,最早在火星上居住的人们可能来自不同的文化背景、不同的宗教背景,因此设计出能够被所有人都接受的生育政策将会非常困难。

第四篇

人在太空

我上次飞往空间站，在那里待了159天。在这段时间里，我骨质流失，肌肉萎缩，血液在身体里的分布改变了，这令我心脏变薄了一些。更麻烦的是，像其他很多航天员一样，我的视觉也出现了问题。我在天上受到的辐射量是地面上的30倍还要多，相当于每天做30次X光胸部检查。

——斯科特·凯利，

《我在太空的一年》(*Endurance*)

不能承受的生命之轻

国际巨星迈克尔·杰克逊（Michael Jackson）是独领风骚的一代歌舞之王，影响力久盛不衰。杰克逊年轻时正好赶上美国航天事业蓬勃发展，和同时代的其他人一样，航天对他的影响也很大，甚至在他的音乐和舞蹈作品里也有体现。

杰克逊对创作和表演失重状态下的舞蹈非常热衷。他首创了太空步舞蹈，也被称为月球漫步（moonwalk），包括后滑、侧滑、原地滑、旋转滑等几种舞步。其中后滑步最为魔幻，明明在前行却给人看起来像在向后退，非常奇妙。杰克逊还曾经在舞台上摆出反重力前倾的标志性造型，身体向前倾斜约45°却不会跌倒。这种反重力前倾的姿势看起来很神奇，奥秘在于杰克逊的鞋底上有个卡口，可以钩住舞台上一个突出的钉子帽，使他在

图4-1　迈克尔·杰克逊的反重力前倾

身体倾斜时不会倒下,而非真正摆脱了重力的束缚。他的这一创意还申请了专利,并获得了批准。

能够体验不受重力束缚的感觉,是很多人的梦想。但是,如果真的没有了重力,我们会如想象的那样快乐吗?

异乎寻常的日常生活

苏联航天员帕达尔卡(Gennady Padalka)曾经在1998—2015年参加"联盟号""和平号"以及国际空间站的5次空间任务,在轨时间累计达879天,超过两年半,创下了纪录。未来,这个纪录必然会被不停地打破。去太空遨游不再是遥不可及的事,人类在太空停留的时间也会越来越长,甚至在太空或其他星球上长期居住。

现在,假如你有机会造访空间站,在这里生活和工作一段时间,我们来看看你将如何在太空里度过每天的生活,包括吃喝拉撒、工作和休息。

呼吸

呼吸对我们来说再正常不过,正常到我们甚至不会留意到。吸气和呼气这两个相反的过程由肌肉调节,基本不受重力影响。在地球上时,呼出的气含有较多二氧化碳,密度较周围空气低,温度也比周围空气高,所以会上升,然后周围富含氧气、温度低、密度高的空气,会补充过来。但是,在微重力下,空气不再对流,我们呼出的含有较多二氧化碳的气体包绕在我们周围,新鲜的空气很难流过来,所以我们连呼吸也会困难。但是,这个问题也很容易解决,只要启动空调或通风设备,就可以让空气流动起来。

穿着

航天员在舱内时,可以随意穿着,就和他们在地球上的家里那样。但是,如果要出舱执行任务,就要穿上技术含量很高但也很笨重的舱外航天服(我国研制的舱外航天服重达120千克),它让航天员可以在低温（处于阴影里）或高温（暴露于太阳照射下）、辐射和真空环境里生存、工作。这种航天服带有氧气管，衣服里装有无线电，用来和其他航天员或者地面指挥人员通信。此外，在航天器发射和返回阶段，航天员要穿上舱内航天服。有人开过这样的玩笑——航天员穿了舱外航天服，如果觉得自己身上痒想挠怎么办？

在正常重力条件下，由于热空气上升、冷空气下降的对流现象，蜡烛燃烧时火焰会向上扬，并且氧气消耗后就会有新的氧气补充进来，蜡烛可以充分燃烧，火焰明亮。在微重力条件下，对流现象消失，火焰不会上扬而是呈现出圆球形，被火焰加热的空气无法对流，包裹在火焰周围，使得周围的氧气不能流动进来，只能通过气体分子的随机运动得以少量补充，因此燃烧不充分，火焰呈暗蓝色。在飞船或空间站里，环境空气难以对流，身体散发出的热量无法通过对流而带走，只能通过辐射散发掉少量热量，这样会导致体温升高、身体散热能力减弱。这并非衣着能解决的，需要靠通风系统，通过风机促使空气产生对流。

图4-2　蜡烛在正常重力下（左）和在微重力下（右）燃烧（图片来自NASA）

吃饭

人是铁,饭是钢,航天员都是英雄汉,但是他们也得干饭。为了防止食物在微重力下四处飘散,航天员的很多食物都是流质的,装在盒子里,通过吸管吸食。在微重力下,完成食物的吞咽动作并不困难,因为吞咽不是靠重力而是靠食管周围的肌肉收缩把食物推送到胃。在天上,我们不能再用勺子来吃固体食物(例如花生或小饼干),因为在微重力下食物不会老实地待在勺子里,一点点的震动或者空气的拂动都会让食物飘起来。

在科幻小说《从地球到月球》(*De Ia Terre à Ia Lune*)里,飞向月球的探险家认为,只要能到达月球,食物应该不是问题。这当然是错误的,因为月球上没有生命,更没有食物,航天员绕地球飞行或者前往月球,都需要从地面携带食品。由于空间资源有限,不能像在地球上时随意配备各种食品。

为了保障航天员的健康,对于航天食品的要求很高,需要保证营养丰富且均衡,食材最好是固态、无骨、小块,不能有残渣,不能留下太多难以处理的餐余垃圾。航天食品还必须有很长的保质期,为此不得不牺牲口感,味道会打折扣。因此,保证口感好是航天食品面对的一个很大挑战。国际上早期的航天食品都是灌在金属管或塑料管里,吃饭时像挤牙膏一样挤出来,这会令很多人食欲大减。

说到饮食,中国航天员的待遇应该是最好的,中国空间站菜品丰富、美味诱人,早餐有藜麦桂花粥、酱萝卜、椰蓉面包、卤鹌鹑蛋等,午餐有鱼香肉丝、宫保鸡丁、红烩猪排、什锦炒饭、莶菜牛肉汤、椒土豆等,晚餐有辣味金枪鱼、香菇肉末、酱香油麦菜、奶香鸡米等,此外,还有一些饮料、零食,如桃汁、香卤鸡胗、巧克力、什锦罐头、曲奇饼干等。

卫生与清洁

在天上,刷牙也会变成一件麻烦事。我们平时刷牙都是先含口水在嘴里,这在天上也很容易做到,从盛水的袋子里通过吸管就可以把水吸到嘴里,而不像在地面上那样从水杯里喝水,因为如果把水盛在水杯里,水会形成一个水球在空中漂浮,不会老实地待在杯子里。我们刷完牙以后要吐掉嘴里的水和泡沫,这种事在地球上很简单,只要张嘴把泡沫和水吐在水槽里就完事了。但是,在天上却不能这么做,因为吐出的泡沫和水由于没有重力的束缚,会在空中四处飘荡,粘在身上、墙壁上,甚至落在电器上造成短路。所以在天上刷完牙后只能吐到一个纸袋子里,有点像飞机上的清洁袋,不过空间站的纸袋子里衬有吸水材料,否则由于没有重力,水和泡沫还是会漂浮起来,在空间站里四处游荡。

为了保持身体的清洁,我们需要经常洗澡,那么航天员在天上如何洗澡?空间站里是没有浴缸的,通常只能用海绵蘸水或者用湿毛巾来洗,用不产生泡沫的无水淋浴液。一通折腾下来,虽然算是洗澡了,但是和地球上相比,好像又没洗。

在空间站里上厕所也有诸多不便。在如厕时如果不按要求操作,可能会出糗。当你蹲坐在马桶上时,必须用绑带把自己固定在马桶上,否则不小心正在酣畅淋漓地释放时人飞起来就麻烦了。在科幻小说《2001:太空漫游》(*2001: A Space Odyssey*)里,厕所是可以旋转的,以产生离心力,便于使用。

航天员排出的秽物会被真空抽走,类似飞机上的马桶,不过飞机上是完事了再抽,在天上则需要在如厕过程中一直抽,否则排泄物就会"天女散花"了。航天员如厕后,排出的便便会被抽干,水分将被循环利用,粪便里的固体残渣被封装到塑料袋里,等货运飞船来时带回地面销毁。

睡眠

忙碌的一天终于结束,到了美美睡上一觉的时候了。在空间站里睡眠时,不需要考虑头朝上还是头朝下,因为没有了重力,朝哪个方向睡都可以。我们现在流行说"躺平"一词,需要注意的是,躺卧只在有重力的时候才存在,对航天员来说,则不存在专门的躺卧。布伦纳

（Bernd Brunner）在《躺平》（*Die Kunst des Liegens*）一书中说："这是个悖论：航天员处于水平状态，但不算躺卧。"

航天员最好的选择是钻进睡袋里睡觉，这样就不会在空中飘来飘去，不过这样睡每次醒来都发现自己在不同的地方，还可能会撞到设备。如果不喜欢在睡袋里睡觉，也要把自己的身体用绑带固定住，如同我们坐车时系上安全带。在空间，除了微重力因素外，影响睡眠的因素很多，情绪兴奋以及前庭功能障碍造成的空间运动病也会影响睡眠，导致睡眠结构改变。航天员入睡后，也会做梦，甚至有时会做噩梦。还有一些航天员睡眠时会打鼾，而打鼾对维持睡眠质量来说是不利的。

休息与放松

为了缓解巨大压力，航天员也会有一些独特的休息或放松方式。在国际空间站里，有的航天员会摆弄乐器，有的用水果表演杂技，有的在太空里踢足球，还有的在工作之余会迷恋上摄影，透过舷窗记录太空和地球的魅力影像。

有这么一则趣事，加加林在执行人类第一次上天任务前，坐车来到发射塔下，突然下车走到车后，通过航天服里的一根管子，对着大巴车的右后轮尿了一泡。这本是加加林在面对巨大压力时的放松行为，没想到的是，这个举动后来成为苏联和俄罗斯每次发射前的一个仪式，航天员出征前都要对着右后轮滋上一泡。其他国家的航天员来到苏联或俄罗斯参加发射任务前入乡随俗，也会这样做。女航天员则会带个瓶子，里面装上自己的尿或干脆装上水，洒到大巴车的右后轮上——仪式感还是要有的。

航天员可以和家人进行一周一次的通话，不过通话质量可能不是很好。据美国航天员斯科特·凯利反映，他与家人的天地通话没有一次不被电流声等打扰，这让他更怀念在地面时与家人在一起的时光。

经过一段时间，航天员好不容易适应了空间环境，但是他们结束任务返回地面后，又不得不重新面对和适应地球的环境。在尚未适应地球环境前，航天员的一些举动和行为方式看起来很傻。美国航天员马什伯恩（Tom Marshburn）在结束太空任务返回地球后不久，在一次访谈节目里，他拿起水杯并在空中松开手掌，然后转过头去做其他事。几秒钟后他又转过头来找水杯，却找不

图4-3　航天员马什伯恩摔了个杯子

到水杯了——当然，水杯掉落在地了。在空间站里时，马什伯恩和其他航天员一样，适应了微重力环境里的生活，经常把物品随便放在空中，然后再伸手来取。回到地面后的一段时间里，他还没有适应有重力的生活，才会发生访谈节目里这样类似"刻舟求剑"的糗事。

在太空里长个子

我们在电视上观看空间站女航天员的视频时会发现，如果她们没有束发，头发会显得非常蓬松，仿佛带了静电。这里的主要原因就是缺少重力。缺少重力不仅会改变发型，还会使得航天员日常生活里的很多事情变得困难重重，甚至想测量一下体重（其实是身体总质量）都不再容易。在地面上时，我们只要站上体重秤，数字就自动跳出来，告诉我们一个令我们或者满意或者不满意的数字。在天上，由于没有了重力，根本无法用普通的秤来测量质量。

在科幻小说《2001：太空漫游》里，作者克拉克（Arthur Charles Clarke）这样描述人在月球上的状况："一个在地球上有180磅（约为81.6千克）的人，会很高兴地发现在月球上他只有30磅（约13.6千克）。如果他一直以等速沿直线前进，会有一种就要漂浮起来的美妙无比的感觉。不过，一旦他想改变路线，或者转弯，或者突然打住，那就会发现他180磅的质量（或者说惯性）一磅不少地存在那里。"既然普通的秤无法称重，如果要了解航天员体重的变化，就必须用特殊的设备。我们知道，受到同样大小的力的作用，质量越大的物体获得的加速度越小，质量越小的物体获得的加速度越大，可以根据这个原理来测量物体的质量。在空间站里测量体重时，航天员站在一个设备上，被来回推动，根据推力使航天员获得的加速度来推测他们的体重。

除了体重，微重力还会影响身高。人体的脊柱由脊椎骨和椎间盘组成，其中椎间盘约占脊柱高度的1/5。人在成年之后，脊椎骨的大小和形状不会再发生明显变化，但椎间盘高度会受到重力和年龄等因素的影响。人体正常椎间盘由果冻状物质构成，其生物化学成分主要有大分子的蛋白多糖、胶原等。当我们在地球上时，脊柱承担人体躯干和头部的重量，长时间的重量负荷将椎间盘中的水分挤压进入椎骨，水分丢失使椎间盘变扁，椎间盘高度下降。到夜晚卧床休息时，椎间盘承受的重量负荷解除，其内的大分子蛋白多糖吸纳水分，致使椎间盘膨胀，高度增加，因此当早晨起床时，身高会有所增加。如果我们在早晨测量身高，会比晚上多出1厘米左右。可是白天起床后不久，这1厘米又会被体重压缩回去。年老后，椎间盘内的生物成分衰退，吸纳水分的能力降低，导致椎间盘体积较年轻时缩小，椎间盘高度降低，因此老年人的身高较年轻时变矮。

长期处于微重力环境下，航天员脊柱承担的重量负荷消失，椎间盘受到的重力负荷几乎为零，会发生膨胀。由于受到四周纤维环的限制，椎间盘难以横向膨胀，主要出现的是纵向膨胀，导致椎间盘的厚度增加，进而增加了身体高度。此外，由于微重力下身体不再负重，航天员脊柱的曲度会明显减小，也就是我们常说的"站得更直了"，这也会使得身高增加。综合这两个方面的因素，在空间微重力条件下，人的身高可以增加原来身高的3%左右。也就是说，如果在地面上一个人身高170厘米，那么到了天上，一段时间后，他就能够"长高"到175厘米，是不是很爽？

西班牙画家毕加索（Pablo Picasso）很早就功成名就，一生衣食无忧。但是他也有不如意的地方，他对自己1.65米的身高就很介意，非常希望能够再长高5厘米。毕加索如果知道这个好消息，他肯定会花钱去太空游的。按他在地球的身高计算，在天上他的身高可以增加4.95厘米，非常接近他的理想。不过会令他失望的是，他回到地面后，很快会恢复到原来的身高，顺带还会再来点骨质疏松。此外，长期处于微重力下，也会导致椎间盘突出。国际空间站执行任务的人员发生椎间盘突出的比例比地球居民高出4倍，他们中超过一半人存在脊柱疼痛。

身体里的"洪水"

一个成年人平均的血量为4—5升，在空间的微重力环境下，人体大约有1.9升的血液会涌向头、胸部，如同洪水来临，因此也被称为洪水效应。洪水效应最直接的就是出现面部浮肿而腿部变细等外观上的变化，同时会有头胀和鼻塞的感觉。所以我们会在电视里看到，航天员进入空间站一段时间后都变胖了、脸也圆乎了，这种面部肿胀常被称为月亮脸（moon face）。不过，这种身体血液由于失重而改变在体内的分布的状况是可逆的，在返回地面90分钟内，血液会重新分布到身体下部。

图4-4　马格利特（René Magritte）的作品《生命的艺术》。画面上是一个人的半身像,头很大,膨胀如球,悬浮在空中,可谓艺术化的"月亮脸"

　　除了分布改变外,在进入微重力状态后,人体内血液的总量也会减少,总血量在2—3天内就会减少17%左右。航天员不仅脸会变成月亮脸,心脏也会变得接近圆球形,这是因为心血管系统受到了微重力和血液分布变化的影响。

　　对执行短期空间任务的航天员来说,心血管的结构与机能不会发生很明显的变化,回到地面后即可恢复。但是,长期在轨对人心血管的影响会很明显,除了出现与短期类似的变化外,由于心脏不再需要高负荷泵出和泵入血液,心肌会出现萎缩,心壁会变薄。需要指出的是,"短期"与"长期"并没有明确的界限,一般认为,短于1个月为短期在轨任务,长于1个月为长期在轨任务。迄今为止,在1000多次人类在轨飞行任务里,大约80%是短于1个月的短期任务,约20%为超过1个月的长期任务。在我国的历次载人航天任务里,"神舟五号""神舟六号""神舟七号""神舟九号""神舟十号"在轨时间都不超过1个月,都是短期任务;而"神舟十一号"在轨飞行了33天,"神舟十二号"在轨飞行3个月,"神舟十三号"至"神舟十六号"在轨长达半年,都是长期任务。

除了人类,其他生物在太空中也会有"心血管问题",比如果蝇。果蝇虽然很小,但也"五脏俱全",是一种重要的模式生物。果蝇的心脏比较长,从头部一直延伸到尾部。在失重的情况下,果蝇的心脏会缩小,心肌的收缩力也会降低,肌纤维的形态和排列方向会发生重塑,心脏每次搏动输出的血量也会减少。此外,对果蝇的基因表达进行分析发现,肌原纤维(肌节)的细胞外基质相关的基因表达会降低,而与蛋白质降解相关的蛋白酶体基因的表达会升高,这些基因的表达改变可以解释果蝇心血管系统的变化。果蝇的心血管系统在微重力条件下的变化与人存在类似之处。

对航天员来说,可以采用下肢负压套袋来缓解微重力环境下血液重新分布引起的生理变化。航天员把腿伸进负压套袋,负压套袋在大腿部位有气密性比较好的松紧带,不会漏气,然后开动抽气泵,让套袋内变成负压,这样血液就回流到下肢。这种负压套袋就如同一个大号的火罐,通过负压让身体里的血液流向腿部,从而模拟在地面时血液分布的情况,缓解航天员因为血液涌向头部而造成的健康问题。

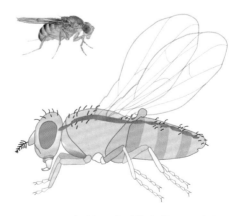

图4-5 果蝇的心脏形状和位置示意图。心脏用红色表示,实际上果蝇的血液并不是红色的。头部的红色椭圆表示的是果蝇的眼

图4-6　航天员使用下肢负压套袋的场景(左)和该设备使用示意图(右)(左图来自NASA)

晕飞船的人

有的人晕车,有的人晕船,有的人还会晕飞船。曾有这样一张照片,一名戴了头盔的航天员不小心将胃中食物呕吐出来,全喷在了面窗里面。这个照片不知真假,但这种事情的确是有可能发生的,我们应该还记得抛物线飞机为什么也被称为呕吐彗星吧?

1961年8月6日,苏联航天员季托夫(Gherman Stepanovich Titov)乘"东方2号"飞船进入轨道后,产生了"倒飞"和"头朝下"的错觉。过了一会,这种错觉消失了。但是,几分钟后,他在工作中感到自己的头在晃动,有头晕目眩的感觉,并且出现胃部不适和恶心症状,他的头运动时这些症状会加剧,而他静卧时这些症状会有所减轻。这种反应在他一整天的飞行过程中始终存在。季托夫这种"晕飞船"的状况有个专业的说法——空间运动病症状,他也是第一个出现空间运动病症状的航天员。

　　"晕飞船"跟前庭系统有关。前文提到淡水蜗牛体内有平衡囊,里面平衡石受到重力作用压迫平衡囊内的纤毛,可帮助蜗牛判定重力方向。人体内也有类似的结构,就在人的耳中。人的耳蜗从形状上看像螺旋面包,半规管则像几个缠在一起的纽结面包,区别是,面包是实心的,而耳蜗和半规管都是空心的;纽结面包只有一个平面,而半规管的管状结构则三个维度都有。耳蜗与听觉有关,而半规管与定位有关。前庭则如同一个空心圆面包,连接着半规管和耳蜗。前庭里有一种毛细胞,这种细胞朝向管腔的一端像把梳子或刷子,上面有很多细胞的突起(绒毛),和蜗牛平衡囊的毛细胞表面类似,这是为了感受人体因运动而产生的方向、位置变化。毛细胞周围有很多支持细胞,起到支撑毛细胞的作用。毛细胞和支持细胞都存在于耳石膜的液体当中,液体的表面黏着有很多耳石,主要成分是碳酸盐晶体。蜗牛平衡囊内的平衡石是个圆球,而人前庭里的耳石像撒在耳石膜液体表面的厚厚一层面包屑。

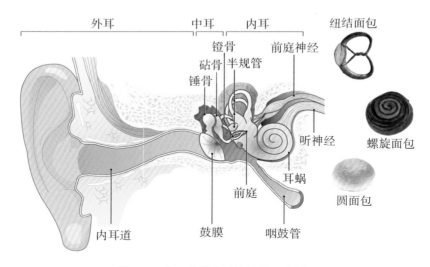

图4-7　内耳的前庭系统结构示意图

　　我们通过身体表面受到风吹或水流产生的压力而感知风向或水流方向，前庭系统感受运动方向改变的原理与此相似。当人加速、减速、拐弯，或者头部转动、俯仰时，由于惯性或重力变化，耳石会与人的运动出现位置差，耳石和耳石膜里的液体会发生移动，从而牵动毛细胞顶端的绒毛，产生电信号，大脑根据这些电信号判断运动状态的变化。在三个半规管里存在另外一种毛细胞，这种毛细胞是感知旋转运动的。在微重力状态下，当人做出头部的俯仰动作时，虽然加速度的变化仍然会引起耳石位置的变化，但是由于没有了重力，耳石不会再因重力而牵拉或压缩纤毛，这就会影响人对运动状态和身体姿态的感知。

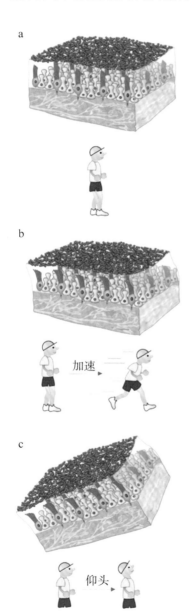

　　我们坐轮船或坐车时，有些人对于摇晃带来的刺激比较敏感，通过半规管和前庭发出的过多的神经信号令

图4-8　静止（a）、加速奔跑（b）和仰头（c）时前庭系统的变化。当人加速奔跑时，由于惯性的作用，耳石膜液体跟不上人的运动速度导致毛细胞顶端的绒毛受到牵拉，这样会产生电信号，经由神经传递至大脑，感知运动的变化。人减速时，毛细胞会受到相反的作用。半规管里也有毛细胞，可以感受旋转运动变化

他们不适,甚至发生眩晕,此外,植物神经(即自主神经)对胃肠平滑肌的蠕动有支配作用,一旦植物神经功能紊乱,胃肠平滑肌就会产生痉挛或逆蠕动,从而出现呕吐。另外人的胃内壁上有一些感受器,在汽车运动时这些感受器会受到刺激,也会导致胃肠平滑肌逆向蠕动而出现呕吐。而在太空中,微重力环境下前庭功能发生紊乱,因此出现了"晕飞船"的症状。

视觉对前庭感觉是很重要的,临床上很多针对前庭功能的检查项目,都是基于人体一种重要的生理反射——前庭-眼反射。看舞蹈演出时细心的观众会发现,演员在快速旋转时,头部并不是随身体旋转,而是大部分时间都盯着观众,转到脖子的极限时,头部才迅速转动,跟上身体的旋转节奏。舞蹈演员这种能力与他们出色的前庭-眼反射有关。对正常人来说,先注视面前的一个物体,然后头部在水平面上转动,在转动过程中人眼球的肌肉会及时调整眼球的方向,始终盯着这个物体。但是,如果人的前庭-眼反射出了问题,在头部转动时,眼球的肌肉不能及时调整眼球的方向,就无法盯住物体,只有头部转动停止,视线才能找回来,重新盯住物体。

据说三国时的司马懿脖子可以从前到后转动180°,如果把司马懿放在一个转盘上旋转,并且他的前庭-眼反射技能正常的话,那么他能在接近360°的范围内保持脑袋和目光不动,盯着某个物体。如此看来,司马懿确实不是一般人。

与人类相比,鸡维持头部稳定的本领很高强,如果我们抱着一只鸡上下、左右、前后摇晃,鸡的脖子会拉伸、缩短、摆动、倾斜,但是鸡脑袋的位置可以保持不变。曾有人把微型摄像机绑在鸡脑袋上,结果发现拍出来的视频相当稳定,没有明显的抖动,具有出色的防抖功能。

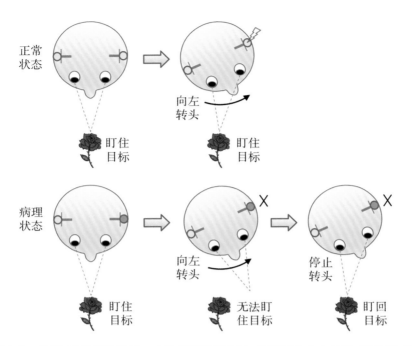

图4-9　前庭-眼反射示意图。人处于正常状态时,头朝某个方向转动,那前庭-眼反射会导致眼睛向反方向转动,所以在转动过程中,眼睛可以始终盯住物体。图中黄色圆圈表示功能正常的前庭。病理状态下,如果某一侧的前庭出现病变(绿色圆圈表示),头部转动时就无法形成正确的前庭-眼反射,所以目光也会随着头转动而不会盯住物体;当头停止转动后,目光才能重新锁定物体

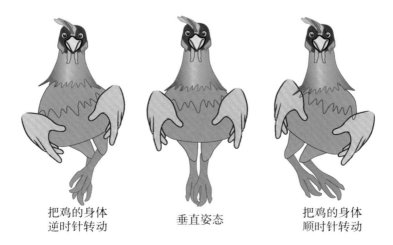

图4-10　鸡维持头部稳定示意图。转动鸡的身体,鸡的头部会保持不动

空间运动病的症状不止"晕飞船",还有由于方向感减弱,出现的"迷路"。美国航天员斯科特·凯利一次刚到达空间站后,他们几个航天员轮流与地面的亲人通话,凯利在边通话边前往俄罗斯舱段的这一小段路程里,竟然走错了方向。这说明,尽管他对空间站里的路非常熟悉,但在空间环境里定向能力可能还没有适应。

感知自身的存在

有一个笑话:一个人在黑暗里行走,走到一个岔路口,不知道该往哪边走。路过的一个人告诉他往左,他说天那么黑,我怎么知道哪边是左呢?其实分辨左右并不会受到天黑的影响。我们的身体里有很多奇妙的感受器,包括本体感受器。本体感受器位于肌肉、肌腱和关节囊当中,能够感受静止状态时肌肉张力的变化,肌肉和关节处的神经将信息传递至大脑,可以告诉我们静止或运动状态时我们身体和四肢的位置。站立时,本体感受器能够感受身体轻微的摆动,从而可以对身体姿态进行精细调节,保持平稳。我们就算闭上眼睛,也可以感觉到我们的手、脚、耳朵在哪里,这是通过我们的本体感觉(proprioceptive sense)能力来感知的。也就是说,本体感觉是不依赖视觉的。

在地面,人们习惯了通过视觉、前庭觉、躯体感觉等来共同控制复杂的平衡系统。从躯体感觉来说,中枢神经系统接受位于皮肤、内脏壁、肌腱、关节囊以及肠系膜根部等处的机械刺激感受器(能感受压、触、牵拉以及振动)传递来的信息,在有意识和无意识状态下都能感知自己身体的姿态和运动,并且把这些信息与视觉、前庭平衡觉进行整合。

在微重力环境里,由于缺少重力,关节等部位的张力会发生改变,有时会导致本体感觉减弱。"第一次夜里在太空睡觉时我四处乱飘,"阿波罗计划的一名航天员这样回忆,"我突然意识到我已经在一定程度上失去了对自己胳膊和腿的感觉。当我静止不动时,我的意识会告诉我,我的四肢不在那些位置。但是,当我开始命令我的手脚运动时,那种感觉又立刻回来了——我不动时它则会再次消失。"另一名参加双子座计划任务的航天员回忆,在执行太空任务期间,他在黑暗中醒来的时候,看见空气里一只手表在他面前发光,但这只手表并没有戴在任何人的手上。手表是哪来的?过了一会儿,他才意识到这只手表就戴在他自己的手上。这些都反映了航天员视觉和身体感知觉之间出现了不协调。

微重力会影响本体感觉,也会影响航天员在轨期间的运动控制。在轨航天员动作会偏慢,对于质量的估计也不准确;航天员被外力拉向航天器地板时,他感受到的是垂直方向的平移,而非在地球时的坠落感。在他们回到地面后的一段时间内,会出现本体感觉错误,例如在向上跳起时会感觉地面被向上拽,而在从跳跃的最高点下落时又会觉得地板在向自己移动——我们地面的普通人在跳跃时只会认为是自己在运动,而地面是静止的。

在空间站里,由于没有了重力,当人站立时脚的本体感觉输入不准确甚至缺失。为了帮助航天员克服这一问题,会给他们穿上能产生压力的鞋子,帮助他们的脚恢复本体感觉。

我们在静止站立时,我们的前庭通过脑反馈我们此时是站立的姿态。但是,在非正常的重力状态下,人的本体感觉也会发生改变。当人坐在离心机上旋转时,由于前庭受到重力和离心力的合力作用,人的前庭和脑就会给我们一个错误的信息,让我们认为自己处于倾斜状态。如果我们在空间站里坐在离心机上旋转,由于重力不存在,我们的前庭只受到离心力的作用,我们会错误地认为自己是躺平的姿势。但是,在空间站待久了,我们的前庭系统和神经系统会做出调整和适应,重新获得对自己姿态的正确感知。

在微重力环境下,我们的许多感觉会逐渐适应,但是当结束任务返回地球后,又会变得难以适应地面的重力环境了,得需要一段时间重新适应。

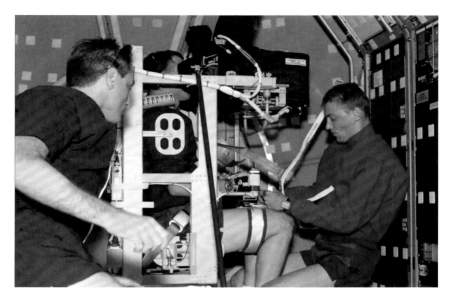

图4-11　两名航天员将同伴固定在离心机的座椅上（图片来自NASA）

图4-12　一名航天员在航天飞机里旋转（图片来自NASA）

　　航天员回到地面后，一个微小的头部动作，都会导致身体出现很夸张的动作感知。例如，当他们的头部向前稍微前倾，他们感到的却是大幅度的摇晃,感觉要向前跌倒——航天员的感觉像是被放大了很多倍,从而产生了错觉。因此,当他们回到地面后,无论是上台阶还是走路,这些原本简单的动作都会变得困难,他们必须集中精力才能做好。航天员返回地面后都会进行训练,以帮助他们尽快康复,这些训练对于心血管和肌肉的恢复效果比较显著,但是对于感觉运动方面的不适应还不能收到很好效果,只能靠他们自己逐渐恢复。

航天员也是"大白鼠"

在空间站里,航天员不仅要操控、维护空间站本身,还要帮助地面的科学家开展实验工作。景海鹏在执行"神舟十一号"任务时曾经在"天宫二号"实验室里养蚕,他在日记里写道:"经过10天的太空生活,我非常高兴地告诉大家,带上太空的6只蚕宝宝中,有5只已经吐丝,而且结成茧了。蚕茧也已经被放到冷藏箱,准备带回地球。唯独剩下6号蚕宝宝,我们发现,它长得不是太健壮,而且好像不怎么动。但是,我们还每天都在观察它。"航天员不仅要参与生物学研究,还要替地面上的科学家照看物理学、化学、遥感、气候等各学科的实验,甚至有的航天员本身就是科学家出身,他们做起实验来更是驾轻就熟。

另一方面,航天员也是实验对象,为了研究空间复杂环境下航天员的生理、心理和行为的变化规律,他们需要按照地面科学家的实验设计,采集自己的血液、唾液、尿液等样品,然后将这些样品带回地面,交给科学家进行分析。为了进行生理测试,他们要在头上和身上戴上各种电极、检测仪。为了进行心理和认知水平的测试,他们要进行多种程序的检测并填写调查问卷。所以,航天员任务繁重,远没有那些上天旅游的富翁那么逍遥、惬意。航天员不仅是"大白",要悉心维护空间站的各种设备并进行科研实验,同时也是"大白鼠",自身也是实验对象,为航天医学研究做重要贡献。

　　物理学家曾经提出孪生子佯谬，其内容是这样的：有一对双生兄弟，一个人乘坐宇宙飞船去做一次很长时间的太空旅行，他的孪生兄弟则留在地球。从相对地球静止的参考系上看，当旅行者回到地球后，我们发现旅行者比他留在地球的兄弟年轻。但是从相对飞船静止的参考系上看，我们发现他年纪更大。所以这两种结果是相互矛盾的。

　　斯科特·凯利是第一位在国际空间站上驻留超过一年的美国航天员，他在太空的累计时间长达520天。出生于1964年的斯科特·凯利在1996年被选为航天员，他的孪生哥哥马克·凯利（Mark Kelly）也曾经是航天员。斯科特第一次太空飞行是在1999年，他在NASA总共服役了20年。2019年，《科学》杂志发表了美国NASA的一项研究成果，这项研究的对象就是孪生兄弟马克和斯科特。在这个项目执行期间，斯科特在国际空间站驻留了一年多，而哥哥在地面上作为对照。但是，他们所做的实验并非孪生子佯谬，而是由众多部门耗费一年多时间从生理、生化、心理、认知等层面开展的综合研究。

图4-13　马克·凯利（左）和他的孪生弟弟斯科特·凯利（右）（图片来自NASA）

这个孪生子实验只有一对孪生子航天员参加了实验，而生物学实验通常需要至少重复三次，且结果一致才能下结论。因此，航天员孪生子实验的一些重要发现还有待重复和验证。但是，由于这次实验研究思路新颖、数据珍贵，所以相关论文得以发表在国际著名的《科学》杂志上，这些数据为将来更多的研究工作提供了重要依据。在退役之后，斯科特将继续接受科学家的测试，为研究太空任务对人体的长期影响积累重要数据。斯科特为载人航天做出了重要贡献，NASA前局长曾经这样评价："当第一批美国人在火星上留下脚印，他们跟随的将是美国航天史上优秀的航天员斯科特·凯利的脚步。"

斯科特在第四次空间任务后回到地面。在刚回来的几天里他经常感到强烈的不适。他的描述是："我现在感到反胃得厉害，身体在发烧，浑身疼痛，以前从没有这样疼痛过……我挣扎着站起来，摸索到床边，放下脚，坐起来，然后再站起来。每一个动作都像在流沙里那样吃力。当我终于站在地板上的时候，我腿上的痛楚非常糟糕，除了腿疼以外，让我更为警惕的是浑身的血液都涌向腿部，就像你倒立时感觉到血液涌向头部，只是方向相反。我能感觉到腿部的膨胀。"斯科特的妻子捏他的脚脖子时，他的脚脖子像灌满了水的气球那样肿胀，她甚至摸不到他的踝骨。此外，他身上的皮肤有灼痛感，后脑、脖子、背部和腿后面起满了疹子。

加拿大航天员哈德菲尔德（Chris Hadfield）在结束166天的在轨飞行任务后，回到地球，但回来后竟没能通过警觉度测试。在返回地面后的第一个星期里，他只能吃力地挪动，脚步缓慢、蹒跚——像水熊虫那样的缓步动物。直到4个月后，他才恢复到可以正常跑步。斯科特·凯利在空间任务结束回家后，一段时间内走路也很困难，因为他的平衡系统还没有适应地球的重力环境。用斯科特的话说："我现在又开始学着走路了。"

艰难的远征

微重力是航天员进入太空后面临的首要问题，微重力环境导致航天员在生理上出现很多变化，除了前面提到的心血管、感知、姿态与运动控制等方面的变化，航天员还会患上一种叫作空间神经–视觉综合征（space flight-associated neuro-ocular syndrome，SANS）的病症，导致他们的视力衰退。他们的代谢也会发生改变。由于骨和肌肉不再有重力的负载，心血管系统和骨骼肌肉系统会出现渐进性改变。有人认为这种变化是适应空间新环境的体现，也有人认为这是病理性变化而非适应。

说了那么多关于失重的事情，那么超重的感觉又如何？在火箭发射时，航天员要承受4g—6g的超重，这对于航天员来说同样是严峻的挑战。在超重状态下，血液会向重力方向集中，大脑由于缺血而出现黑视，甚至导致昏迷。在超重状态下，航天员完成简单动作也很困难，连举起胳膊都要花费很大力气。

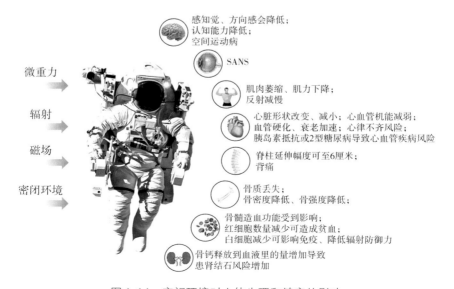

图 4-14　空间环境对人体生理和健康的影响

　　除了微重力，特殊磁场、空间辐射、密闭空间等各种环境因素都会对航天员的健康、情绪和行为产生不同的影响，包括辐射损伤、神经系统及前庭功能变化、饮食和代谢变化、心血管系统变化、血浆分布改变、免疫力降低、骨质疏松和肌肉萎缩，以及罹患SANS、椎间盘突出和肾结石等疾病，因此有必要采取有效的干预措施或治疗方案。

　　为了保护航天员的健康和作业能力，人们提出了一些对抗措施，其中体育锻炼是航天员常用的一种对抗肌萎缩的方法。这里的作业能力并不是指学生时代做作业的能力，而是指工作效率。"作业"在这里是指执行任务、操作的意思，如矿工井下作业，并不是指矿工去井下写作业，而是到矿井下面进行生产、劳动。认知与工效、作业能力的关系是，认知水平高，则工效高、作业能力高。对长期在轨的航天员来说，体育锻炼虽然可以明显地缓解微重力对生理的不利影响，但是仍然不能完全遏止生理上的退行。因此，研究和提出新的对抗措施对长航任务例如从地球前往火星的漫长征程来说非常重要。

变弱的骨骼与肌肉

当我们欣赏古希腊米隆（Myron）的《掷铁饼者》、意大利文艺复兴时期米开朗琪罗（Michelangelo Buonarroti）的《被缚的奴隶》等雕塑作品时，都会被这些雕像强健的肌肉和健美的体魄所吸引。雕塑由坚硬的石头制成，可以长久屹立不倒；对动物和人而言，骨骼支撑身体，肌肉赋予力量。

我们经常会想当然地认为，在空间环境里，由于没有重力，我们可以轻松拿起在地面上很重的东西，在地球上用尽洪荒之力也举不起来的物体到了空间站里我们都可以不费吹灰之力举起来，人人都可以成为大力士。这种想法其实只对了一半：在微重力环境下我们可以"举重若轻"，但是长期生活在微重力环境里，我们会出现肌肉萎缩、骨质疏松，返回地面后，我们的力量会大不如前。因此，航天员在上天和返回后都要面对骨骼、肌肉的变化，适应新的环境。在太空环境中，由于生物体处于失重状态，骨骼和肌肉不用再像在地面上那样对身体发挥支撑作用，因此会出现类似用进废退的变化——骨质疏松和肌肉萎缩。

空间环境导致骨质丢失

柱子和房梁起着支撑房屋重量、稳定房屋结构的作用，人的骨骼作用与此类似。骨骼支撑着人的体重，保护身体内部的软组织。同时，骨骼如同杠杆，可以传递肌肉力量，当我们用力挥拳出击时，不仅需要肌肉发力，也需要骨骼及关节的配合。

骨质是骨的主体，按照致密程度的不同可分为骨密质与骨松质。骨密质坚固、间隙很少；骨松质较为疏松，由网状的骨小梁组成。骨小梁是按骨所受的压力及张力方向排列的，在分担体重方面具有重要作用。骨松质的疏松结构及骨小梁的力学特性，既可以减轻骨的重量，又可以发挥最大的力学性能。红骨髓具有造血功能。黄骨髓富含脂肪组织，不具有造血功能，但在应急状态下黄骨髓可转化为红骨髓。

18世纪时，英国外科医生亨特（John Hunter）发现，人体内的骨骼会新陈代谢，旧的部分被吸收，新的部分产生出来。这也称为骨

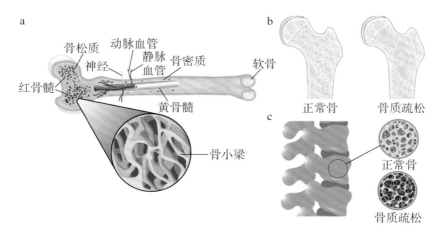

图4-15　骨正常时和骨质疏松时的结构示意。a. 骨的基本结构；b. 长骨的骨质疏松；c. 脊椎骨的骨质疏松，右边两个图显示的是脊椎骨剖面的放大示意图，分别是正常和发生骨质疏松时的情况。卧床实验也会造成一定的骨质疏松，但恢复行走后就会在一段时间内恢复

的重建。1830年法国病理学家洛布斯坦（Jean Lobstein）注意到，一些病人的骨当中的孔要比正常人的大，他将这种病症称为骨质疏松。骨质疏松在远古时期的人类当中就有发生。研究人员测量了一名大约4000年前青铜时代奥地利妇女的大腿骨标本，这名妇女死时年纪在45岁左右。检测结果显示她的骨密度为0.831克/立方厘米，而同一时代其他14名妇女的骨密度为0.981克/立方厘米。而且，同一坟墓里5名男性的平均骨密度是1.19克/立方厘米，表明这些妇女的骨密度都低于男性。韩国作家郑宝拉的魔幻小说《诅咒兔》里，一个被诅咒的人浑身病痛，骨头一碰就会骨折，那应该是严重的骨质疏松了。

在骨的代谢过程里，如果说破骨细胞是拆迁队，那么成骨细胞就相当于施工队。拆迁有时是为了扩大规模，如同拆掉城中村然后建一个设施齐全的大社区；有时是资金有限，拆完了没有钱建设完，只好烂在那里；有时是为了清除烂尾建筑或者废弃建筑，不会再建。这些情况在骨的代谢过程中都会发生，在青少年身体发育的阶段，破骨细胞组成的拆迁队和成骨细胞组成的施工队高效运转，尤其是施工队干活劲头更足，所以骨骼不断生长，变长、变粗、变强壮。但是，在衰老过程中，施工队就不那么给力了，主要是拆迁队在工作，这就导致骨密度会逐渐降低，骨质变得疏松，骨头非但不会再生长，甚至可能会变短。当然，破骨细胞不是乱拆家的二哈，而是要受到精确的调控。

当人年老或处于病理状态时，骨的吸收速度大于生成，就会出现骨质疏松。全球的骨质疏松症患者超过2亿，在年满50岁的女性中，约三分之一的人患有骨质疏松性骨折。由于老龄化等原因，据预测，到2050年，男性的臀部骨折发生率将增加约310%，女性增加约240%。

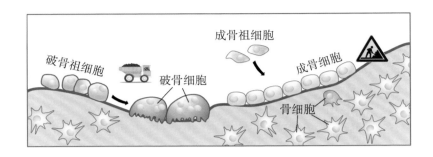

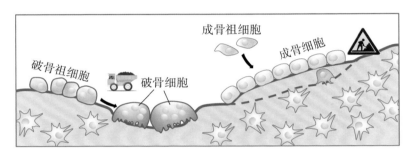

图4-16　骨细胞工作示意图。上图：破骨细胞负责降解骨质，成骨细胞负责补充骨质；下图：经过破骨细胞降解后的区域，骨质减少；经过成骨细胞作用后的区域，骨质增加

　　对动物的骨组织来说，骨细胞可以感受由于重力改变而引起的机械力变化。骨细胞胞体位于骨陷窝中，骨细胞突起位于骨小管中，施加在骨骼上的力会引起骨陷窝和骨小管里液体流动的变化，骨细胞会感受到这种变化，并调节相关基因的表达做出反应。因此骨细胞具有感受机械力的能力。骨骼的发育与维持离不开力的负荷。骨骼会对机械负荷的变化产生反应。比如，网球运动员持拍手的骨量会高于非持拍手的骨量；举重运动员的骨量会高于游泳运动员的骨量。相反，与健康人相比，脊髓受伤者的下肢骨量会减少，而腰椎骨量不会减少，这是因为坐在轮椅上时，下肢受力大大减小，而腰椎部分仍然受到重力负荷。

　　从地球表面出现原始生命至今的35亿年中，生物的演化都是在地

表1g重力场下完成的，因此，机体的结构、功能和行为，都已经对这种"无时不在而又无法摆脱"的力学环境形成了完善而又巧妙的适应，特别是骨骼和肌肉，形成了与地球重力环境相适应的生理结构和功能特征，起到了支撑身体和运动的作用。

在航天科技发达的国家，有一小群特殊的人也会经历骨质疏松。他们并非老年人，也非身体衰弱的病人，相反，他们体魄强健、体质超群。这些人就是走出地球、进入太空的航天员。导致他们骨质疏松的原因不是机体老化或病变，而是太空里的微重力。

航天员在失重环境下，骨的形成和吸收平衡会被打破，骨形成被抑制，骨吸收更活跃，导致骨质出现更多的孔隙而变得疏松。航天员在空间站里坚持锻炼身体，只能对骨质丢失起到缓解的作用，无法完全抑制。航天员从进入微重力环境大约5天后，骨质就开始丢失，骨骼密度每月降低流失1%—2%。而在地球上，40岁以后骨质丢失一般为每年0.5%，即使是老年人每年也才流失1%。

航天飞行中骨质丢失主要发生于承受重量的骨骼，包括下肢、骨盆、腰椎等部位的骨骼。研究显示，在国际空间站生活6个月后的航天员返回后，骨密度出现下降，但不同部位的骨密度下降幅度不同，脊柱骨密度平均每月下降0.9%，髋关节每月1.4%—1.5%，跟骨每月0.4%。骨质丢失导致骨的负重能力降低，增加骨折风险，同时尿钙排出增加导致结石风险增加。

对13名俄罗斯航天员的研究揭示，在轨半年导致他们的胫骨骨密质减少了4%，而骨松质增加了15%。返回后一年内，胫骨的直径、密度恢复了，但骨松质没有完全恢复，这使得骨骼的承受力减弱，真是天上一月、地上一年。

航天员执行完较长期的任务后（例如几个月或更久），从太空返回时，通常都是由别人用担架抬着他们，他们自己是不走路的。2016年3

月1日，俄罗斯航天员科尔尼延科（Mikhail Kornienko）在国际空间站驻留了近一年，当他返回地球时被人用担架从飞船里抬出来，他自己连椅子也很难坐上去。之后他花了一年时间进行恢复性锻炼，才得以康复。

动物也有类似的问题。小鼠从太空返回地面后，骨骼会出现一系列结构和生理变化，如骨的总体积减小，骨的厚度减小破骨细胞的数量增加了197%，而破骨细胞增加是骨质降解的标志。此外，小鼠血清里，骨质疏松的标志物之一基质金属蛋白酶（matrix metalloproteinase，MPP）表达上调。1998年，曾有老鼠搭乘"哥伦比亚号"航天飞机进入太空。在微重力环境下，老鼠骨折的复原更为缓慢。

肌肉萎缩的奖杯？

如果你在地球上的体重是200千克，到了火星上再称，你会欣喜地发现自己只有75千克。所以，你其实并不胖，只是生错星球了。不过，这个说法还是有问题：火星上的人也许都不到37千克，所以在地球上体重是200千克的人到了火星上仍然比其他人重。不过，只要你在火星上生活一段日子，体重必然减轻，这是由于火星的引力低于地球，在低重力下肌肉萎缩可能导致体重减轻。

在人体的各种生理系统里，肌肉是一种典型的用进废退型组织。长期的锻炼会使被锻炼部位的肌肉变得发达，缺乏锻炼则会导致肌肉萎缩。古代人们脚踏水车，水车就会转动，把水从低处运输到高处。与此类似，肌球蛋白小脚——这可是个纳米级的"金莲小脚"——依靠ATP提供的能量去踏动肌动蛋白组成的微丝，使其产生位置移动，从而让肌肉收缩。可口可乐曾经有一个广告：把硬币丢进贩卖箱，里面很多小人就开始制作可乐，然后把一瓶完整的可乐从

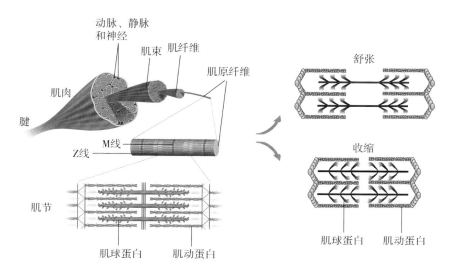

图4-17　肌肉由许多成束的肌纤维组成,肌纤维上具有明暗相间的条纹。肌肉之所以能够收缩和舒张是受到肌细胞里肌球蛋白和肌动蛋白的调节

出货口里送出来。我们的身体也是如此,想完成一个小小的勾手指的动作,组织和细胞里无数的分子就得吭哧吭哧地协同工作。经常有人说一句话:岁月静好,是因为有很多人在为我们负重前行。可以套用一下这句话形容肌肉里各种分子的协同作用:生命在于运动,是因为肌肉里很多的肌球蛋白和肌动蛋白在为我们努力工作、负重前行。

人类从机体已经适应了地球重力环境,突然进入太空微重力或者失重的环境时,原来用于抵抗重力作用、对身体起支撑作用的肌肉,就有一部分变得"无所事事"了,于是出现了部分肌肉萎缩、变形甚至组织退化等现象。航天实践结果证明,在太空中失重数日,即可引起航天员肌肉萎缩,在太空停留的时间越长,肌肉萎缩越严重。科学家发现,长期生活在国际空间站的航天员脊柱肌肉(对于支撑体重和躯体运动都非常关键)出现了明显萎缩,肌肉减少的幅度可达19%。

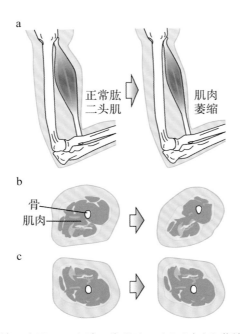

图4-18　肌肉萎缩示意图。a. 上臂正常的肱二头肌(左)和萎缩的肱二头肌(右);
b、c. CT显示的大腿横截面。b显示肌肉发生明显萎缩,肌肉的横截面积减小;
c显示对照实验结果,经过与b相同的时间,未发生明显的肌肉萎缩

表4-1　不同任务中鼠和航天员肌肉萎缩的情况

飞行任务	实验对象	生理改变或症状
生物卫星"宇宙1887号"	飞行7天的大鼠	比目鱼肌减轻22.7%,腓肠肌减轻10.7%;比目鱼肌出现坏死,出现血点和水肿
"STS-78号"航天飞机	飞行17天的大鼠	比目鱼肌肌纤维变细、萎缩,线粒体变圆
"STS-78号"航天飞机	飞行17天的航天员	股外侧肌肌纤维横截面积减少15%—30%;比目鱼肌纤维横截面积减少15%—26%
"联盟9号"飞船	飞行18天的航天员	躯干肌肉力量下降45—65千克,返回11天后恢复正常
"礼炮6号"空间站	飞行140天的航天员	小腿容积减少20%—30%

　　相较于人类，鼠在太空飞行实验过程中肌肉萎缩更为迅速，在一周内萎缩程度就可以达到37%。在微重力环境下肌肉的萎缩主要表现在两个方面，分别是肌肉的萎缩和收缩蛋白的选择性缺失，而前者是主要原因。鼠的实验表明，在微重力状态下，比目鱼肌消耗脂肪的能力下降，对肌糖原的利用则有所增加；骨骼肌中的伸肌比屈肌萎缩得快。失重还导致收缩性蛋白的选择性流失，同时肌动蛋白的下降量比肌球蛋白的下降量大。在轨飞行后，大鼠后肢的比目鱼肌中慢肌的占比由在轨飞行前的71.2%减少至60.6%，快肌的比例则增加了36.8%。比目鱼肌是小腿上的承重肌，失重后，自然是主要负责耐力的慢肌纤维比例下降更为显著。与鼠不完全相同的是，人的承重肌主要包括腿部、躯干和颈部的肌肉。

　　在微重力环境下，一些肌肉由于不再承受重力负荷而萎缩，但是身体其他一些部位的肌肉却可能使用得更多，例如上臂的肌肉，这些肌肉不太容易出现萎缩。在地面，下肢担负主要的维持姿态和移动的功能，但在天上，由于漂浮在空中，不得不用拽、拉、推等手部动作来维持姿态或“行走”。

　　还有研究表明，航天员在返回地球后会出现肌肉损伤，而这些损伤并非发生在空间飞行阶段，而是返回后才发生的。航天员在返回地面后由于肌肉已经明显萎缩、力量减弱，在难以适应地球重力环境的情况下，如果肌肉贸然受力，就容易造成损伤。

　　微重力不仅会导致肌肉萎缩，也会影响肌肉的发育。科学家把刚出生的鼠带到空间站里，发现这些鼠的肌肉（例如比目鱼肌）发育受到了严重影响。

　　萎缩的英文单词是“atrophy”，而“trophy”的意思是奖杯。有一幅国外漫画以此内容，漫画里一个躺在病床上的人患了肌萎缩，获得了一个奖杯，漫画的题目就叫“A Trophy of Atrophy”（萎缩的奖杯）。这并非歧视,只是一个文字游戏。

对抗骨质丢失和肌肉萎缩

由于火星的引力大约只有地球的3/8,所以我们通常会认为火星人的弹跳力一定很好,但其实这很难说。因为适应了火星的低引力后,火星人的肌肉可能就没有那么发达。科幻电影《异星战场》里那个从地球穿越去火星的人一跳老高是合理的,但如果他在火星上待很久而又没有采取对抗措施的话,他的惊人弹跳力就会逐渐衰退。科幻小说《月球城市》里,月球城里的居民也是可以跳得很远、很高,并且极少有因为摔跤而骨折的——引力小,所以摔倒也不会受伤太重。但是,如果他们回到地球再摔跤的话可能就够他们喝一壶的了,症状会很严重,因为他们长期居住在月球上,骨骼和肌肉已经没有那么结实、有力了。

从航天员在太空里的视频中可以看到,他们耍弄漂浮的水球或是毫不费力地做空翻,轻松变成武林高手,似乎微重力下的太空生活非常惬意。然而,实际的太空生活绝不轻松。重力缺失导致骨骼和肌肉退化,还会造成很多其他的生理问题。对于航天微重力环境下骨质丢失与肌肉萎缩的对抗措施,仍然是航天医学需要解决的难点问题。

当前对于微重力生理影响的干预措施包括通过体育锻炼、穿着载荷服达到维持正常的本体感觉和承重系统的作用,从而尽量维持骨骼和肌肉正常的结构与功能,以便在微重力条件下尽量维持姿态和运动功能。拉伸拉力器、蹬自行车、跑步等,在地面上做起来很容易,在微重力环境下做起来却难度很大,这些运动是航天员缓解肌肉萎缩的良方。国际空间站的航天员需要每天锻炼两小时才能明显改善他们的肌肉萎缩,但骨质丢失依然不可避免,即使经常锻炼也收效甚微。载荷服是指施加了外力的特殊服装,在穿着后需要人体以一定的力量去对抗服装产生的拉力。企鹅服是一种常用的载荷服,里面有很多弹力带,如同我们生活里常见的松紧带,航天员穿上后肌肉维持紧张状态以应对弹力带的力量,这样可以达到缓解肌肉萎缩的作用。

目前的资料显示,进行体育锻炼、穿着载荷服这些措施并未能够完全防止骨质丢失和肌肉萎缩。因此,对有效防护措施的研究对于航天员长期微重力飞行十分重要,目前这方面有了一些新的研究进展。2019年12月,科学家挑选了40只雌性老鼠,把它们送入国际空间站,让它们在太空的微重力环境下生活33天。这40只老鼠分为5组,每组8只。5组中有2组被注入了抑制肌肉萎缩的生长素(ACVR2B/Fc);有1组是通过基因改造使得肌肉超常发达的转基因"健美"巨鼠;另外3组是没有经过基因改造的老鼠,作为对照。返回地球后,科研人员在仔细测量后发现,未经任何处理的对照组老鼠失去了8%—18%的肌肉,骨骼的致密度也会降低8%—11%。补充了生长素的老鼠,身上的肌肉非但没有萎缩,还增加了18%。而那批转基因的"健美"巨鼠肌肉增长更为显著,肌肉含量涨了27%。补充了生长素的老鼠和转基因老鼠也没有发生骨质疏松,相反,骨密度还增加了。在回到地球环境后,补充生长素的老鼠肌肉和骨骼的恢复情况要明显比对照组老鼠快。这次的实验结果表明,补充激素或药物或许可以帮助航天员对抗肌肉萎缩和骨质丢失。但是,需要引起注意的是,补充激素存在明显的副作用,注射这些激素导致老鼠的肌腱变得脆弱,肌肉的耐力也变差了。

这仅仅是动物实验,对于人体,会带来什么样的风险,还不是很清楚。不过,这些实验至少向人们展现了未来治疗太空肌肉萎缩、骨骼疏松症更多的可能,对于目前困扰地面上人们的骨组织退化、脊髓性肌萎缩症等疾病,也有更多借鉴意义。

灰熊每年要冬眠好几个月，每年在11月到来年1月之间的某个时候，它陷入休眠状态，直到来年3月以后才苏醒。冬眠过程中，熊的新陈代谢和心率都下降到很低的水平，它们既不排尿也不排泄粪便，血液中的氮含量急剧增加。尤其让科学家惊讶和羡慕的是，熊在冬眠过程中并不会出现肌肉萎缩，当春天来临时，它们还是那么强壮有力，尽管饥肠辘辘。要是没有这种机制，冬眠之后苏醒的熊就会变得四肢无力，就再也斗不过光头强了。

科学家之所以羡慕熊，是因为我们人类无法像熊那样冬眠。人如果长期卧床不动，几个月后肌肉就会出现明显萎缩，那些手臂或腿长时间打石膏而无法使用伤处肌肉，或者因病不得不长时间卧床的人，都可能经历过这种情况。如果超过4个月保持静止状态不活动，还可能导致出现血栓的风险明显增加。

灰熊在冬眠期间为什么不会肌肉萎缩呢？研究人员试图探究这种能力背后的机制，以帮助长期卧病在床的患者，或者帮助肌肉疾病患者进行康复，也可以帮助航天员在长期的微重力环境下减少肌肉萎缩。

日本研究人员发现，将活跃期和冬眠期黑熊的血清分别加入培养的人肌肉细胞里，与加入活跃期血清的肌细胞相比，加入冬眠期血清的肌细胞的蛋白质含量明显增加。决定蛋白质在细胞中含量的因素主要有两方面，一是蛋白质的合成速率，二是蛋白质的降解速率。合成过程使得蛋白质增加，而降解过程导致蛋白质减少。这如同游泳池里水的多少，取决于进水管进水的速率和排水管放水的速率。进一步的研究揭示，冬眠期黑熊的血清里存在某种成分，可以抑制蛋白质的降解过程。对这个问题继续深入研究，或许可以为缓解航天员的肌肉萎缩提供重要线索。

更多的研究显示，饮食、一些特定的锻炼方式以及增加维生素D摄入，都会在空间环境里诱导骨形成，降低微重力引起的骨质丢失。近年来，航天员尝试用促进骨形成的药物如双膦酸盐（bisphosphonate）和抗吸收药物（anti-resorptive drugs），已经显示出较好的效果。

但是，这些对抗措施效果仍然非常有限。生理机能的衰退仍会持续发生。所以对长期空间任务而言，需要发展出更有效的防护、对抗措施。

容易受伤的DNA

对生命来说，DNA是遗传信息的存储器，DNA的稳定性对维持生物正常的遗传、发育、生理和行为具有重要意义。如果DNA发生有害的突变，那可能会损害健康、导致肿瘤发生，甚至危及生物的生存和繁衍。

环境中的一些物理或者化学因素会诱导DNA产生突变，但是我们的细胞有修复突变的机能，如果突变的程度不大，细胞是有能力修复的。如果突变的程度太大、频率过高，细胞就来不及对损伤的DNA进行修复，细胞的正常生理活动就受影响。在各种空间环境因素当中，辐射对于DNA具有最为明显的损害作用。

染色体和基因的改变

细菌和古细菌是原核生物，细胞内没有细胞核和其他细胞器。植物、动物和微生物的细胞是真核细胞，细胞中含有线粒体、叶绿体和细胞核等复杂结构。真核细胞的DNA主要位于细胞核里，在线粒体、叶绿体当中也有少量的DNA。细胞核里的DNA并不是单独存在的，而是与蛋白质等其他分子形成松弛的染色体或者高度浓缩的染色体。不同生物细胞里的染色体数目不同，人的体细胞里有23对也就是46条染色体，精子和卵细胞里有23条染色体。猫的体细胞里有19对染色体，狗是39对染色体。

　　暴露于高剂量或者长期暴露于低剂量的辐射环境里，会诱导DNA产生损伤或者突变，甚至诱导染色体发生畸变。少量的DNA突变或损伤，如同一本书里出现了一些错别字或者漏字、添字，虽然阅读起来不方便，但根据上下文总能大概猜出意思，除非是主要的词语缺失或错误。例如，如果文字里的"我喂狗"变成了"狗喂我"，意思就完全不同了。染色体畸变相当于一本书里文字出现了大段的颠倒、插入、重复或者缺失，情况比突变严重，让人阅读起来更加困难。

　　染色体畸变有多种形式，本来正常的某条染色体会丢失一段，这称为染色体缺失；某条染色体丢失了一段，然后丢失的这段错误地连接到其他染色体上了，称为染色体易位；染色体上有一段掉下来，调转180°再接回原来的位置，称为染色体倒位；有的染色体在辐射环境里会首尾

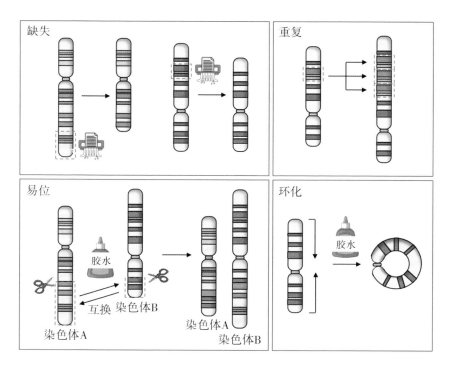

图4-19　一些染色体畸变形式的示意图。碎纸机表示删除、缺失，剪刀表示剪切，胶水表示连接

相连,形成环状的染色体,称为环化。除了辐射外,微重力、弱磁场等因素也可以不同程度地造成DNA损伤。如果辐射与弱磁场、微重力等环境因素叠加,那么染色体发生畸变的风险会更高。

在科幻小说《2061:太空漫游》(*2061: Odyssey Three*)里作者认为,重力为衰老之本,也就是说微重力才是有益于健康的。那么微重力是否真的能抵抗衰老呢?我们在前面已经介绍过,微重力会引起骨质疏松,会让青壮年航天员的骨骼如同老人,仅从这方面来看,微重力似乎就对人并不友好。此外,微重力还会引起其他很多生理机能的紊乱或者衰退,其中包括对染色体端粒的影响。

在染色体末端有个叫端粒的结构,通常认为与寿命具有密切关系,人在出生时端粒最长,然后在一生中不断缩短。但是,航天员的端粒却发生了很奇怪的变化。美国航天员斯科特・凯利在空间站里

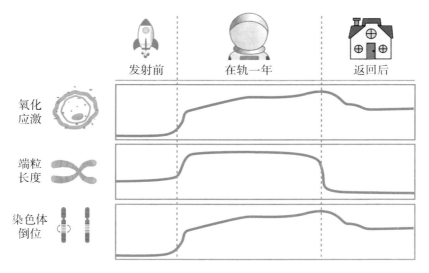

图4-20　图中分别显示了在国际空间站驻留一年的航天员氧化应激、端粒长度及染色体倒位的变化情况。一年驻留导致航天员在轨期间氧化应激显著增加,返回地面后则逐渐降低;他们的染色体端粒的长度在上天后显著增加,但在返回地面后迅速缩短,比飞行前要短很多;他们的染色体倒位发生率显著增加,在返回地面后有所降低,但仍然比飞行前高出很多

时，端粒神奇地不但没有变短，反而变长了，但是在完成任务回到地面后，他的染色体端粒在很短时间内又缩短了，比飞行前要短。端粒为什么在微重力环境下出现这样奇怪的变化，目前还是个未解之谜。

前几年网上曾流传过一种说法，说斯科特在天上待了一年多，基因改变了超过90%。很多看到这个消息的人都很震惊，认为航天对人的伤害太大了。其实这是对基因和基因表达两个概念的混淆与误解。从基因组的序列来看，人和黑猩猩的差别不到1%，人和单细胞的酵母相似的基因都有23%。如果斯科特的基因突变超过90%，那他从天上回来后就变成了一种新的生物，一种比大猩猩和酵母与人类差异更大的生物，这显然不符合实际情况。

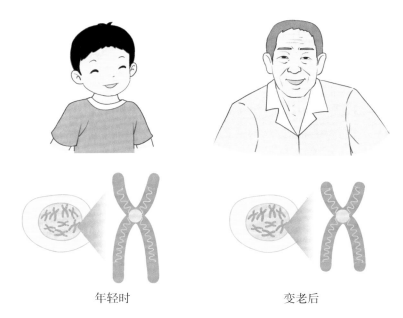

年轻时   变老后

图4-21　随着年龄的增加，染色体端粒（绿色示）不断缩短

microRNA（miRNA）是一些长度为20—24个核苷酸的RNA，对细胞和生理功能具有重要的调节作用。一项研究采集了1998—2001年三

年间14名航天员的血清样品,采样时间分别为发射前10天、发射当天以及返航后第三天。研究人员对这些航天员血清里的miRNA进行了分析,发现航天员返航后血清里与肿瘤发生及病毒感染有关的miRNA的表达出现了明显变化,说明空间环境可能会影响人的免疫力,带来健康风险。

游离于细胞之外的DNA

DNA是细胞里的遗传物质,真核细胞的DNA主要存在于细胞核内,位于细胞质的线粒体和叶绿体里也有少量DNA存在。令人意外的是,1947年,法国科学家曼德尔(P. Mendel)和梅泰(P. Metais)在健康人的血清和血浆中也分离到了DNA。这种DNA是从细胞核及线粒体里游离出来的,分布在细胞质或干脆跑到细胞外面,进入血清,这些DNA因此被称为游离DNA(cell-free DNA,cfDNA)。血清中游离DNA明显增加,可能与机体的病变有关。早在20世纪60年代,人们在系统性红斑狼疮的患者体内发现高水平的游离DNA。

血液中的游离DNA是那些逃逸到细胞外并随血流在周身循环的DNA,这些DNA来自人体细胞,但不完整,通常都是经过降解但未完全降解的DNA碎片。人的血液里除了血细胞外,可能还存在一些真菌、细菌以及病毒,这些生物也会含有DNA,但都是它们自己的DNA,而非来自人体。因此,虽然它们也在血液中游荡,但它们所含的DNA并非游离DNA。

游离DNA的来源主要有两种。一种就是细胞凋亡过程中产生的核酸片段,大小基本上在150—200 bp。还有一种就是细胞被裂解后产生,裂解既可以来源于物理性刺激引发的坏死,也可以是免疫细胞杀伤作用。这种过程产生的核酸片段很大,会接近基因组DNA大小。当然,不管是哪一种方式产生的游离DNA,它们都会在外周血中被快速清除。游离DNA实际上是一种机体细胞损伤的产物,不管它是来自细胞凋亡,还是细胞裂解。

游离DNA也有不同的类型,目前人们关注最多的为胎儿游离DNA(cell free fetal DNA, cffDNA)和肿瘤游离DNA(cell free tumor DNA, cftDNA)两类,分别在孕妇和肿瘤患者体内发现。这两种游离DNA的发现使无创产前筛查(NIPT)和肿瘤液体活检(liquid biopsy)两大技术在临床中应用日益广泛,且发展极其迅速。1997年,卢煜明在怀孕10周的母体血浆里检测到了胎儿的游离DNA。

游离DNA和肿瘤也具有关联。人们第一次发现肿瘤和血清中的DNA含量存在一定关系是在1977年,有研究者发现,大约1/2肿瘤患者血浆里游离DNA高于普通人群,线粒体来源的游离DNA也会增加。但当时无法知道这些DNA来自肿瘤细胞还是正常组织。直到1989年,人们才通过DNA链的热力学稳定性比较第一次确定,在肿瘤患者血浆中发现的DNA有一部分是来自肿瘤细胞的。肿瘤细胞分泌的游离DNA通常比正常细胞短,说明细胞内外的环境会影响游离DNA的产生和特征。

研究人员对地面模拟发射任务前后的一些志愿者血清里游离DNA进行了比较分析,也对凯利兄弟——我们多次提到的那对孪生兄弟——的血清游离DNA进行了比较。研究人员发现,在飞行任务结束后,斯科特·凯利血清里线粒体的游离DNA明显增多,意味着空间环境对线粒体的结构和功能会产生明显影响。

在生物学研究当中,检测DNA的序列是地面上的一项常用技术,但在天上要进行DNA测序就要困难很多。2016年8月30日,NASA航天员鲁宾斯(Kate Rubins)在国际空间站上成功完成首次微重力条件下的DNA测序,这意味着将来人们可以很方便地在空间站里进行DNA相关的实验,包括分析辐射对DNA突变的影响。受一些设备太大或过

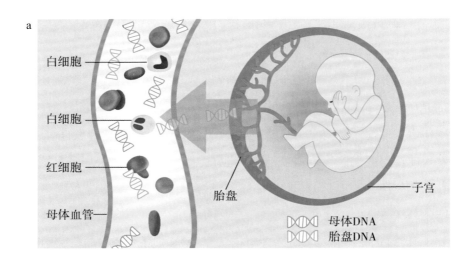

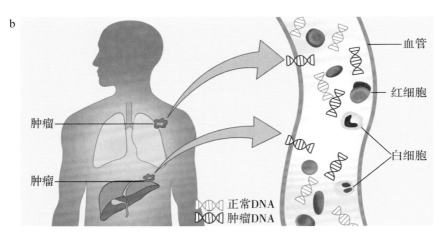

图4-22　部分游离DNA类型示意图。a. 胎儿的游离DNA，可通过脐带、胎盘进入母体；b. 肿瘤细胞的游离DNA，可进入血管，分布于血液中

于复杂、难以带到空间站等条件所限，在空间里做的生物学实验，很多样本都不能在天上直接检测，只能带回地面。未来，这些仪器设备如果可以改进、小型化，就有可能带到天上，直接在天上进行检测，获得的数据传回地面进行分析就可以了，这样会使得研究工作更加高效、快捷。

在太空里变化的外泌体

细胞已经很小，绝大多数细胞我们靠肉眼都看不见，只能借助显微镜观察它们。但是细胞并非不可分割的最小单位，细胞里存在非常复杂的结构，以及忙忙碌碌的各种大分子复合物，它们执行来自细胞的各种指令。细胞会向外分泌运输胞外体（exosome），也叫外泌体，这是一类外面包裹着磷脂双层膜的微小结构，从大小上看，如果把细胞比作太阳，那么外泌体就相当于地球。

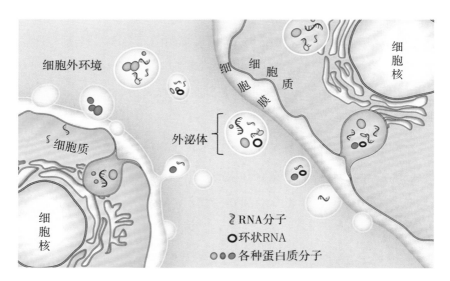

图4-23　细胞内的蛋白质、RNA等分子可以被膜包裹形成外泌体，分泌到细胞外，通过血液、淋巴液、细胞间液体进行运输。外泌体可以与特定的细胞结合，进入细胞并释放出其中的蛋白质和RNA等分子，这些分子释放出来后可以发挥它们各自的功能，调节细胞的生理过程

别看外泌体个头小，直径不到100纳米，里面却装着很多更小的东西，有mRNA、miRNA和一些非编码RNA等，还有蛋白质分子和游离DNA。在生活中，我们除了寄出包裹，也会收到别人寄来的各种包裹，细胞也是如此，也会接受其他细胞发来的各种外泌体"包裹"。外

泌体在血液中流动,当它们到达目的细胞后,与目的细胞融合并进入细胞内部,释放出里面的各种分子,至此快递就算签收完成了。这些进入细胞的分子可以发挥作用,调节细胞内的生理和生化过程。在人体中,上皮细胞、脂肪细胞和成纤维细胞、神经细胞都会分泌外泌体。

快递公司运送的包裹有大有小,里面装的货物也不尽相同,例如有的包裹里装的是食品,有的是化妆品,有的则是电器。同样,不同细胞分泌的外泌体不同。干细胞分泌的外泌体可以调节干细胞的维持、组织修复、免疫监控和血液凝集等。肿瘤细胞会通过外泌体向邻近正常细胞输送多种因子,促进肿瘤发生、细胞增殖等。当人生病或衰老时,细胞分泌的外泌体也与健康年轻时的细胞有所差异。在阿尔茨海默病(俗称老年痴呆)、帕金森病等病症当中,外泌体可以运输那些因错误折叠而聚集的蛋白。

外泌体的异常可能与多种疾病有关联,包括神经系统疾病、免疫系统疾病、心血管疾病、伤口愈合和皮肤再生、肿瘤等,这几年影响了全世界、让人深恶痛绝和疲惫不堪的新冠病毒SARS-CoV-2是RNA病毒,也就是说这种病毒的遗传物质是存储在RNA而非DNA上。SARS-CoV-2感染人体后会借助人体细胞中的基因转录"机器"合成自己的RNA,然后翻译出自己的蛋白质。有人在新冠感染者血清的外泌体中也检测到SARS-CoV-2的RNA,这意味着SARS-CoV-2病毒可能通过外泌体在血液里传输,去感染其他细胞。

斯科特·凯利在结束了340天的空间生活返回地面三年后,与地面生活的孪生哥哥马克·凯利比较,血清当中的外泌体含量增加了30倍,在一些外泌体里还发现了与疾病有关的"货物"。在斯科特的血清外泌体里,免疫球蛋白以及巨噬细胞的标记物CD14分子含量显著减少,这可能反映了空间环境可造成免疫力的长期下降。在斯科特的外泌体中还发现了脑组织中才有的蛋白质分子,而这在他的哥哥和普通人当中都没有出现。在人的脑组织里,并非血液里的各种分子都能随意进出脑部,而是存在一种称为"血脑屏障"的关卡,只允许符合条件的分子进出。斯科特的血清外泌体里出现脑组织的蛋白质分子,可能意味着作为空间环境的后续影响,他的血脑屏障也出现了问题。

2013年,"细胞囊泡运输的调节机制"这一重要发现获得了诺贝尔生理学或医学奖,从分类上说,外泌体属于囊泡的一种,因此外泌体迅速成为全球生物医学领域研究的热门话题。外泌体在多种生物包括真菌、植物和动物当中都存在,这意味着外泌体可能在不同的生物中都发挥着重要功能。

由于诺贝尔奖影响力巨大,每年颁奖之后,过度炒作的商业行为和坑蒙拐骗的伪科学都随之而来。这几年外泌体很火,在很多医学或美容广告里我们都会听到这个词。可是,外泌体的产生以及它们发挥生理功能的机制还不是很清楚,在这种情况下,我们对市场上涌现的打着外泌体旗号的产品不要盲目相信,一定要先进行辨别。2023年3月27日,成立于8年前的全球首家从事外泌体临床试验和治疗的Codiak科技公司宣布破产,这也意味着从概念到应用之间有漫长的路要走,需要付出踏实而艰辛的努力,才能把概念转化为实际应用。

免疫不给力

　　"免疫"（immunity）一词来源于拉丁文"immunitas"，意思是"免除劳役"。后来，罗马帝国的著名诗人卢坎（Lucan）在史诗《法沙利亚》（*Pharsalia*）中使用了"immunes"这个词，但其含义并非医学中免疫的意思。到了14世纪黑死病肆虐欧洲的年代，免疫这个词语开始在医学领域里使用。

　　每一个生命都不能生活在完全与世隔绝的环境里，都需要接触外界环境，包括自然环境和社会环境。在我们生活的环境里，有清新的空气、明媚的阳光、青翠的绿叶、芳香的鲜花、清澈的溪流、美丽的蝴蝶，令我们身心愉悦。但是，也有能够侵害我们身体的病菌和病毒，让我们看见小人甚至躺板板的毒蕈，海水里的塑料微粒和空气中的肮脏雾霾，划伤我们皮肤的荆棘和撕碎我们肢体的枪炮。环境里的有害因素总是在觊觎我们的机体，一旦有机会就要侵入和造成损害。

　　所幸的是，我们的机体里存在免疫系统，它们是生命的健康卫士。免疫系统由免疫细胞、免疫器官、免疫物质组成，可以和外来病原体做斗争，保护我们的机体免受伤害，维持内环境的健康。

　　在影响人类健康的因素当中，除了"外患"，还有"内忧"。我们每个人体内每天有数万亿个细胞在复制，其中总会有很低比例的细胞会突变为癌细胞。但是，在多数情况下，我们不必为此忧心忡忡，因为我们的免疫系统除了抵御外敌，也具有监控自身的功能，能够把体内发生突变的癌细胞、衰老的细胞、死亡的细胞以及其他有害的物质清除掉。当然，如果免疫系统出了问题，机体的防线就会出现漏洞，癌细胞就会逃脱监控而猖獗生长，人体的健康也会沦陷，甚至崩塌。

被激活的病毒

我们身体里潜伏着一些病毒——是的，你没有听错——例如可以引起带状疱疹（俗称蛇盘疮）的病毒。病毒侵入机体后，我们的免疫系统在功能正常的情况下可以遏制这些病毒繁殖，所以它们无法作恶，只能以类似休眠的方式潜伏在我们身体的细胞里。病毒的潜伏期长短不同，从几天到几个月甚至到数年都会有。近几年肆虐全球的新冠病毒，据称通常潜伏期在一周左右。病毒的潜伏反映了病毒和机体免疫系统之间的博弈，如果免疫力足够强大，就可以继续遏制这些病毒，使之继续处于潜伏状态；如果免疫力下降，这些潜伏的病毒就有机可乘，可以转变为激活状态。

细胞就像一个微型"工厂"，厂房车间中有众多"机器"负责不同工作，有的机器负责基因组DNA的复制，有的负责把DNA"转录"为RNA，还有的负责把RNA"翻译"为蛋白质，从而实现基因的"表达"。病毒的结构非常简单，仅为蛋白质外壳包裹着内部的遗传物质（DNA病毒的遗传物质是DNA——脱氧核糖核酸，RNA病毒的遗传物质是RNA——核糖核酸），没有上述那些机器，所以只能在入侵宿主细胞后，盗用宿主细胞工厂来表达自己的基因。然后表达产物进行组装，产生数以万计的新病毒，去感染更多的细胞。当病毒处于潜伏期时，它们受到宿主细胞的抑制，遗传信息是不进行表达的，也就是说它们虽然具有自己的基因组DNA或者基因组RNA，但是这些DNA或者RNA并没有被转录。因此，如果检测它们的DNA是可以检测到的，但如果检测基因的转录产物（mRNA）或者翻译产物（蛋白质），是检测不到的。因此，我们可以通过这些特征来检测和分析身体里是否有潜伏病毒以及这些病毒是否被激活。

太空的特殊环境会导致免疫系统的功能失衡，航天员抵抗病毒的能力会明显减弱，这会导致身体细胞里潜伏的病毒被"解除封印"，重新活跃起来。如果一名航天员体内的潜伏病毒被激活，他不但自己会患病，还可能传染给其他航天员，这就进一步增加了航天员群体的健康风险。

通常来说，航天员体内病毒被激活的问题并不严重，表现都很轻微，甚至没有这种变现，但是我们不知道当航天员进行深空探测时情况会如何变化。毕竟，在深空探测任务里他们将面临更为严峻的环境挑战，我们提供医疗援助的能力也会更受限制。因此，对于航天员体内潜伏病毒激活的研究是很有必要的。

被关闭的信号通路

空间站中许多环境因子如生理应激、节律紊乱、辐射、微重力等，都会打破免疫系统的平衡，导致人的免疫力下降。自从人类首次进入太空以来，就已经知道航天员在太空里会受感染。这些感染在地面上可以迅速处理，但在天上处理起来要困难很多。2006年，欧洲空间局航天员瑞特（Thomaus Reiter）在国际空间站的库比克（Kubik）舱做了个实验，把人的免疫细胞在微重力下培养，对照细胞在模拟1g重力的离心机里培养。然后两种细胞都被带回地面分析，结果离心机里的免疫细胞状态良好，但处于微重力下的免疫细胞的Rel/NF-κB信号通路停止了工作，而Rel/NF-κB信号通路具有调节免疫和炎症反应的重要功能。

免疫信号通路如同军队面对不同的任务通过不同的途径，例如，有敌机来犯，则由空军和地面导弹部队迎战，信号由雷达传递到司令部，司令部发出指令，我方战机起飞，驱离或击毁敌机。如果敌军从海上进犯，则情报被传递到司令部后集结舰队。对免疫信号通路而言，不同的信号会经由不同途径传递，启动机体不同的响应机制。

信号通路与飞行棋或者鲁布·戈德堡机械的连锁反应也非常类似，飞行棋里有不同关口，每到一个关口会出现不同选择，能顺利通过各种关口才能到达终点，取得胜利。在鲁布·戈德堡机械的连锁反应图里，一个物体的运动会触发下一个物体或几个物体的连锁反应，经过层层传递，最后完成任务。

NF-κB通路的一些重要蛋白质因子包括p50、p52、RelA（p65）、c-Rel和RelB，它们都是转录因子，如同开关，可以开启或关闭下游基因的转录。这些因子可以互相携手，如同在舞池里跳舞的人们，相互组合、配对，形成两两结合的二聚体，然后发挥转录因子的作用，调节基因表达。

在NF-κB通路里，NF-κB蛋白通常是由p65和p50形成的同源或异源二聚体，在胞质中因与抑制蛋白IκB结合形成三聚体复合物而处于失活状态。配体与受体结合后，吸引IKK蛋白前来并与之结合。IKK是由IKKα蛋白和IKKβ蛋白结合形成的复合物。当上游信号因子TNF结合到细胞膜表面受体后，受体构象改变并将信号传递给IKK，进而使IκB蛋白从三聚体中脱离出来。随后NF-κB二聚体迅速从细胞质进入细胞核内，与核内DNA上的特异序列相结合，促进相关基因比如 *CyclinD1*、*c-Myc*、*MMP-9*、*VEGF* 等的转录。这个信号通路的持续激活会导致细胞生长失控。NF-κB还能够与其他很多信号通路互相连通、互相调节，形成复杂的调节网络，但为简化起见，我们这里仅介绍NF-κB简化的作用模式。

a

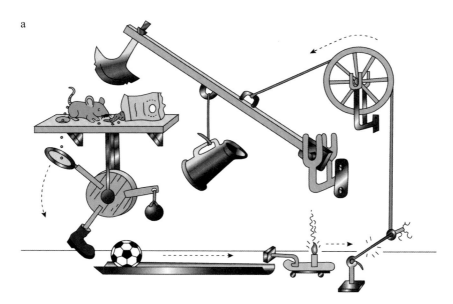

图4-24 a.一个鲁布·戈德堡机械的连锁反应卡通图。图的左上角有一只鼠在吃诱饵,它边吃边拉,粪便下落,推动转轮,转轮带动穿着鞋的木腿,木腿踢到足球,足球向右滚动,撞到载有燃烧蜡烛的小车,小车向右滚动,蜡烛烧断细线,被细线吊着的杠杆在壶的重力下被向下拉动,杠杆顶端的斧头落下,砍死了鼠。b.NF-κB免疫信号通路示意图。信号通路里的各个因子像军队中的信号兵,逐级传递信号,最终表达出有功能的基因,可以起到免疫反应的作用,例如杀死病毒等

b

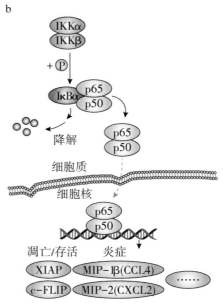

如果你看到这里觉得似懂非懂，心想生物的调节过程怎么那么复杂，那么我可以告诉你，以上还只是简化的调节模式，实际的调节过程远比这些复杂。我们在惊叹细胞和生命复杂和有序的同时，也应将钦佩之情不吝献给那些不畏艰难研究这些复杂通路的生物学家。

NF-κB通路参与细胞对多种刺激，例如细胞因子、自由基、重金属、紫外线辐射，以及细菌或病毒等做出反应。NF-κB通路如果发生异常，会导致免疫力降低，增加罹患癌症、炎症和自身免疫疾病的风险，增加细菌或病毒感染的风险。航天员的Rel/NF-κB信号通路停止工作，无疑对航天员的免疫力和健康会造成不良影响。除了免疫功能下降外，我们在前文也提到过，一些微生物的致病力在空间环境里可能增加，这个因素也会导致航天员健康受损，或者多方面的因素共同影响航天员的健康状况。

血液当中含有很多种免疫细胞，各自执行不同的功能。例如，B细胞会产生大量的抗体，有助消灭多种入侵的病毒；杀伤性T细胞可识别

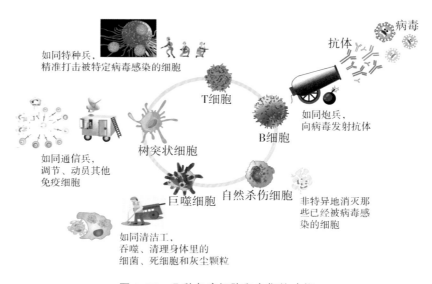

图4-25 几种免疫细胞和它们的功能

并直接杀死被病毒感染的细胞；巨噬细胞胃口很好，在血管里随着血流游走，到达目的地后就开始工作，吞噬那些机体里死亡的细胞以及侵入人体的细菌、灰尘颗粒，等等。以模拟失重小鼠以及参加飞行任务的航天员为研究对象的国内外研究都发现，空间的微重力等环境会导致小鼠和人体的B细胞、自然杀伤细胞减少，而T细胞、嗜中性粒细胞和造血干细胞会有所增加。这些结果都反映了空间环境对于人体的免疫力会产生明显影响。

空间里的应激反应

人或动物如果受到一定强度的刺激，包括各种内外环境、躯体、心理、社会因素等的刺激，会引起生理和心理上程度不同的反应，这就是应激。

出现应激反应时，生理上会出现交感神经兴奋、垂体和肾上腺皮质激素分泌增多、血糖升高、血压上升、心率加快和呼吸加速等现象，心理上会出现情绪变化、自我防御或应对反应等，行为也会发生改变。养过猫的人知道，猫很容易发生应激反应，比如把猫带到室外，稍有动静猫就会惊慌，所以养狗的人都要遛狗，但基本没有人遛猫。一些动物的应激反应更为强烈，例如赤麂等很多野生动物在被捕捉后会不停撞墙甚至直到撞死，所以在捕捉、救助野生动物时会把它们关在黑暗的屋子里，这样可以降低它们的应激反应。

适度的应激是有益的，可促进体内的物质代谢和调动器官的储备能力，增加动物或人的活力，提高机体的认知判断能力以及适应、防御、抗损伤能力，有利于机体在紧急状态下进行战斗或逃避伤害。比如猫看见一只陌生的狗，变得紧张，迅速逃走或爬到树上，这样可以逃避可能受到的攻击。

但是，如果应激反应持续时间过长或应激状态过于强烈，需要机体做出较大的努力才能适应，或者超出了个体所能承受的应对能力，就会扰乱人的心理活动和生理功能的平衡，免疫力也会随之降低，最终损害人的身心健康，严重者甚至造成身体及精神疾病。

在空间里，微重力、辐射、狭小空间等多种因素都可以引起航天员的应激反应，并导致应激相关的免疫力下降。在地面上，节律紊乱、睡眠障碍、工作负荷过重、密闭空间等因素也会引起应激反应和免疫力降低。虽然空间和地面引起应激反应、免疫力降低的原因不同，但德国宇航中心（DLR）认为，对航天员的应激和免疫进行研究会给地面上改善普通人群的健康提供重要参考依据。

受影响的线粒体

线粒体是一种双层膜包裹的细胞器，存在于真核生物的细胞质里，是各种细胞的"高能电池"，为细胞里各种生化反应提供能量。如果没有电，收音机、洗衣机、游戏机统统无法使用，如果没有线粒体，细胞就会停摆，各种免疫细胞也不例外。线粒体异常与很多疾病有关，例如代谢疾病、衰老、神经退行性疾病（阿尔茨海默病、帕金森病等），以及心脏和脑部缺血等。

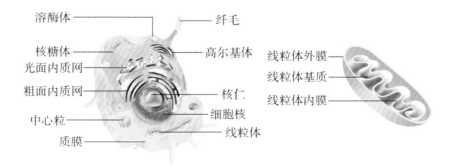

图 4-26　动物细胞中线粒体的基本结构。左图显示细胞有各种各样的细胞器，也包括多个线粒体。右图为线粒体的内部构造

　　一项针对59位航天员的研究发现，空间环境对线粒体的形态、结构和功能影响很大，微重力环境会影响线粒体膜的形态，并影响在线粒体中进行的许多能量转换和代谢过程。甚至有人认为，线粒体结构和功能的异常与航天员的肌肉萎缩、骨质疏松，以及心血管、肝脏和免疫机能的降低都有关联。

　　在真核细胞里，除了细胞核外，线粒体当中也有DNA。在进化上，一个公认的说法是，真核生物最早来自一个厌氧细胞吞噬了一个好氧细胞，后者被吞噬后并没有被降解，而是与前者保持着互利互惠的关系：前者为后者"遮风挡雨"，后者为前者提供能量，并使得前者可以在富含氧气的环境下生活。后者在进化历程里逐渐变成了线粒体，仍然保留着独立的DNA。如果机体出现异常，线粒体里的DNA也会逃出来，甚至跑到细胞外，成为游离DNA。在前文我们提到过，航天员孪生弟弟斯科特血清里来源于线粒体的游离DNA明显增多。

空间里的节律与睡眠

在童话故事《小王子》(*Le Petit Prince*)里,小王子来到了一个行星,看见一个奇怪的人,他在不停地点灯、熄灯。本来这个人在点灯和熄灯的间隙还可以休息,但由于这个星球转得越来越快,甚至一分钟就转一圈,他现在忙得连休息的时间也没有了。

"我干的是一种可怕的职业。以前还说得过去,早上熄灯,晚上点灯,剩下时间,白天我就休息,夜晚我就睡觉……"

"那么,后来命令改变了,是吗?"

点灯的人说:"命令没有改,惨就惨在这里了!这颗行星一年比一年转得快,而命令却没有改。"

"结果呢?"小王子问。

"结果现在每分钟转一圈,我连一秒钟的休息时间都没有了。每分钟我就要点一次灯,熄一次灯!"

"真有趣,你这里每天只有一分钟长?"

"一点趣味也没有,"点灯的说,"我们俩在一块说话就已经有一个月的时间了。"

地球大约24小时自转一周,迎来一次日出与日落,赤道上白天与黑暗约各12小时,国际空间站大约90分钟绕地球1周,1天大约可以绕

图4-27　空间站绕地球运转,大约90分钟转一圈。其中约65分钟在阳光照耀之下,约25分钟位于地球的阴影里

地球16圈,也就是说,大约每90分钟就会迎来一次日出与日落,其中"白天"约65分钟,"黑夜"约25分钟。为了适应这种快速的光暗交替变化,舱外作业的航天员在"白天"需要拉下面窗上的遮光罩以防止眼睛被强光刺伤,在"夜晚"则需要把遮光罩收回,这样的动作每90分钟就要做一次。从这个角度看,不是"天上一日,地上一年",而是地上一日,天上16日。

受舱内外特殊光照的影响,航天员难以像在地面上一样通过自然光线的变化来判断时间,一切都只能依赖钟表。斯科特·凯利在自传中写道:"太阳每90分钟升起、落下一次,而我们不能用这个来计算时间。因此,如果没有手表告诉我准确的格林尼治时间、没有日程表严格控制我的作息,我的时间感会完全丧失。"

除了特殊的光照,空间的微重力和弱磁场、空间站密闭环境和噪声等因素也会影响航天员或者其他生物的节律与睡眠;航天员的作息安排如果不合理,或者发生紧急情况需要航天员在夜间进行处理,也会造成航天员的生物节律紊乱。

航天员的节律与睡眠问题

在《西游新记》里,佛祖被人类的航天活动搅得寝食不安、精神委顿。在天上,航天员的睡眠也经常会出现问题。1969年,美国航天员阿姆斯特朗登陆月球,在月球上停留了21.6小时,据说整夜都没有睡好。参加本次登月任务的另一名航天员奥尔德林只打了几次瞌睡,加起来有几个小时。他们睡眠不好的原因可能是他们待在狭小的舱室里,无法躲避光照和噪声。此外,人类首次登月带来的兴奋可能也是影响他们睡眠的重要原因。

睡眠不足会导致操作失误率和事故风险升高,在航空事故里有60%—80%是由于睡眠不足引发的。为此,NASA后来改进了航天器内的环境,包括改善光照条件和减小噪声,使之更适合睡眠。国际空间站里虽然噪声平均不到50分贝,但有些舱室的噪声可达70分贝,相当于有人在房间里大声唱歌那么吵。相比较而言,俄罗斯的舱室里噪声更大些,所以俄罗斯航天员有时会跑到噪声小些的舱室睡觉。尽管采取了改善措施,航天员关于睡眠不足和感到疲惫的抱怨仍然经常发生。

有一种用来监测生物节律的腕表,戴在手上可以连续记录我们手腕的活动情况。由于我们的活动受到生物钟的影响,白天或工作时活动很频繁,夜晚或睡眠时活动则明显减少,所以我们可以通过这种节律腕表记录的数据来分析生物节律的变化情况。在有关航天员的新闻视频里,我们也常可以看到他们手上戴着这种腕表。

正常成年人每天的睡眠时间长度为7—8小时。哈佛大学医学院巴杰(Laura Barger)和她的同事们对国际空间站85名航天员总共长达4267天的节律腕表数据进行了分析,发现航天员在飞船里每天的平均睡眠时长为5.96小时,在国际空间站的平均睡眠时长为6.09小时,与发射前的6.5小时平均睡眠时间相比明显缩短,这意味着航天员普遍存在睡眠不足问题。航天员的睡眠结构也会出现改变,主要表现为快动眼睡眠和δ睡眠减少。我们一整夜的睡眠包含大约5—6个睡眠周期,每个睡眠周期的时间长度大约为90分钟,每个睡眠周期又包含4个阶段,其中快动眼睡眠阶段会做梦,并且虽然双眼紧闭,但是眼球会在眼皮下不停转动。δ睡眠是指深度睡眠,在这个阶段,脑部会出现明显的δ波。

空间环境里影响睡眠的因素包括微重力、噪声、环境舒适度、非24小时光暗周期、经常变动的作息安排以及心理因素(隔离、密闭和极端环境)等,另外航天员缺氧及血中二氧化碳分压偏高(高碳酸血症)等生理性改变也会影响他们的睡眠。由于在微重力环境下人很容易四处漂浮,所以航天员一般钻进固定在舱壁上的睡袋里睡觉。微重力会令一些航天员感到背痛,令颅内压升高,并对视觉造成影响,这些因素也会影响航天员的睡眠。此外,航天员承担着繁重的设备维护以及科研任务,经常会加班,这也会占用他们的睡眠时间。

长期睡眠不足会对生理和健康产生负面影响,降低人的认知能力和工作效率。据统计,为了改善睡眠,一些航天员需要服用安眠药,在总共963个在轨的夜晚里有500个夜晚需要服用安眠药,但是目前所服用的药物,对于延长睡眠时间和效率、质量的作用并不明显。所以,研发适合航天员服用的药物,对于改善他们的睡眠和提升工效非常有必要。

谁动了我们的时钟

1972年,美国科学家霍尔(Jeffrey Hall)、罗斯巴什(Michael Rosbash)和杨(Michael Young)通过药物诱导,获得了很多果蝇突变体,其中有三种突变会导致果蝇的生物钟发生明显改变:一种周期变长了,一种周期变短了，还有一种节律彻底消失了。由于这些突变果蝇的生物钟周期与正常的果蝇存在很大偏差，当时一个媒体戏称它们是"来自火星的果蝇"。

宇宙里存在无数的星球，即使是宜居星球，它们的环境也千差万别，自转、公转周期各不相同，光照强度、色温也不同，这些因素都会影响节律和睡眠。当然，这些星球的重力、磁场等因素也是影响节律和睡眠的重要因素。

航天器在运行时会经历90分钟周期的快速光暗交替环境，这种环境对生物有怎样的影响呢？我们实验室曾经用一种真菌——粗糙链孢霉进行实验，让它生长在温箱里，设置的光暗条件是65分钟光照、25分钟黑暗的交替环境，模拟空间站90分钟光暗周期。我们发现，在这种条件下真菌生长比在24小时周期环境显著加快了，似乎说明这种环境有利于生存。但是，当我们观察更多的指标时发现，在90分钟光暗周期条件下，它们产生微孢子的比例降低了。真菌的微孢子对于它的繁殖很重要，也就是说这种快速光暗交替环境其实不利于它们的繁衍。实际上生长快确实不能等同于具有更强的适应性，例如，一颗在黑暗中萌发的豆子生长速度比在光照下快很多，这种快速生长并不是为了适应黑暗环境，而是想长得快些、伸得远些，这样才能尽快逃离黑暗，找到有光照的地方。因此，生长在黑暗里的豆芽又细又长。

人的体温具有明显的昼夜节律，在傍晚时达到峰值，在凌晨时降到最低，昼夜相差1℃左右。有人曾经让志愿者生活在90分钟的光暗周期里，然后检测志愿者的体温变化情况。结果显示，志愿者的体温同时表现出了两种节律——24小时周期的昼夜节律和90分钟的光暗交替节律，两种节律叠加在一起。从体温变化曲线看，原本光滑的24小时周期曲线上出现了许多锯齿，这些锯齿每90分钟出现一次。这种叠加对人的节律和健康有何影响？这个问题还没有深入研究过。

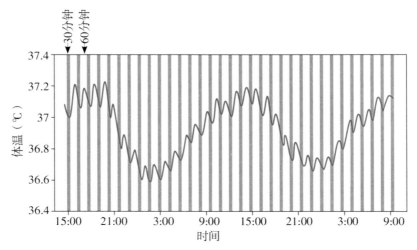

图4-28　人的体温在90分钟光照-黑暗周期下表现出两种节律的叠加。阴影条块表示黑暗时间段,白色条块表示光照时间段

不过,飞船或空间站里,虽然航天器每90分钟绕地球转一圈,但航天器内实际的光照变化并非如此。在航天器内靠近舷窗的地方受外面90分钟周期的光暗交替影响比较大,而在舱室内部离舷窗较远的地方由于采用人工光照,受舱外光照变化的影响较小。另外,在入睡时,航天员会戴上眼罩,这也可以屏蔽掉外面频繁的光暗变化的影响。

但是,舱内的人工光照并不如人意。由于航天器的能源非常宝贵,需要分配给各种设备,不可能无限制地都用于照明,因此,航天器里的光照强度经常是不足的,一般不到500流明(大致相当于普通教室或办公室里的照明强度)。以前国际空间站里的灯泡曾经损坏,导致舱内更加阴暗,直到多年后才从地面带来灯泡进行更换,但新灯泡的瓦数比原来灯泡的要低,大约相当于教室或办公室关灯后角落里的亮度,这样的光照强度就太弱了,对于维持正常的生物节律很不利。

磁场对节律的影响可能是通过影响人体内物质实现的。在人体内,色氨酸可以被一系列催化过程转变为5-羟色胺(又称血清素),5-羟色胺可以被芳烷胺-N-乙酰转移酶(AA-NAT)转变为N-乙酰-5-羟色

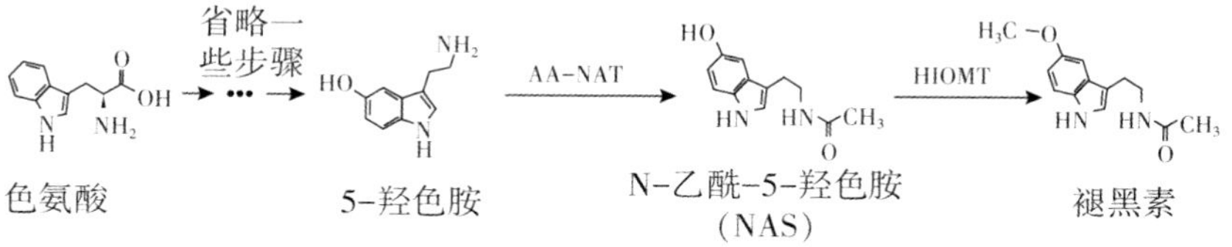

图 4-29　磁场对 HIOMT 的活性影响

胺，然后 N-乙酰-5-羟色胺可以被羟基吲哚-氧-甲基转移酶（HIOMT）
进一步催化为大名鼎鼎的褪黑素。褪黑素对于调节生物节律、睡眠以
及抗氧化具有重要的作用。这里有很多复杂的化学名称，但我们不用
管，只需要知道 HIOMT 可以催化褪黑素的合成就可以了。松果体和视
网膜里的 HIOMT 和 N-乙酰转移酶（NAT）的表达会受到磁场强度的影
响。在鸡的视网膜或松果体里，当磁场明显低于或高于地磁场强度时，
HIOMT 的催化活性都会明显降低。

生物钟影响健康

　　航天员在空间的微重力条件下会发生骨质疏松（骨质丢失）和肌
肉萎缩，而骨骼和肌肉的很多生理和代谢过程受到生物钟的调节，这
意味着可以从生物钟的角度想办法对抗航天员的骨质疏松。在骨组
织当中，成骨细胞的产生、破骨细胞的分化、骨的吸收和生成也都受到
生物钟的控制，呈现出明显的昼夜节律特征。在基因水平上，生物钟基
因 REV-ERBa 在骨代谢中发挥重要的调节作用。鲑鱼降钙素（salmon
calcitonin，sCT）是一种广泛使用的治疗骨质疏松的药物，有一项研究
分别在不同的时间段，如早晨、晚餐前、晚餐后给健康的绝经期妇女服
用相同剂量的鲑鱼降钙素，结果发现晚餐前服用所取得的效果最好。
人造甲状旁腺素（PTH）是美国 FDA 批准对抗骨质疏松的唯一药物，有
一项为期一年的研究显示，早晨服用更有利于促进骨的形成。这提示
服药时间遵循生物钟规律能获得更好的疗效。

潜艇里的人员由于频繁轮班、光照条件不佳等原因，节律紊乱问题非常严重。航天员虽然没有潜艇人员那样频繁轮班，但是由于微重力、繁重的工作负荷及夜间临时紧急任务等原因，节律紊乱也很常见。生物节律的紊乱可能是引起潜艇人员和航天员骨质疏松的原因之一。

细胞周期紊乱与肿瘤密切相关，而生物钟对细胞的分裂也具有重要的调节作用，这就意味着空间环境可通过使节律紊乱而增加航天员罹患肿瘤的风险。正常的睡眠对于细胞内DNA损伤的修复也很重要。褪黑素在睡眠期间分泌达到高峰，还可以作为抗氧化剂起到辐射防护的作用。航天员在空间尤其是执行深空探测任务时，要面对严峻的辐射，看来调整好生物节律和睡眠，对于抵御辐射也具有一定的作用。

如何适应月亮和火星的周期

在科幻电影《火星救援》里，主人公马克因故困在火星上，只能依靠自己栽种的土豆果腹度日。但是，实际上即使有了食物还是有很多其他环境因素难以适应，如大气压很低、氧气含量很少、地表辐射很强等。此外生物钟能否适应火星环境也是一个严重的挑战。火星的太阳日是24小时39分35秒，而月球的一个昼夜长达29.53天。

行星自转一圈的时间长度有太阳日和恒星日两种不同的计算方式。恒星日是指行星在公转和自转过程中相对于遥远的恒星来说旋转了一周，也就是转满360°（见图4-30左图右侧红点），但是从白昼和黑夜交替角度说，这颗行星经过一个恒星日并非刚好等于其自转周期。太阳日是指行星上某一位置（见图4-30左图左侧红点）在公转和自转过程中刚好经过一昼夜所需的时间，例如，从第一天日出到第二天日出的时间（忽略每天日出时间的微小差异）。恒星日可能比太阳日长，也可能比太阳日短，这取决于它们自转、公转的速度和方向。当行星的自转周期等于公转周期，就会出现潮汐锁定，即行星有一面永远朝

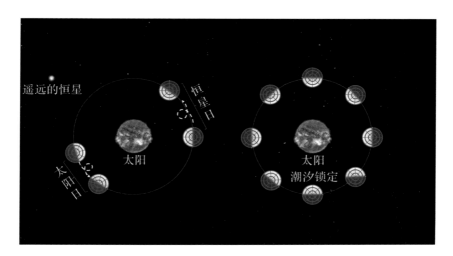

图4-30　恒星日、太阳日（左）以及潮汐锁定（右）的示意图。红色圆点指示的是这个行星上一个位置特定的点，随着行星自转，这个红点的位置在不断改变；朝向太阳的一面用亮色表示，背对太阳的一面用暗色表示。图中的太阳和行星并非特指我们太阳系，而是指任何由恒星和行星组成的星系

向太阳，相当于永远是白天，而另一面永远背对太阳，相当于永远是黑夜。如图4-30右图所示，这个行星的公转周期和自转周期相同，因此它的一昼夜的时长与一年相同。这就如同我们的月球和地球的关系，月球有一面朝向地球而另一面背对地球，不过要注意的是，地球不是恒星，不会发光，但这里潮汐锁定的道理是相同。目前已经发现宇宙里有一些星系里的行星被它们的太阳锁定，例如前几年NASA公布的TRAPPIST-1星系里，7颗围绕它们太阳公转的行星都被潮汐锁定了，也就是说它们一面永远是白昼而另一面永远是黑夜。

　　因此，当我们在描述某个星球的自转周期时指的是这个星球绕自转轴旋转了一圈（360°）所需的时间，在这种场景下我们应当用恒星日来表示；当我们在描述这个星球的昼夜周期时指的是这个行星围绕其太阳公转，太阳所发出的光刚好照满这个行星自转一圈时所需的时间，在这种场景下应当用太阳日来表示。

生物钟是历经亿万年的岁月演化而来的，生物的生物钟周期都具有很好的稳定性，都能够适应地球自转产生的24小时周期。火星和月球都不是24小时光暗周期，如果人类在其上长居，也必然面临生物节律受影响的难题。在科幻小说《月球城市》里，月球城市由5个相连的圆顶建筑构成，每个建筑的墙壁都是由内外两层6厘米厚的防护壳组成，中间填满碎石，因此是完全不透光的。在这样的月球城市里，采用的是人工照明，仍然沿用地球上的24小时周期。当然，这样人类就不需要想方设法去适应月球的非24小时光照周期了，但这也意味着人类并不能完全适应月球的环境。

如果把地球生物送到非24小时的周期——例如8小时光照、8小时黑暗交替的环境（这样的环境一昼夜是16小时而非24小时），并让地球生物在这样的环境里生活一段时间，是否生物钟就可以适应非24小时周期的环境了呢？理想很美好，现实很骨感。曾有人将果蝇、鼠置于持续黑暗环境里长期生活并繁殖后代，几十代后，它们的后代仍然保持着大约24小时的生物钟周期。同样，如果让人类或者其他生物长久（可能是几百、几千甚至数万年）生活在16小时周期的环境里，也许能够慢慢演化，生物钟周期也逐渐缩短至可以适应这种环境。但是，如果认为只需在16小时周期的环境里生活几个月、几年或者几十代就可以让我们的生物钟适应这种环境，那是不切实际的。因此，生物钟赋予了我们适应地球昼夜环境的能力，但也使得我们难以适应空间以及其他星球的昼夜环境。

水网藻是一种水生的绿色藻类植物，细胞连接成渔网状。一项几十年前的研究发现，水网藻的生物钟具有很强的可塑性，一般来说，大多数生物都难以适应非24小时的环境周期，即使把一些生物放到非24小时周期环境里，它们也能够表现出和环境相同的周期，但是它们的适应性会降低。另一方面，当把它们从非24小时周期环境转入持续光照

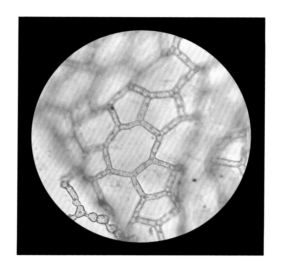

图4-31 显微镜下的水网藻,很多细胞相连,形成网状结构

或持续黑暗环境下,它们立刻就会恢复到接近24小时的周期。这意味着这些生物可能难以适应非地球的环境周期。但是有人发现,水网藻在经历18小时周期后,再转入持续黑暗条件下,它仍然能保持18小时的周期,可谓入乡随俗,能屈能伸。那么,或许这样的生物带到火星能够较好地适应那里的环境周期,至少值得去验证和尝试。总之,对于带哪些动植物同去火星,生物节律也应作为一个重要的考虑因素。

在科幻小说《2001:太空漫游》中,月球基地里月球农场的人造灯昼夜照明,让蔬菜和作物不停生长。这其实不一定能够做到。在科幻电影《火星救援》里也有种土豆的桥段,但是火星的季节长度很长,如果不完全依赖人工光照,哪怕只部分受到火星环境的影响,都可能对作物的生长和收成带来不利影响。

最终,当人类携带其他生物在月球、火星上长期生活后,人类及其他生物也会开始改变,去适应那里的环境,如同在电影《时间机器》里,当月球毁灭后,地球上的人类经过演化分成了在地上和地下的两个分支。或者如同《火星编年史》(*The Martian Chronicles*)里那样,最后会演化到忘记自己其实在很久以前是来自地球。总之,当人类移居其他星球,必会逐渐演化,至于演化成什么样子,只有未来才可能知晓。

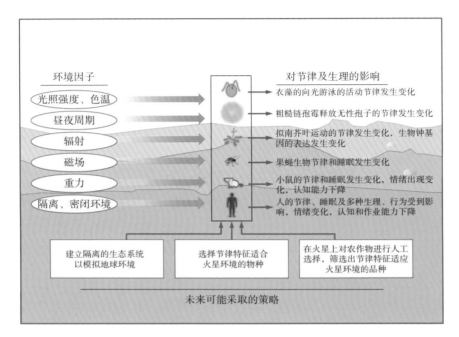

图4-32　火星上对于生物节律的影响以及将来需要进行探索和调整节律以适应火星环境的策略。这里显示的是几种代表性生物和人的情况

　　火星昼夜节律与地球接近,月节律和季节节律却很奇异,与地球存在显著差异。一年大概有630多天,所以火星的一年比地球长很多,而地球上很多的生物包括农作物适应的是365天的季节变化。另外,火星有两颗卫星即两个月亮。这些差异会对地球生物产生怎样的影响都有待于更多的研究去揭示。

　　实际上,地球的转速也在改变,但与小王子邂逅的那个转得越来越快的星球相反,地球的转速正在越来越慢。这是由于月球在逐渐远离地球,引力不断减小而造成的。在漫长的演化过程里,地球上生命的生物钟周期也会随地球转速的减缓而逐渐变长。例如,根据对远古时期的贝壳化石的研究发现，数亿年前每年有大约400天，而非现在的360多天。由于地球绕太阳公转的时间是固定的，所以每年的时间长度也是不变的，因此合理的解释只能是地球的转速减慢了。

—— // 让你的想法飞上天 // ——

　　火星上一年的时间接近地球一年的两倍。科幻电影《火星救援》里的男主角靠种土豆度日，那些土豆如果是暴露在火星的光照变化之下，就会受到火星季节变化的影响。如果在地球上让你设计实验，该如何评估火星季节周期对作物的影响？

易紊乱的神经系统

郑永慧在其译著《驴皮记》的序言里写道："如果人世间真有一张驴皮，使你的一切愿望都能实现，同时随着愿望的实现，驴皮将会缩小，你的生命也会缩短。试问：你是否愿意接受这张驴皮？"前往太空，是很多人的梦想，但是太空的严酷环境对健康是非常严峻的挑战，在空间驻留时间越长，对健康损害越大。如果了解了这些问题，你是否还愿意飞向太空？

对人和许多动物来说，神经系统对于调节和协同身体其他各系统具有非常重要的作用。神经系统赋予人类适应环境、认识和主动改造环境的能力，如果神经系统受到损伤，我们的生理、认知和健康都会受到很大影响，丧失处理复杂食物以及应对复杂环境的能力，甚至危及生命。空间环境里的强辐射、微重力、特殊磁场等因子会对人的多种生理产生不利影响，其中也包括神经系统。

受伤的大脑

人类以及其他很多生物（包括植物）都可以进行学习，适应新的环境。对人和动物来说，脑在适应新环境里起着重要作用。在微重力环境下，我们的神经系统同样会快速做出反应，进行学习。微重力环境会对人的感受器细胞和连接感受器的神经纤维施加影响。

20世纪90年代曾经被称作"脑科学十年"（Decade of Brain），神经科学实验室（Neurolab）是一次为期16天的航天飞机任务，在STS-90航天飞机里总共进行了26项神经科学实验，共有7名航天员以及2名预备航天员参与了相关科学项目。神经实验室研究项目涉及多种模式生物，包括大鼠、小鼠、剑尾鱼、蝌蚪、蟋蟀、蜗牛等，这些动物都幸运地——我们这样认为——进入了太空。针对这些动物的研究，为解释重力影响神经系统的发育和功能提供了帮助。这些实验都建立在地面实验的基础之上。其中一些研究补充了人体实验的不足。

神经系统的基本功能单位是神经细胞，也称为神经元。功能不同的神经元在形态、大小上差异很大。外界的环境变化可以通过感觉器官里的感觉神经元被感知，感觉神经元在外界环境的刺激下产生电信号，电信号被传递至大脑或者脊髓，再接力至效应器官，最终对环境刺激做出反应。效应器官包括肌肉或腺体，肌肉可以运动，腺体可以分泌激素。神经元之间以及神经元与肌肉、腺体之间的连接称为突触。神经元里的电信号可以引起突触部位上一级神经元的轴突释放神经递质，这些物质会被下游神经元的树突接受。神经递质的种类不同，功能也不同，有的神经递质会引起下游神经元产生电信号，起到促进作用，有的神经递质则是起抑制作用。

空间环境对脑的结构存在多方面的影响。从X光片或者CT图像可以看出，人的头颅里并非都被大脑塞得满满当当，而是除了脑组织外也存在间隙，或称为脑室，脑室里充满脑脊液。微重力会引起脑结构的改变，例如由于体液上涌导致脑脊液增加（听起来有点像脑子进水），脑室容积增大从而对脑组织产生挤压。脑室的容积随着在轨时间延长而增加，在轨100天增加约5%，在轨200天增加约10%。此外，有研究发现，在空间环境下人的垂体的形状也会发生改变。脑结构的改变意味着人的认知能力，例如反应速度、操作准确性等会受到影响。美国航

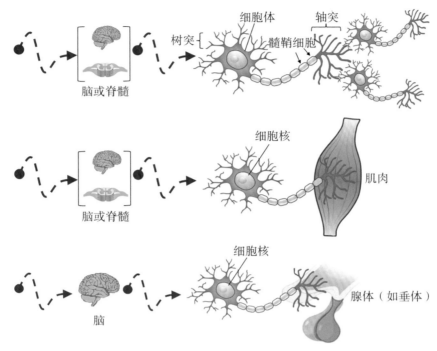

图4-33 外界环境可以通过神经传递、接力的方式调节腺体的功能,例如调节垂体分泌各种激素。除了外界环境,体内环境的变化也会让神经系统做出反应

天员斯科特·凯利在轨一年多返回地面后,反应速度和操作准确性都大不如前,造成这种情况的原因很多,脑结构的变化应该也是其中一个原因。

根据《新英格兰医学杂志》2017年的一篇研究报告,在28名男航天员和6名女航天员当中,有20人出现了脑部的中央沟变窄,7人的蚓上池(supravermian cistern)变窄,5人的距状沟变窄。此外,体液上涌会挤压脑组织,导致航天员脑室出现明显增大,这一现象在长期在轨航天员当中非常突出,在短期在轨航天员当中则不太明显。

神经生物学是研究动物脑、脊髓和身体各处的神经生理功能的学科。为了评估脑组织在辐射当中的功能改变,研究人员用6周龄的小鼠做了行为学实验,包括新物体识别测试(NOR)和物体位置任务

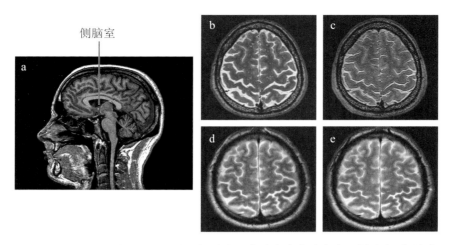

图4-34　a. 脑的内侧面观，图中示侧脑室。大脑左右半球各有一侧脑室，间脑内有第三脑室，小脑和延髓、脑桥之间为第四脑室。b、c. 长期在轨航天员发射前（b）和返回后（c）的脑部变化。d、e. 短期在轨航天员发射前（d）和返回后（e）的脑部变化。b-e图中脑部黑色弯曲的部分为脑组织，脑组织之间发亮的间隙明显缩小（b-e引自 Robert D R, et al. N. Engl. J. Med. 2017.）

（Object-in-place task，OiP）等。NOR通过实验动物对已熟悉物体与陌生物体的探索时间长短差异的行为学方法来评价动物的认知记忆能力，OiP评估小鼠空间识别的能力。空间识别能力与大脑的前额叶皮层、海马有关，这些脑区负责通过物体的位置变化甄别过去和现在的姿态差异。这个实验的结果发现，暴露在辐射环境下的小鼠在两种评估测试当中表现出的空间识别能力都明显下降了。1998年，老鼠搭乘"哥伦比亚号"航天飞机进入太空，在零重力下长大的幼崽大脑内存在发育不全的区域，与患有中枢神经系统疾病的老鼠类似。

　　在星际旅行的途中，航天员会受到宇宙辐射的狂轰暴击，高速飞行的微小的高能粒子会损伤细胞和DNA。由于地磁场的保护，地球上的人得以避免宇宙线的辐射，但是飞离地球，前往火星的航天员仅在单次行程里就会受到0.3西弗的辐射，虽然这低于8西弗的致命辐射量或是

1西弗的致病辐射量,但仍相当于连续接受24次CT的辐射量,足以对脑细胞和其他细胞造成无可逆转的损伤。

改变的感知觉

在地面上,有时候并非"眼见为实",在天上也是如此。在空间里,由于航天员的感知觉会出现变化,所以航天员不能盲目地相信他们的眼睛、耳朵以及方向感。航天员感知觉的改变对于他们高效完成各种在轨任务以及返回地面后尽快重新适应地面的重力环境都是需要应对的挑战。

达利画过一幅《圣十字约翰的基督》,但这幅画招来不少批评。批评者认为,这幅画是从上而下的俯视,达利是在表现"上帝"所看到的景象,太狂妄。总观效应也称为在轨远景效应,是人的一种认知改变,有点类似我们平常说的一个词"上帝视角"。对航天员来说,总观效应是指他们在遥远的太空远望地球时,看到的只是一个蓝色弹珠,甚至缩小到一个淡蓝暗点。这是地球上的人们无法体验的视角。这种景象可能会改变他们对很多事情乃至对世界的看法和价值观,例如对宇宙之大而地球之狭小、人类之易陷于蜗角纷争心生感慨。在科幻小说《2001:太空漫游》里,航天员鲍曼(David Bowman)进入黑石板的星之门后,面对海量涌现出来的宇宙奇景,受到了从未有过的冲击与震撼。

品尝美食时我们会说味道美极了,就是其实这种"味道"包含了嗅觉和味觉,当然视觉也会影响我们的胃口,包装精美、制作精致、色泽怡人的食物更容易令我们食欲大增。丰子恺说过:"我们吃东西,不仅用嘴巴,同时兼用眼睛。"我们感冒时,食欲会下降,这是身体虚弱、嗅觉和味觉迟钝等原因造成的。近年来肆虐的新冠病毒也会造成患者的嗅觉减弱甚至缺失。处于空间环境中的航天员头颈部静脉充血,脸部体液增加、形状变圆,成为月亮脸,而舌头和鼻窦充血则会影响味觉和嗅觉。一方面，航天员食不甘味，另一方面，航天员在天上又会闻到或感觉到一些奇怪的味道，甚至有些航天员会觉得空气也是有味道的，斯科特·凯利进入空间站后就觉得空气里带有一丝金属般的气味。

除了嗅觉和味觉，航天员的视力也会出现问题。2009年，美国航天员巴拉特（Michael Reed Barratt）在国际空间站上执行了为期6个月的任务。随着任务的进行，巴拉特和加拿大航天员瑟斯克（Robert Brent Thirsk）发现，他们出现了视力模糊的症状，阅读科学研究的说明及程序时看不清楚。他们返回地球后配了眼镜才解决问题。斯科特·凯利等多名航天员回到地球后也出现视力模糊，症状与巴拉特的非常一致。研究表明，出现这种症状主要是脊髓液增加从而压迫视神经和眼球，导致远视，这种病症称为空间神经-视觉综合征（SANS）。巴拉特和瑟斯克在成为航天员之前都是医生，退役后，他们决定对航天员视力减退这个问题进行深入研究。

SANS的病因可能是微重力下血液重新分布造成的颅内压增加。SANS的症状包括脉络膜皱褶、视盘水肿、视网膜出现棉绒斑、视神经鞘直径增大以及眼球扁平化等。脉络膜位于眼球最外层的巩膜和最内层的视网膜之间，由于体液的头向分布，脉络膜会产生很多平行的皱褶，如同风吹过的沙丘，这会使得视网膜表面出现不平整，出现视物模糊。我们在中学生物学里学过，视网膜上存在盲点区域，这里是视神经穿出眼球的地方，没有感光细胞，因此不会产生视觉。视神经穿出眼球的部位称为视盘（视神经盘），罹患SANS后视盘水肿、增大，这会导致盲点区域增大。SANS患者视网膜上的血管和血流发生改变，出现棉绒斑，这也会导致视网膜表面不平整，在视物时这些棉绒斑区域处于焦点之外，因此在这些区域上无法清晰成像。由于头部体液增多、压力增加，眼球被挤压和扁平化，屈光度可增加至1.75，相当于成了老花眼。此

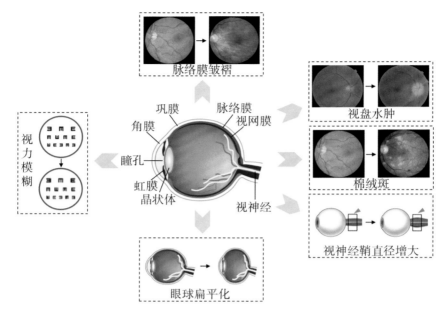

图4-35　空间微重力环境导致眼球出现多种结构变化

外，穿出眼球后的视神经周围包裹着视神经鞘，如同电线外面的绝缘外皮，SANS患者的视神经鞘的直径也会明显增加，也会导致视力减退、视物模糊。

据统计，超过一半的航天员会出现SANS的部分或全部症状。很多航天员在经历长期空间任务后，都会有短期的不同程度的视力下降。根据对执行过在轨任务航天员的统计，约有70%的人不同程度地患过SANS，眼底出现肿胀。有些航天员在执行空间任务期间患了SANS，回到地面后就可以恢复如常，但有的航天员眼球所受的损伤可能是永久性的，回到地面后也无法恢复。患病程度受到性别、年龄、高盐饮食以及心血管健康的影响。此外，视觉所受到的损害程度与航天员在微重力环境里暴露的时间有关，在空间驻留时间越久，航天员症状越严重。

SANS对航天员来说是一个重要的风险因素，因为视力模糊会干扰他们的正常工作,增加操作失误的发生风险。SANS的严重程度虽然不至于导致永久性的视力丧失,但也需要进行医疗和干预。有研究发现,航天员在夜间使用下肢负压套袋可以有效地减缓体液的头向分布,部分恢复类似地球上的分布状况,即较多的血液位于下肢,从而缓解SANS的症状。

除了微重力因素外,空间辐射也会对视觉产生不利影响。当小鼠暴露于中子辐射和悬尾模拟失重的情况下,它们的视网膜上皮细胞的凋亡会增加,导致上皮细胞的功能出现障碍。空间辐射可能会与微重力引起的视网膜上皮细胞损伤共同作用,并放大其负面作用。此外,空间辐射还会增加白内障的发生风险。

烦人的空间运动病

进入太空后,很多航天员很快就会患上空间运动病,症状包括恶心、呕吐、头痛、食欲不振等。一些航天员病情严重,经常反胃、呕吐,这可能会造成身体脱水和营养不良。网上甚至有这样一张照片:一名戴着头盔、身穿航天服的航天员呕吐了,把胃里的食物都吐在了头盔里的面窗上,把整个脸都挡住了。所幸的是,空间运动病通常只在航天员上天后的最初几天里比较明显,随着对太空环境的逐渐适应,空间运动病的症状很快就会消退,三天后症状基本都会消失。但是,空间运动病会复发,而且什么时候复发很难说。也有人认为空间运动病不是病,而是进入失重状态后一种不适的生理反应,因此也称为空间适应综合征。

据统计,在苏联及俄罗斯的航天员当中,空间运动病的发生率约为48%,美国的发生率为:在参加阿波罗计划的航天员里发生率为35%,在参加天空实验室任务的航天员里为60%,在后来参加历次航天飞机任务的航天员里为67%。另外,对于多次参加飞行任务的航天员来说,空间运动病的发病率会有所降低。

苏联航天员季托夫是第一个发生空间运动病的航天员，在微重力状态下，他感到自己好像在"倒飞"，感觉自己脚朝上、头向下地倒悬着，然后头也左右摆动起来，这令他头晕目眩，甚至出现呕吐症状。吸取了他的经验、教训，后来的航天员们在失重之初都会竭力避免头部的摆动，以免加剧不适症状。

有趣的是，航天员是否患空间运动病与他们在地面时是否晕车或晕机似乎没有必然联系。也就是说，有的航天员在他们驾驶战斗机时对运动病表现出很强的耐受性，但是到了天上却患上了空间运动病。与此类似，一些体操运动员在训练或比赛时游刃有余，但在平时玩过山车或者乘车坐在后排时会出现眩晕和不适。

在空间的微重力环境里，前庭系统、视觉和触觉的功能都会发生改变。例如，在地面上，人站立时脚底会受到地面反作用的压力，但是航天员在天上站立时由于没有重力就不会再感受到这种压力。神经系统对这种感觉的错误解读会导致他们在估计运动速度、距离和方向上出现偏差。

航天员长期在轨后会适应感知觉的变化，在没有重力的空间环境里会重新诠释各种感知觉。但是，当航天员返回地面后，又要面对有重力的环境，他们的运动感知、定向能力和距离感知需要重新适应。有一种测量立位耐受能力（orthostatic intolerance）的实验，可以衡量航天员的适应情况。在这种实验里，受试者通过绑带被固定在床上，角度与水平线呈70°，然后观察受试者可以以这样的姿势站立多长时间。这种实验对我们普通健康人来说不是问题，可以坚持很长时间。但是对刚刚从太空里返回地面的航天员来说却并不轻松，64%的航天员会出现立位耐受变差，无法坚持到15分钟，并且会出现头晕、恶心、出冷汗等症状，还有的出现血压过低等状况。

我们通过视觉、听觉、前庭系统和躯体感觉（皮肤和皮下感知，提供"接触""受力"等感觉）来判断我们的空间位置变化。在地面上时，人们通过多种感觉的整合来决定或判断运动的方向和距离、身体姿态，以及人和物体之间的距离。在这几种感觉当中，视觉对运动感觉的影响有很多的例子，例如，地球绕着太阳转，但我们的感觉正好相反，感觉是太阳在绕着地球转；当火车开动时，我们觉得铁路两旁的树木、电线杆在快速后移，实际上是我们乘坐的列车在快速前行。

在虚拟仿真场景下，我们可以坐着不动，但如果场景移动，也可以让我们产生自己在移动的感觉。例如，如果VR眼镜里播放的是向后运动的场景，我们会产生自己在向前运动的感觉，尽管我们坐在那里并未移动半分。这与4D或5D电影有点类似，在看4D或5D电影时，我们时而冲上楼顶，时而滑下悬崖，感觉紧张而又刺激，可这一切都是"欺骗"——实际上我们一直都只是坐在椅子上，是场景的变化让我们产生了飞速移动的感觉，当然座椅配合场景变换进行摇晃会使得我们的感觉更加逼真。总之，通过虚拟仿真技术，我们不需要身临其境，就可以模拟各种特殊场景，检测人在这些场景下的反应和感知觉变化。

这种原理当然也可以运用在科学研究中。戴上虚拟仿真头盔后，让虚拟现实的场景加速向上移动，受试者就会觉得他们仿佛在走廊里快速下降。因此，研究人员可以借此分析视觉运动和重力的共同作用是否会影响受试者对自身运动的感觉。

在平时，当有一根棍子从我们上方以自由落体的方式掉落，我们会比较准确地判断出它的下落速度并抓住它，因为我们从小到大就是生活在有重力的环境里，已经适应了。但是，在空间站里，由于没有重力，棍子不是加速移动而是接近匀速移动，在这种情况下我们的判断就会

图4-36　通过虚拟仿真研究重力对感知觉的影响。受试者戴上VR眼镜，可以看到虚拟的走廊，在这种环境里测试受试者的运动感、距离感和体积感（perception of size）（图片来自纽约大学）

失灵，抓不住下落的棍子。在研究当中，我们也不一定需要不停地丢棍子，而是可以通过虚拟仿真技术，记录航天员对虚拟场景里棍子掉落的判断以及对真实棍子掉落的判断之间是否存在差别。如果让航天员分别在飞行前、飞行中以及飞行后进行测试，就可以比较出不同重力环境对他们运动感知能力的影响。

　　航天员在执行飞行任务时对于运动和距离的错误感知可能会引起操作失误，比如在操控飞船与空间站的交会对接过程中，如果距离和运动感觉出错，会导致交会对接的时间延长，甚至任务失败。因此，如何预防和治疗空间运动病是重要的研究目标与任务。

　　地面上的一些医学研究也可以为空间运动病的防治提供有益的思路，例如，在美国约有200万成年人遭受眩晕或者平衡感障碍的痛苦，针对这些患者进行研究所取得的成果会推动空间运动病的研究进展。反过来，对航天员的研究不仅有利于改善航天员的感知、提高他们的工作效率，对于地面相关人群的疾病治疗同样有益，这也是航天事业"天为地用，地为天用"的体现。

植物神经也紊乱

看到这个题目，可能有人会产生疑问：人不是动物吗？身体里怎么会有植物神经？植物神经分布在内脏、心血管和腺体，主要功能是调节心肌、平滑肌和腺体（例如，消化腺、汗腺、部分内分泌腺）的活动，从而调节这些器官的功能。植物神经是无法靠人的主观意志来控制的，而是由内脏系统独立控制的，比如我们即使不专门留意，心脏也不会停止跳动，也很难通过意志来控制自己心跳的快慢，但是如果我们运动，心脏就会自动调整它的跳动频率和输出血液的功率，适应我们运动时的身体状况。因此，植物神经也称为自主神经。

与植物神经截然不同的是非自主神经，例如运动神经，我们可以随心所欲地通过运动神经控制我们手指的运动，弯曲、伸直，或者在智能手机上飞快地打字。这些行为主要是由我们的大脑控制的，而不是手指本身。

植物神经调节多种组织、器官，包括心血管系统、汗腺和肾上腺等激素分泌器官的生理功能，对于维持机体的稳态（血压、心率、血糖水平、体温等）具有重要作用。植物神经紊乱时会发生麻烦，例如，植物神经对胃肠平滑肌的蠕动有支配作用，功能紊乱后胃肠平滑肌就会产生痉挛或逆蠕动，从而使人出现呕吐。

我们开车时既可以加大油门加速前进——这相当于正调控，也可以踩刹车让汽车减速慢下来——这相当于负调控，但我们不会一直踩油门或一直踩刹车。同样，人的神经系统以及各种器官不能总处于兴奋的状态，或总处于抑制的状态，而是需要根据环境刺激或者时间的变化进行调整，才能维持功能的平衡。植物神经分为交感神经和副交感神经，它们对于多种器官的功能就分别起着相反的调节功能，例如交感神经兴奋会引起瞳孔扩大、心跳加快——油门功能，副交感神经兴奋则会引起瞳孔收缩、心跳减慢——刹车功能。

交感神经活性对于重力改变条件下维持血压稳态具有重要作用。在人类较长时间暴露于微重力环境后，由植物神经控制的立位耐受能力会明显下降。在1998年"神经实验室"项目里，科学家对航天员的肌肉交感神经活性进行了检测，发现在轨第12天和第13天后，以及返回时，肌肉交感神经活性显著增高了。在地面的头低位卧床实验里，也有类似的发现。但是，短时间暴露于微重力条件下时，肌肉交感神经活性会在不到两小时的微重力暴露期间被抑制，在三天后开始增高。

在长时间的模拟微重力实验后，立位耐受能力会减弱，这与立位应激（orthostatic stress）和压力感受器反射改变后肌肉交感神经的反应减

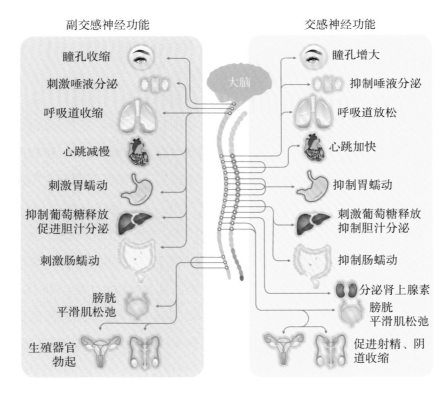

图4-37 交感神经和副交感神经的功能

弱有关。这个研究说明，为了帮助航天员更好地适应在轨的微重力环境以及适应返回地面后的重力环境，可以通过增强或减弱植物神经的活性来避免植物神经功能的紊乱，这可以通过体育锻炼、电刺激和磁刺激来进行干预，或者采用身体振动设备、弹力服、弹力长袜、下肢负压套袋以及服用药物等措施或者这些措施的组合等。

但是，微重力影响植物神经功能的机制还不清楚。目前已知的是微重力会导致神经-前庭系统改变以及体液分布改变，这两个因素是引起空间运动病的主要原因，也会引发心血管功能的失调。

在天上，各种动物努力去适应空间里的特殊环境，具体表现为既有短期适应也有长期适应。有人用剑尾鱼为材料，这些剑尾鱼在"哥伦比亚号"航天飞机上在轨飞行了16天。研究人员对它们的前庭核及其周围核团的神经突触进行了测定，发现16天的在轨飞行引起前庭核神经突触增加，而前庭神经外侧核未出现明显改变。前庭核接收信号输入，而前庭神经外核无此功能，这些结果说明没有了重力信号的输入，突触增加可能是一种补偿效应。所谓补偿效应在生理上很常见，比如因病切除一个肾脏的人剩余的肾脏通常会明显增大，以补偿其功能，不然难以满足机体的需要。神经细胞的能量代谢和血浆代谢物的变化也可以反映出对微重力条件适应性变化，例如在回转器模拟的微重力下，神经细胞表达的肌氨酸激酶的表达有所增加，但是葡萄糖-6-磷酸脱氢酶会下降。在超重情况下，葡萄糖-6-磷酸脱氢酶以及琥珀酸脱氢酶的表达量会升高。

未来的太空医院

克拉克在科幻小说《2061：太空漫游》里这样描述："弗洛伊德博士长期生活在太空里，失去了一切的他已经不适应地球的引力了。太空的生活使他衰老延缓，此时他已年过百岁，但却如同六十岁老人。"太空环境真的会让人更健康、更长寿吗？至少从目前我们已知的情况看，尚无可能，目前连医疗都是很大难题。

在人类前往月球和火星的征途中，保障航天员的健康与安全是最为重要的事情。空间的很多环境因素，尤其是失重和辐射，会对心血管

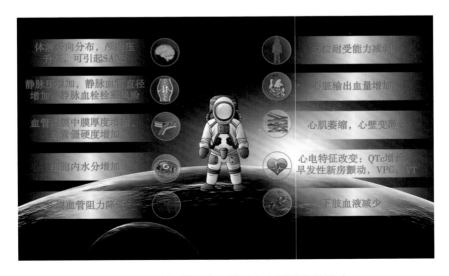

图4-38　空间微重力环境对心血管系统的影响

（Aleksandr Laveykin）经过近半年的太空飞行，由于大负荷工作期间出现较严重的心律失常而提前返回地球。

在空间站里做手术

在科幻电影里，航天员在天上患有重病或严重受伤后会启动医疗机器人，为自己做手术。例如，在电影《普罗米修斯》里，女主角开启机器人帮她进行剖宫产，取出了章鱼一样的外星人怪物。但是，与科幻电影里的丰满理想相比，现阶段空间站的医疗水平还远没有电影里那么先进。太空里做手术尚不可能，目前治疗还是以药物为主。

空间站里备有很多药物，其中用于治疗空间运动病和睡眠障碍的药物最多，还有用于治疗头痛、背痛和鼻窦充血的。这些药物都是用于缓解或治疗常见病症的，如果碰到急症或者航天员意外受伤，可能就派不上用场了。在这种情况下，依据目前的条件，只能采取求助地面医生的办法，在地面医生的指导下采用药物治疗。2022年初，一名航天员在太空中颈部血管里出现了一块血块，可能危及生命。地球上的医生成功地指导航天员通过药物治疗好，从而避免了一场外科手术。

阑尾炎是一种常见的消化道感染性疾病，急性阑尾炎主要表现为腹痛，随着病情恶化，还可能引起急性腹膜炎、败血症等。只要及时手术，阑尾炎一般都容易治愈。但是，如果航天员在天上发生阑尾炎那就非常危险，因为没有医生及时做手术可能危及航天员生命。有人提出，航天员在执行空间任务前最好切除阑尾，以避免在执行空间任务时患上阑尾炎。

在使用药物后，如果病情很快缓解，就不用过分担心，等航天员结束任务回来后再进行检查，帮助他们康复；如果疗效不显著或者病情恶化，那么只能紧急发射飞船，把医生送上空间站实施治疗或手术，或者把患病的航天员紧急运回地面进行治疗。为保障航天员生命安全，空间站一般都接驳有飞船,在地面的发射基地也有飞船和火箭备用,可实现快速应急救援发射。2022年11月12日,我国的"天舟五号"货运飞船在火箭点火起飞后仅用2小时,便顺利实现了与中国空间站"天和"核心舱的快速交会对接,这是迄今世界上空间站阶段实现的最快速的交会对接。这样的快速发射到对接可以及时进行货物运输,也为将来可能出现的太空紧急救治提供了技术保障。

2006年9月28日,法国一个研究小组在抛物线飞机里成功实施了在模拟失重条件下对人类进行外科手术的实验,这是世界上首例模拟太空人类外科手术。三名医疗专家和两名麻醉师,在机舱仅4平方米的手术室内,在不到10分钟的失重时间内,成功地为一名46岁的志愿者进行了前臂脂肪瘤切除手术。目前,也有科学家在国际空间站里探索太空手术,其中一项实验是让航天员利用3D打印技术造出手术工具,在模拟人身上进行伤口切割和缝合操作。

过去几十年,在阿波罗登月、"和平号"空间站、太空实验室计划、航天飞机和国际空间站等任务中,航天员经历了许多医学上的问题和关切,当然也曾经发生过致命的灾难,但没有一名航天员受到过严重的创伤性损伤,或者需要在太空中进行手术。不过,随着人类空间探索的步伐越迈越大,比如前往月球或火星,建立太空医院势在必行。

保障安全,提升工效

　　在科幻文艺作品中,航天员总是能够在突发灾难时临危不乱,化解难题。电影《阿波罗13号》讲述了1970年发射升空的"阿波罗13号"飞船在飞往月球的过程中发生爆炸,三名航天员经历重重考验、九死一生回到地球的故事。科幻经典电影《2001:太空漫游》里,航天员鲍曼面临生死关头,要和操控航天器的机器人斗智斗勇才能保住性命、完成任务,尤其在与地面失去联系后,一切困难都需要他自己应对,这对他的应变和决策都是巨大的挑战和考验。

　　在现实的航天飞行任务中,我们也经常看到航天员克服各种困难,圆满完成航天任务。不过,在赞叹和敬佩航天员能力和精神的同时,我们也要深刻认识到:航天员也是人,对环境、任务等挑战的风险承受能力也是有限的。未来的航天任务飞行时间更长、任务更复杂、风险更高,必须充分考虑空间环境里多种因素对航天员能力特性的潜在影响。例如,失重会导致骨质丢失、肌肉萎缩、眼压和颅压改变、前庭功能等生理系统变化,引起人的操作运动、视觉感知以及空间定向等能力改变;长期狭小空间和单调的社会关系会对航天员情绪等产生影响;长期昼夜节律变化会导致睡眠紊乱、睡眠缺失甚至失眠等,由此引发航天员脑力疲劳、情绪低落等,严重影响航天员作业能力发挥。如何保障航天员健康与安全,提升工效,无疑是一个值得关注的重大问题。

图4-39　空间环境对航天员认知及社会协作的影响

认知与工效

　　有时候我们看航天员在空间舱里对着电脑屏幕不停操作，屏幕上会出现一些圆圈、方块、数字或者移动的图形，好像他们在打游戏。实际上，他们可能是在做认知测试。认知，是指人们获得知识、应用知识或信息加工的过程，这是人的最基本的心理过程，涉及感觉、知觉、记忆、思维、想象和语言等。人脑接受外界输入的信息，经过大脑的加工处理，转换成内在的心理活动，进而支配人的行为，这个过程就是认知过程。

　　不同的认知任务测试与不同的脑区功能有关，例如，精神行为警觉测试时脑的前额叶皮层、运动皮层、视觉皮层等区域会变得活跃；气球模拟风险决策测试与眶额叶、杏仁核、海马、前扣带回有关。

　　精神行为警觉测试可以很好地反映人的警觉度，包括反应速度和操作的准确性，如果人的警觉度降低，那么在驾驶汽车、操作复杂设备时发生事故的风险会增加。生物节律紊乱、睡眠不足、疲劳或者压力过大都会导致警觉度降低。警觉度在一天中的不同时间也会有差异，我们通常在白天时警觉度较高，如果夜里我们在睡梦中突然被薅起来，睡

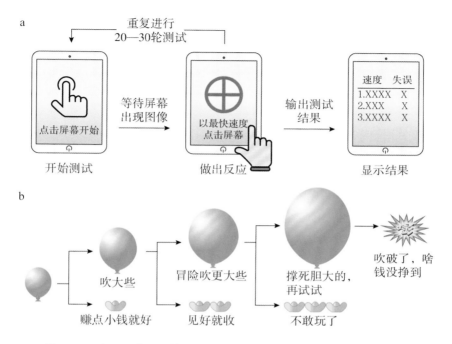

图4-40 认知测试。a. 精神行为警觉测试；b. 气球模拟风险决策测试

眼蒙眬的,警觉度就会很低。

气球模拟风险决策测试用来评估人的风险决策能力,过程很简单,电脑上先出现个气球,被测试者在几个阶段可以选择吹大它,也可以选择放弃。有的人比较胆小谨慎,会在气球还不是很大时就收手,这样可以赚取一点金钱(或奖励)。当气球越来越大时,有的人觉得见好就收,赚了比较多的钱(或奖励),决定不再继续吹了。有的人富于冒险精神,会选择尽可能地把气球吹得更大,只要气球没有破,就可以赚到更多的钱,但也可能由于气球被吹破而得不到任何金钱(或奖励)。我们去银行办理理财业务、购买金融产品时也会被要求填写一个评估表,判断我们是保守型、稳健型、平衡型、积极型还是激进型投资者,这与风险决策测试有点类似。

认知能力(包括警觉度、决策力等)与工效息息相关,认知能力高,航天员空间工效就高,执行任务过程中失误就少。而长时间生活在微重力、强辐射的空间环境下,认知能力和工效都会受到不利影响。我们在前面提到,美国航天员斯科特·凯利在结束一年多的空间站生活后回到地面,恢复了近200天,很多认知功能仍然没有恢复。要知道斯科特还只是在低轨道执行任务,如果他离开地磁场的保护进行深空探测,认知受到的影响会更明显。

安全增效的人因工程

由于远离地球,航天器如果出现事故,都可能酿成巨大灾难,不仅造成经济损失,还可能危及航天员的生命。

1967年4月3日,苏联第一艘载人飞船"联盟1号"顺利发射,但是升空后不久,就发现飞船的太阳能电池板没有打开,电源供电不足,飞船的飞行姿态也十分不稳定。在返回的过程中,对于生命保障具有重要意义的降落伞也出现了故障,导致航天员科马洛夫(Vladimir Komarov)当场牺牲。

1971年4月19日,苏联成功将全球第一座空间站——"礼炮1号"空间站发射升空。同年4月23日,苏联发射"联盟11号"飞船,载着三名航天员飞向"礼炮1号"。进入轨道后,"联盟11号"尝试与"礼炮1号"空间站对接,但是由于飞船闸门失灵,航天员未能进入空间站。1971年6月6日,"联盟11号"飞船再次发射升空,进行第二次与空间站对接。三名航天员包括指令长多勃罗沃利斯基(Georgi Dobrovolski)、工程师帕查耶夫(Viktor Patsayev)和沃尔科夫(Vladislav Volkov)搭乘飞船进行本次太空之旅,他们成功完成了对接任务,进入了"礼炮1号"空间站,在里面一直待到29日,创造了当时人类在太空停留时长的纪录。他们在空间站共停留了23天。

但是,"联盟11号"飞船里埋藏着巨大隐患。原本这个飞船只设计了两个航天员的座舱,可是苏联航天局当时过于急切,未制造出三人座的新飞船，而是将只能乘坐两人的"联盟11号"改为了三人座，而且为了节约空间，航天员无法携带航天服，只能穿舱内工作服。

1971年6月30日，在"联盟11号"飞船返航过程中，返回舱的压力阀门突然被震开，空气快速泄漏，舱内气压也急剧下降，在34秒内就接近了真空状态。由于压力阀门位于座椅下方，航天员够不着而无法采取紧急救援措施，使他们相当于穿着普通工作服暴露于接近真空的环境，造成他们缺氧且体液沸腾，最终全部罹难。当地面人员打开舱门，见到的只是三位英雄的尸体，令人无比心痛。

人因工程（human factors engineering，HFE）是随着军事装备发展，科技、社会进步，特别是工业化水平提升而迅速发展起来的一门综合性交叉学科。人因工程是从工效学发展而来的，最初主要关注的是人在生产和工作中如何适应机械或机器的问题。随着机器、设备的性能和功能越来越发达、完备，人机系统更日趋复杂，涉及人的因素问题越来越突出。因此，人因工程越来越关注研究人机交互技术，研究如何优化人机界面设计，使机器更好地适应人，以发挥人机系统的最大效能。

人因工程早期的研究主要聚焦人的工作效率，可追溯到19世纪末的美国人泰勒（Frederick W. Taylor）。泰勒改善工作效率的一个著名例子是他对铲子的研究。泰勒在工厂里调研时发现，工人干活用的铲子都是自己制作并带来的，铲子的大小、形状各不相同，五花八门。泰勒经过仔细测量，发现每个工人的平均负荷是21磅（约9.5千克），于是他让工厂准备了相同的铲子，这些铲子的负荷都是21磅。他还根据不同的任务制作了不同的铲子，有的铲子专门用于铲煤，有的专门用于铲铁砂，他的这些做法使工人的工作效率明显提高。

人因工程作为学科出现还是在20世纪40年代第二次世界大战之后，欧美国家着眼降低人员失误和提升武器性能，开始进行较系统的人因研究，设计理念从"人适应机器"转向"机器适应人"，更加突出人的因素，以提升工效。当前人因工程的主要目标和任务是探索如何提高系统效率,消除安全隐患,把满足人的多层次需求与系统功能及性能有机地统一起来。如果系统设计缺乏人因考虑,会导致用户使用不方便甚至易受伤害,或者在操作、使用时容易发生失误,造成事故。数据统计与分析表明,如果在产品设计早期就考虑人因工程,费用仅占总投入的2%;如果在产品交付使用后发生问题再引入人因工程改进,费用可占总投入的20%以上。

在国外,人因工程长期以来一直受到美国NASA及国防部、核电部门的高度重视。例如,在载人航天器设计和制造任务里,舱门的手柄应该设计多长才能有利于航天员快捷、高效地进行操作? 这个问题需要考虑很多因素,包括手柄和舱壁应该留多少空间,在整个开舱门过程中需要给穿着航天服的航天员留出多大空间,航天员穿上舱外航天服之后拧手柄时能使上多大力,等等。评估这些因素需要在地面开展大量工效实验,获取数据,然后进行相应的设计或改进。当然,对于无人航天器就不需要考虑这些问题,关于这一点,我们也可以从运载火箭的顶部结构加以判断。载人的火箭头部总是有个特殊的部件称为逃逸塔,火箭如果在

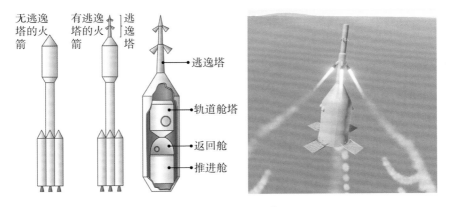

图4-41　火箭的逃逸塔示意图。左图显示了具有和不具有逃逸塔的运载火箭示意图,载人运载火箭具有逃逸塔系统。中图显示了逃逸塔的基本结构。右图显示了设想中火箭在发射时出现事故、逃逸塔启动并脱离火箭后的情景

发射阶段发生意外，航天员可以通过逃逸塔逃生，而无人火箭的顶部就没有这个部件。逃逸塔是航天员保命的重要装置，也正因如此，我们希望每次发射都不需要用到它。

人与机器不同，有着自己的生理极限和心理极限，无法做到不知疲劳地工作，或者任何环境下都保持一成不变的工作效率——实际上机器也做不到。所以，人在人机系统以及特殊的环境和任务下，能力和工效会发生什么样的变化是人因工程要着重研究的问题。当然，在同时包含感性和理性的判断、决策方面，目前人的能力仍是机器难以企及的。

航天员的心理问题

航天员是经过千挑万选的佼佼者，但仍然是有生理极限或弱点的人，而不是没有情感和心理活动的机器，并且他们所处的环境非常特殊，因此也会出现心理障碍甚至行为失常。在实际的太空旅程里，航天员可能不会像电影《独行月球》里的主人公那样幸运，至少还有一只大袋鼠陪着他在月球上度过寂寥岁月。太空里的孤独、隔离环境，以及过于繁重的工作负荷，都可能触发心理问题，此外，航天员个人的感情、婚姻生活或家庭变故也会对他们的心理状态造成影响。

20世纪七八十年代，苏联的一些任务就曾因为航天员的心理问题而搁置。1976年，"礼炮号"空间站的一名航天员因抱怨闻到一股辛辣的味道而被提前送回地面，但其他航天员都没有闻到这种气味，可能是幻觉。1985年，与"礼炮7号"空间站对接的"联盟T-14"，由于航天员瓦休京抱怨他患了前列腺炎而在飞行的第65天后返回地面，医生后来认为造成这个问题的部分原因是心理因素。

普通人在工作或生活中会出现操作失误，小的失误如办错事挨上司批评，大的失误如忘关煤气而引起火灾。一些重要行业对工效要求非常高，例如核电站、机场空管、载人航天任务等，因为对这些行业而言，一个不起眼的操作失误就可能酿成重大事故和灾难，造成重大损失。空间环境下很多环境因素都可能引起行为问题或心理障碍，包括睡眠和节律的破坏、人的个性差异、负面情绪、微重力引起的各种生理改变、疲劳、体质下降、狭小密闭空间、缺乏社会交流，等等。

为了保障载人航天任务的顺利进行，需要尽可能减少航天员的行为问题和心理障碍的发生。例如，平时的系统训练可以提高航天员的凝聚力，减少由于团队矛盾和不理想状态引起的行为错误。针对航天员的心理开展研究也很重要。除了以真正的航天员为研究对象，最近在美国"阿尔忒弥斯1号"任务发射的"猎户座"太空舱里，还有一个模拟的航天员，它身上连接有多种检测仪器，这是用模拟人来采集数据，进行支持和保障航天员健康与工效的研究。

如果航天员工作量的安排不适当也会影响他们的工效。1973年，天空实验室4号任务的航天员们认为，地面指挥中心安排的任务太多太满，负荷太重，所以他们罢工了。他们关掉了无线电设备，切断了与地球的联系。这件事之后，NASA开始给予航天员更多的私人时间。

需要说明的是，负向情绪也并非完全没有益处。情绪状态分为积极和消极两种，或者称为正向情绪和负向情绪。正向情绪有利于人们更好地处理人际关系，协作、互助，以较高的效率完成任务。负向情绪的优点在于，能够依据现实提出问题，注意到不足之处，有利于做出客观判断，抓住时机。对航天员来说，情绪的研究也非常重要，例如航天员与控制人员之间的情绪管理。乐观的人发明飞机，悲观的人发明降落伞，而飞机和降落伞都很有用处。

在航天员遴选过程中，心理选拔很重要，因为航天员在航程中要承受巨大的心理负荷，有潜在的心理病理异常、个性偏离以及有障碍的候选人在这一环节会被淘汰。在电影《飞天》里，航天员张天聪的妻子参观航天员的训练场地，得知航天员需要经历卧床、离心机等训练，还要在狭小阴暗的小房间里如同犯人那样被关上5天,以此模拟太空舱里的狭小、密闭与孤独的居住环境,锻炼他们的心理承受能力。了解到这些情况后,她眼眶湿润了。

我在多年前参加过高考自主招生面试,当时的面试方式是,一个面试官小组由考生报考方向的老师组成,每次进来10名左右的学生,都是曾在全国竞赛中获奖的,他们报考的方向包括化学、物理学、生物学、心理学等。考生依次落座后,我们开始对所有学生提出开放性问题,他们先逐一回答,然后自主发言。我的一个问题是:如果让你去空间站里做实验,你打算研究什么问题?结果不太令人满意,十个人有九个被难住了,只有一个打算报考心理学专业的女生回答说可以研究航天员的心理改变。从这次面试也反映出现有的中小学教学存在很大问题。当然,这不是本书的关注点,通过这件事我想告诉大家的是,在空间特殊环境下,航天员的心理和情绪等问题确实需要深入研究。

支撑航天,造福地面

早在20世纪40年代,职业心理学家莱曼在研究舒适的躺椅时提出,在没有重力的情况下,人在身体放松时的姿态是最为自然的,不容易产生疲劳。为此,他让人泡在泳池里来寻找最佳的姿态。不过,浸泡在泳池里并不能提供真正的失重状态,在轨的航天员才是处于真正长时间的失重状态。20世纪80年代,NASA曾经对"天空实验室"空间站的12名航天员进行了微重力环境下的动作和姿态数据采集,获得了中性身体姿态(neutral body posture,NBP)模式,用来指导设计和制造符合人体工程学的航天设备,这样可以既提高设备操作的舒适性,航天员不易疲劳,也可以增加安全性并提高工作效率。

2006年,日本一家汽车公司根据NASA的NBP数据研制出了新的汽车座椅,可以更好地支持脊柱和骨盆,改善驾驶过程中的血液循环,

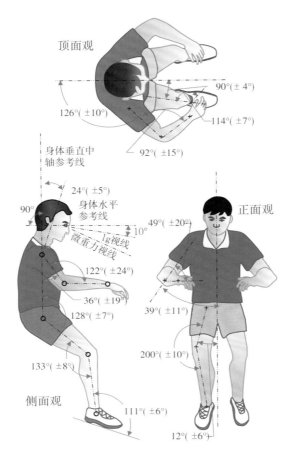

顶面观

90°(±4°)

126°(±10°)

114°(±7°)

92°(±15°)

身体垂直中
轴参考线

24°(±5°)

身体水平
参考线

90°

49°(±20°)

10°

正面观

1g视线

微重力视线

122°(±24°)

39°(±11°)

36°(±19°)

128°(±7°)

200°(±10°)

133°(±8°)

侧面观

111°(±6°)

12°(±6°)

图4-42　人的中性体态示意图

使司机在长途驾驶中不容易疲劳。我们在前面专门讨论过,航天科技可以造福大众,航天员中性身体姿态设计理念用于汽车的人因设计也是航天科技转化为民用的一个例证。

//让你的想法飞上天//

　　现在市场上一些商家声称他们的按摩椅可以调节各种角度,实现坐的人处于太空零重力状态。请分析这些广告是否具有科学性。

第五篇

星际漫游

Fly me to the moon,

Let me play among the stars,

Let me see what spring is like on a Jupiter and Mars.

——Fly Me to the Moon

带我飞向月球，

嬉戏于群星之间，

探看木星与火星有着何样的春天。

——爵士乐《带我飞向月球》歌词

改造星球

卡尔·萨根说过，生命太可贵，不能只存在于一个星球上。否则，很容易被小行星撞击而灰飞烟灭。生命需要制定后备计划，需要寻找第二家园。

未来，当我们掌握更先进的星际运输方式，我们就可以找到和前往与地球环境类似的宜居星球，并在上面生存。但是，所谓宜居，只是相对而言，这些星球的环境不可能与地球一模一样，星球上的温度、水含量、空气成分、辐射强度、磁场强度等因素只是大致接近地球环境，但差异可能仍然很大。我们人类的演化就是为了适应地球上的生活，尽管有疾病、有灾害、有苦难，但是在地球的生活仍然比我们未来去其他星球上生活容易且惬意多了。

即使在地球上，不同地域的气候也差异很大，有冰天雪地，有烈日炎炎，人们要想在这些地方生存，需要搭建房屋、开荒耕种或捕鱼猎兽。如果到了火星，我们无法在夏季的沙滩上做日光浴，无法在海水里嬉戏，也无法在不穿防护服、只戴副墨镜的情况下就出去跑步。因此，当未来人类移居其他星球时，必然要花上很长时间去进行环境改造。短期来看，我们首先要建起居所，但是很多基本的物资仍然由地球供应。长期的任务包括改造大气、土壤以及地表环境，让这个星球的环境更像地球，逐渐在这个星球上实现自给自足。这个过程会很漫长，可能持续成千上万年甚至更久。

寻找"金发姑娘"

在理论上，如果我们在某个恒星系里发现一个适宜生命存活的星球，那么在距离这个恒星系的恒星一定距离范围内的环状区域内很可能存在更多的宜居行星，这样的区域被称为古迪洛克区（goldilocks zone），其中"goldilocks"直译是"金发姑娘"的意思。

寻找宜居星球非常重要，因为只有找到宜居星球，未来我们才有移居的目的地。在太阳系的各个行星当中，地球最适合人类居住，火星经过改造或许也可以成为人类第二家园，其他大小星球都不适宜人类居住。但是，如果我们放眼银河系乃至整个宇宙，环境接近地球、可能适合人类居住的宜居星球则有很多很多。根据计算推测，在银河系里，至少有170亿颗恒星周围存在与地球环境类似的行星。但是，这些星球的环境对地球生命来说可能仍然非常严苛，不采取防御措施或者经过改造，地球来客无法直接在这些星球上生存。其实，不用说其他星球，即使是地球，如果时光倒流回到二三十亿年前，人类和现在的生物也难以在当时的环境下生存。

当然，改造星球会涉及伦理问题：如果那里已经存在生命，我们有无权力去改变人家的生存环境？未来，即使我们有能力去月球或其他星球上开采和利用资源，也需要注意不能过度开发、攫掠。

《外层空间条约》（Outer Space Treaty），全称为《关于各国探索和利用包括月球和其他天体的外层空间活动所应遵守原则的条约》，于1966年12月19日由联合国大会通过，1967年10月10日生效。这部法律宣称，探索和利用外层空间应为所有国家谋福利，不同国家都可在平等的基础上自由地探索和利用外层空间；不得通过提出主权要求，使用、占领或以其他任何方式把外层空间据为己有，任何国家不能在地球轨道及天体或外层空间放置或部署核武器或任何其他大规模毁灭性武器；对月球及其他天体的探索和开发仅可用于和平目的；航天员应被视为外交特使，各国应对其航天活动承担国际责任，不管这种活动是由政府部门还是由非政府部门进行的；各国应对其航天器造成的损失负责；各国应避免对空间和天体造成污染。

马斯克曾在2020年表示，火星上的殖民地将不受任何"基于地球的政府"的统治，而是遵循自己的"自治原则"，其实这是违反《外层空间条约》精神的。星球改造和开发涉及伦理问题，希望未来的人类具有足够的智慧与能力处理好，而不是像电影《阿凡达》中那个军官靠野蛮的暴力去解决问题，最终自食其果。

改造星球，种菜先行

2020年12月17日，"嫦娥五号"返回器返回地球，还带回了月球的土壤。那么，我们能在月球的土壤里种菜吗？

地球上的土壤是由岩石风化形成的细粒矿物质，含有有机质、无机质和水，也含有很多微生物。地球上土壤的形成，除了风化作用外，生命活动也是土壤形成和演变的重要原因。此外，我国西北地区广泛分布的黄土，是一种比较特殊的土壤，主要由风力搬运、沉积形成。黄土逐年堆积，因此还记录了长达200多万年的气候变化历史。

月球没有大气，没有水，更没有生物，那么月壤又是怎样形成的？

由于没有大气，月表直接暴露在太阳辐射和微陨石的轰击之下，月壤不含有机质，极度缺水干燥，形成过程没有生物活动参与，组成月壤的矿物粉末基本是由陨石撞击破碎形成的。因此，粉末颗粒的棱角十分锋利，对航天员的呼吸系统和航天器安全都会造成威胁。不仅如此，由于月球没有磁场保护，太阳风（主要由氢的等离子体组成）会注入粉尘颗粒表面，将矿物中的二价铁离子还原成纳米金属铁微粒，从而改变其电磁特征、光谱特征。总的来说,地球土壤是在大气、水和生物共同作用下产生的,这种产生过程称为"地表风化",月壤则是在太阳辐射和陨石作用下产生的,称为"太空风化"。

月球表面经常被陨石以每秒10多千米的速度撞击,撞击产生的巨大能量会使月表一部分物质熔融,形成玻璃,还有一部分物质气化,再重新凝结,成为月壤的一部分。因此,想用地球土壤"冒充"月壤,几乎是不可能的。阿波罗登月计划的6次任务,一共从月球正面的6个不同地点采集了月壤样品并带回。苏联的三次"月球号"任务采回300克左右的月壤样品;中国"嫦娥五号"带回1731克月壤样品。

阿波罗计划带回的月球土壤经过严格的检疫、隔离和灭菌后,被用于多项测试。例如用月壤擦拭萝卜叶片,结果发现月壤对植物并没有明显的伤害。在化学组成上,月壤在一定程度上含有有利于植物的一些成分,如铁、镁和锰等,但植物生长所需的主要成分如氮、磷、硫、钾等元素的含量极低,而且这些成分都是以不溶于水的形式存在的,无法为植物所吸收、利用。因此月壤无法直接用于栽种,但是如果把月壤作为补充的营养物添加到地球土壤里,则会起到促进植物生长的作用。在含月壤成分的培养基上培育的甘蓝、藻类、蕨类和苔藓等植物表现出了更为旺盛的生长活力。

不过,带回来的月壤毕竟很少,要充分开展实验,就得使用根据月壤成分人工配置的模拟月壤。在模拟月壤上,拟南芥和法国万寿菊可以生长,但是无法开花。苜蓿类植物可在以玄武岩颗粒为主模拟、营养贫乏的月壤上正常生长,苜蓿又可以作为肥料改善其他植物例如萝卜和生菜在模拟月壤上的生长。蓝藻(*Synechococcus sp.* PCC 7002品系)也可以在模拟月壤上生长,并在生长过程中降低土壤水分里的含盐度,起到改善土质的作用,有利于其他植物的生长。

美国的黄石公园地貌奇特,尤其是那里的热泉每年都会吸引来自世界各地的游客。这里海拔高,紫外线强,热泉的泉水里含有较高的硫元素,这对很多生物来说是极大的生存威胁。热泉周围通常寸草不生,看起来像外星球。但是,热泉里其实生活着很多微生物。有人从黄石公园里采集了蓝藻等微生物,结果发现这些微生物在模拟月壤里生长状况很不错。

　　人类迄今还没有将火星的土壤或岩石带回地球,但是我们可以根据火星探测器获得的数据制备出模拟的火星土壤。这些模拟的火星土壤成分不完全相同,因为降落在火星表面不同地区的探测器所探测到的火星土壤成分也是有差别的。另外,地球上存在少量来自火星的陨石,这些陨石是很久以前落到地球上或者在太阳系里游荡了亿万年后才落到地球上的,人们可以通过这些珍贵的陨石研究远古时期火星的岩石构成。

　　与地球土壤相比,火星土壤里的一些含量很高的元素,例如一些重金属元素和类金属元素,对植物有害,使之难以存活。同时,火星土壤里硝酸盐、氨等可被植物吸收利用的氮元素的含量很低,无法满足植物正常生长的需要。在地球的火山灰里,硝酸盐和氨的含量也很低,也难以维持植物的生长。因此,世界上不同国家的实验室采用玄武岩、火山灰渣等材料配置模拟火星土壤,化学成分、矿物含量、颗粒大小等理化性质与火星土壤类似。例如,火星土壤里的三氧化二铝含量很低而铁元素含量高,在配置模拟火星土壤时就充分考虑了这一因素。这些模拟火星土壤对地球生命来说太过贫瘠,如果不添加营养液,很多地球植物都难以在上面正常生长,这反映出植物也会难以在真实的火星土壤上生长。

　　目前,国内外已经针对火星土壤条件对作物生长发育情况展开了初步研究。2014年的一项实验发现,植物在火星风化层模拟土壤上生长开花略好于对照土壤中营养不良的河流土壤。2020年法格雷尔

（Laura Fackrell）研究小组对5种不同的火星土壤模拟样本进行了深入分析，发现样本中盐分含量普遍过高、无机物质含量过低，因此未来火星农业种植可能需要在土壤中添加额外的矿物质以改善植物生长发育情况。这些研究的结论存在一定的差异，表明火星土壤对作物生长发育的影响机制较为复杂，需要进一步深入探究。

草木樨（*Melilotus officinalis*）具有根瘤，其中含有固氮细菌。如果除去这些固氮细菌，草木樨就无法形成根瘤，在这种情况下草木樨也可以在贫瘠的模拟火星土壤里勉强生存，但长得不好。如果让固氮细菌与草木樨共生在一起，草木樨就会长出根瘤，它们在模拟火星土壤里的生长状况就会得到明显改善。

在太阳系各行星当中，火星的环境条件最接近地球，但是仍然不适合人类居住。如果把火星改造成为宜居星球，需要对火星的生态系统进行改造，包括提高火星表面温度、改良火星土壤、提高火星大气氧含量、引进陆生植物和动物等措施。

要提高火星表面的温度，可以利用火星上的物质进行化学反应产生温室效应来达到这个目的。在提高火星表面气温后，火星上的冰融化后可以形成湖泊。在改良火星土壤方面，可以利用地球上的抗辐射、耐寒微生物清除对植物生长有害的物质，使火星土壤更适合植物生长。

在完成以上改良后，可以在湖泊里养殖地球的水生植物，通过光合作用产生氧气，补充到大气当中，大气中氧的增加有助于臭氧层的形成，而臭氧层可以抵御紫外线辐射。随着大气氧含量的增加，引进动植物就有了基础，这样火星的宜居生态系统就基本建成了。2022年4月20日，"毅力号"火星车着陆火星的第60个火星日，经过两个小时的热身后，火星车上的装置MOXIE开始制造氧气，运行约一小时后制造了5.4克氧气，可供一名航天员呼吸约10分钟。这个实验的成功，意味着未来人们有望将火星上二氧化碳转化为人类可呼吸的氧气，为人类着陆火星助力。这或许算迈出了改造星球的第一步。

　　SpaceX公司的CEO马斯克曾表示他正在考虑如何让火星变暖。他的想法是在火星的两极引爆氢弹，产生大量光和热，如同太阳，这样就能让火星冰层融化，在地表产生大量液态水。在此过程中也会产生大量的二氧化碳，可以补充火星大气层，二氧化碳是温室气体，具有保温功能。但是，俄罗斯联邦航天局执行主任布洛申科（Alexander Bloshenko）认为，马斯克的"核弹改造火星"计划最少需要连续引爆一万枚沙皇氢弹级别的核弹头，才能达到目的。引爆那么多氢弹固然可以融化冰层，但肯定也会有很多其他未知的副作用，甚至引起灾难性后果。再者，即使通过上述手段改变了火星大气的成分，也难以增加火星的大气压，因为火星引力太小，而且没有磁场，难以吸引和束缚更多的大气。

建造太空家园

　　我们小时候，总是喜欢捉几条小鱼、小虾或蝌蚪，放入玻璃罐里养，还会放几根水草进去，俨然成了一个简单的生态系统。或者有时会在玻璃罐里装上一些土，然后逮些蚂蚁放进去养，看它们之间杀伐争战，忙碌觅食。

　　在一些电影里，一些先天过敏的人从小就生活在被称为"仓鼠球"的透明塑料大泡泡里。如果不借助航天器、航天服等设备，我们是无法适应太空环境以及其他星球的环境的，我们只能构建模拟地球的人造环境，为生存提供最基本的保障。也就是说，我们只能生活在类似仓鼠球的狭小的人造环境里。如果我们穿上航天服从人造环境里出来，迈入空间，就相当于躲在更小的仓鼠球里。所以我们到了太空或其他星球，并不能像在地球上这样完全暴露在环境当中。反之，如果存在外星人，当他们来到地球，同样也未必能适应地球的环境。在科幻电影里，来到地球的外星人也会建立适合它们生存的生态系统,例如,在影片《独立日》里,外星人巨大的太空飞行器里就有完善的内部生态系统。

无论人类如何发展,我们都离不开农业,除非人类哪天舍弃肉身,将意识与机器融合。农业支撑着人类的生存和繁衍。当我们到达其他星球后,也需要发展农业。加拿大航天员瑟斯克(Robert Thirsk)说过:"生活在航天器里并不像住在五星级宾馆,航天器具有自己的主要功能,并不宜居。我们乘员吃的都是冻干或长期冷冻保存的食品。这些食品尽管营养丰富,但是没有家常菜的美味。我们在空间站驻留的半年中,总是期盼新的货运飞船早日到来。地勤人员会将新鲜的肉类和蔬菜装上飞船,他们知道我们很馋这些新鲜食品。"

在"天宫二号"实验室里,照顾蚕宝宝、种植生菜也是"神舟十一号"航天员的日常任务,他们俨然成了太空农民。在空间站里,蚕宝宝长得似乎没有在地面上那么健壮,运动也似乎减少了。种植生菜用的基质不是土壤,而是蛭石。我们在家里养花也经常会用到蛭石,它具有自重轻、透气和保水等特点,可以增加土壤蓬松度,而且具有调节土壤酸碱平衡的功效,常与泥炭、珍珠岩等进行搭配使用。培养生菜的培养箱并不是从地面带上去的,而是在天上采用3D打印技术打印出来的。尽管没有了重力,生菜仍然保持着向光生长的特性,并且生长得似乎比在地面上要高一些。由于没有重力,所以不能像在地面上那样浇水,而是将水注入生菜根部的蛭石里。

人类在移居其他星球后,和在地球上一样需要衣食住行,为了在其他星球上长期驻留、生存,可以建立生物再生生命保障系统(Bioregenerative Life-Support System,BLSS),也称为受控生态生保系统(Controlled Environment Life-Support System,CELSS)。在受控生态生保系统里,绿色植物或藻类可以利用光能进行光合作用,在制造氧气的同时合成养分,可以作为人类的食物,水资源也可以循环利用。这样的生态生保系统非常复杂,需要先进的技术进行精细控制,尤其需要依赖计算机和自动化的控制技术。整个系统也需要能量供给,除了光能,还可能用到原子能,通过小型核反应堆提供能量。当然,里面也需要有食品加工设备以及资源回收与再生设备等。在科幻电影《太空旅客》里,由于机器故障提前醒来的太空旅行者和他的爱人一起在巨大的航天器里种树养花,几十年后,两人已经去世,但是此时醒来的几千名星际旅客惊讶地发现,太空舱并非只是冷冰冰的朋克风格,而是树木繁茂、流水潺潺,如同他们的地球故乡。广义地说,目前的载人飞船也是一个简单的受控生态生保系统,但这个系统的构成和功能不完整,无法自己制造氧气和食物,需要不断地从地面获取供给。

齐奥尔科夫斯基认为,人类注定要离开地球去太空生存。研究如何设计、建造生物圈并在其中长期居住、生活,对于人类的地球及空间生存都至关重要。通过开展地面实验项目,反复试错、学习经验,人类才能开始了解微型生物圈的运作方式。美国国家太空委员会在报告《开拓太空疆域》(Pioneering the Space Frontier)中提到,地球相当于人类的"生物圈1号",建设"生物圈2号"很有必要——为了探索和定居在内太阳系,我们必须开发更微型的生物圈,研究针对生物圈的建造和维护方法。建造者希望"生物圈2号"能够提高我们对生物圈的认识,开发生物圈的试验版本,为在空间和行星表面建造生物圈做准备。

"生物圈2号"项目肇始于1984年,经过多年的设计规划、生态研究和工程研究,于1987年开始施工建设,在1991—1994年成功运行。其中,空间生命保障技术和封闭生态系统研究主要由俄罗斯生物物理研究所(IBP)和莫斯科生物医学问题研究所(IBMP)负责,他们将"生物圈2号"发展为维尔纳茨基式生物圈。该封闭系统实现能量开放和信息开放,因此可以实施精确监控,追踪系统的细微变化。"生物圈2号"是迄今规模最大、最具生物多样性的密闭生态系统,改变了空间生命保障学家和公众对空间生存所需微型生物圈的认识,为人类的地球生活以及长期空间生存提供了宝贵经验。作为世界上第一个微型生物圈,"生物圈2号"在生物圈学和封闭生态系统领域具有里程碑意义。

　　针对空间生物受控生态生保系统所开展的研究专注于:简化生态的自然复杂性,从而最大限度地提高生命保障的效率;减小系统的体积和重量;实现严格的控制。在苏联和美国的空间计划中,最早采用的是藻类水箱,该系统支持再生空气和水,但不能满足食物需求。坐落于西伯利亚的"生物活素3号"是20世纪70年代最先进的生物受控生态生保系统,该系统能够生产食物,回收人类的液体废物,调节二氧化碳水平。

　　2005—2007年,日本建立了封闭式生态实验设施(Closed Ecological Experimental Facility,CEEF);中国航天员科研训练中心于2016年6月17日至12月14日在深圳开展了"绿航星际"4人180天受控生态生保试验;北京航空航天大学的刘红教授于2017年5月10日至2018年5月15日领导开展了"月宫一号"系统密闭生命保障系统试验;欧洲空间局也开展了MELiSSA(Micro-Ecological Life Support System

图5-1　参加绿航星际180天试验的志愿者在舱内检视作物生长状况(郭金虎摄于2016年12月)

Alternative）项目。

2016年6月17日，深圳太空科技南方研究院，唐永康、仝飞舟、罗杰、吴世云4名志愿者走进了一个模拟舱，舱门在他们身后缓缓关闭，他们将在里面生活180天。在这180天里，除了开始的一段时间食物由舱外供应，在后面的时间里他们必须自己栽培作物、制作食品，自给自足。他们所栽种的作物有25种，包括小麦、马铃薯、甘薯等粮食作物，大豆、花生等油料作物，生菜、苋菜、小白菜等蔬菜作物，草莓、樱桃、番茄等水果，铁皮石斛、辣木等功能植物。这次试验的主要目的就是建立和评估维持航天员生活的生态生保系统，为建立太空基地和发展太空农业进行探索。

植物在长期的载人航天任务尤其是未来的月球、火星驻留当中具有重要作用，一方面可以作为食物来源，另一方面也是再生性生命保障系统的重要组成部分。目前对植物在空间中的变化情况是研究热点，包括小麦在微重力环境下的蒸腾作用与光合作用变化规律，通过基因芯片对微重力下拟南芥的生长发育进行研究，等等。

在国际空间站里，已经有了植物种植实验设备。2014年，"龙"飞船将名为VEGGIE的蔬菜生产系统运送到国际空间站，除了可以种植蔬菜满足航天员的饮食需求，还可以用于研究植物对重力的感知与反应，对于改善地球上的植物生长也具有重要意义。VEGGIE类似于一个小型温室，里面装有LED灯泡用于照明，空间站里的航天员呼吸产生的二氧化碳可为植物的光合作用提供原料。这一系统里主要种植的是快速生长的蔬菜，如生菜、萝卜、白菜、番茄、豌豆等。我国近年来也在空间站里开展了植物的研究工作，研究对象包括拟南芥和水稻等植物，还完成了空间站里水稻的"从种子到种子"的实验，即让水稻种子在空间站里完成从萌发、生长到结籽的完整生命周期，在太空里长出稻穗。目前，世界上其他国家还完成了在空间站里油菜、小麦和豌豆等植物的

"从种子到种子"的完整实验。

地球是人类的摇篮，但人类不能永远生活在摇篮里。当我们来到外星，我们开始只能生活在一个新的摇篮里，而且这个摇篮将散发着浓郁的地球气息。动画片《机器人总动员》里，宇宙飞船的人类船长与叛变的航天器智能机器人搏斗，机器人说现在地球环境还恶劣，人类不能回去，只有待在航天器里继续在太空游荡才能生存。船长愤怒地说：我不但要生存，我更要生活。对远征太空的人类来说，在能够适应那里的环境之前，首先要保障生存，因此仍然需要躲在我们制造的"仓鼠球"或者"玻璃罐"里，这样更为安全。但是逐步地，人类会开始改造环境，让自己可以开始享受异星生活。

重返月球

"他人在地球上，神魂早飞到太空了"，这是《发条橙》(*A Clockwork Orange*)中的一句话。英国作家安东尼·伯吉斯(John Anthony Burgess Wilson)在这部1962年出版的小说里，多次提到登月、人造卫星、太空等词语或事件，该书写于太空竞赛年代，从书中内容我们可以看出，当时航天在公众当中引起了很大的反响。

早在20世纪60年代，在阿波罗计划里人类已经多次登月。如今，美国提出了阿尔忒弥斯计划，要重返月球，我国也提出了载人登月的宏伟计划。

承载人类幻想的月球

日本作家川端康成站在讲台上发表诺贝尔文学奖获奖致辞时说，在他的人生巅峰时刻，充满他心灵的是皎洁的明月。月亮自古以来都对人类散发着无穷魅力，吸引人类去凝望、去怀思。唐代诗人李贺给自己插上了想象的翅膀，幻想自己登上了月球。凭着有限的天文知识，在李贺的想象里，月球上是有液态水的，因为他说"玉轮轧露湿团光"。从今天来看这一点倒是对的。李贺还想象月亮上有人居住，他们身上都佩戴着雕有鸾鸟的玉珮，走起路来哐啷哐啷响，"鸾珮相逢桂香陌"。从这句诗里还可以看出，李贺认为月球上也可以听到声音，当然这个想法是不对的,因为月球上没有空气,不能传递声波。李贺还想象,如果人类在月球上远眺地球(当然,他还没有地球这个概念,只能说是地面),地面上的一切都会很渺小,陆地和海洋也就是"黄尘清水"而已,地面上的大陆,也就是几个冒烟的地方,"遥望齐州九点烟"。因为隔得远,连烟波浩渺的大海看上去,也就是一杯水而已,"一泓海水杯中泻"。李贺的想象力极其丰富、奇特,不负其"诗鬼"盛名。然而,他有限的天文知识局限了他的眼光,在这首名为《梦天》的诗里,他眼中的月亮与地面的关系,是上和下的关系,在月球上看人间,是从上面看下面。其实不然,站在月球上看,地球成了一个蓝色的大月亮,高高地浮在黑暗的天空里。

对于未知领域,浪漫主义可能在某些方面更接近于现实,但是要揭秘那些未解之谜,还得依靠严谨、钻研,大胆假设之下小心求证。我们不少人在认知上存在一个极端——过分崇拜古人,认为既然现在有些重要发现已经被古人认识到了,所以说明古人更有智慧。须知古人只是凭借想象,可能错了99个只蒙对了1个,并且他们无法证实或证伪这些想象,更无法将其变为现实。真正的科学发现大多数是由站在前人肩膀的科学家作出的,他们以最先进的科学技术,不断拓宽人类对宇宙认知的前沿边界。我们会超越祖先,后人也会超越现在的我们。

古人不但对月亮本身有无限的幻想,对月亮上居民是什么样的也不乏奇思。在我国古代神话里,嫦娥并非唯一的月神或月球人。最早,帝俊的妻子常羲生了十二个月亮。传说里,月球上还有吴刚、兔子和蛤蟆,当然,最为大众所熟知的是嫦娥。在现代,嫦娥也成了与月球探索关系最密切的词:登月计划叫"嫦娥工程",登月探测器叫"嫦娥号",2022年9月9日中秋节来临之际,我国科学家宣布在月球上发现了一种磷酸盐晶体,命名为"嫦娥石"。

除了我国的嫦娥以外,其他国家也有月球上有居民的神话故事。日本的《竹取物语》里有一个辉月姬的故事，一个老头砍开了一棵竹子，发现里面有个小女孩，这个小女孩像哪吒一样见风即长，很快就长成了楚楚动人的少女。这个少女叫辉月姬。后来有一年的八月十五，圆月当空，月亮世界的人散发着耀眼光芒来到地球，将她接回了月亮。

艺术家当然不会忽视月亮，在一些艺术家的想象里，月亮也是充满生机的地方。达利有一幅画《在月亮上生活》，画面上是悬空的弦月，上面密密麻麻布满了宫殿和房屋，层层叠叠看起来像希腊沿海而筑的民居，人口密度很大的样子。这些建筑上还摆放着花盆和各种装饰性的物件，很有生活情趣。显然，在达利的想象里，人类已经在月亮居住了，尽管他没有画出月亮人的形象。土耳其的卡帕多西亚的地貌山峦起伏，沟壑纵横，很多人觉得像月球。在达利的这张画里，月亮上的房屋造型很像卡帕多西亚的民居，可能他也受到了这种说法的影响。

很多人知道，达·芬奇于1505年画出了一张月亮的草图，从草图上可以看到月亮表面存在特定形状的阴影；伽利略也曾经画过月球表面的阴影。这些作品有

图5-2　达利作品《在月亮上生活》

想象的成分，但写实性更强。不过很少有人知道，远在地球另一边的扬州城，中国清代时，有个画家也以独特的方式画过月亮。中国古代文人画更多地强调意境而非写实，如果画月亮，就用淡黄颜料甚至直接用墨勾出一个月牙或者一轮满月的形状，而不会再费神去画月亮的光芒和

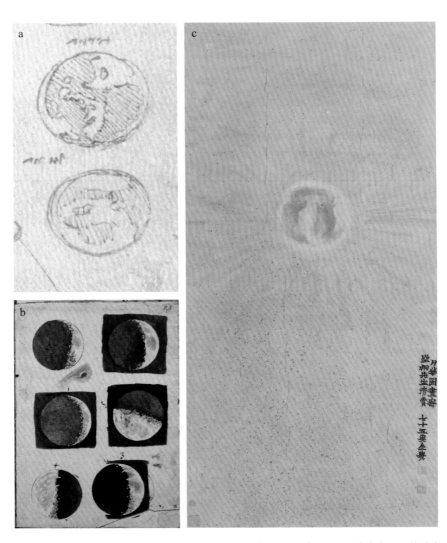

图5-3　中外关于月亮的画作。a. 达·芬奇手稿里的月亮；b. 伽利略《星际使者》书中的手绘月亮；c. "扬州八怪"之一金农所作《月华图》

月亮里的阴影，因为那样做会像画蛇添足一样"画月添影"，破坏中国画努力追求的恬淡意境。但是，在18世纪60年代，衰老的金农一反千年来的绘画传统，画了一张带有写实意味的《月华图》。他在月亮周围大剌剌地画了几十条橘红色的辐射状光芒，在月亮里面则画了两坨形状难辨的阴影，看起来有点像榴莲的果肉。这张画是写实，但又不全是写实，写实里包含想象，又寓想象于写实，在中国古代文人画里风格迥异，独树一帜。

与金农不同的是，达·芬奇不仅是画家，也是一个自然科学家，他的思想和发明创造会被传承下去，伽利略则是货真价实的科学家，有很多人将沿着伽利略的视线继续探索，而在我国清代，人们除了买几张扬州八怪的笔墨外，没有人会因为受这张《月华图》启发或激励而继续去观察月亮。其实，早在唐代的古书《酉阳杂俎》里就已提到，月亮表面的阴影是由于阳光照在月亮突起部位形成的影子，这种超前的认识在当时非常了不起，但可惜当时没有人继续去探索。

历史上的阿波罗登月

20世纪60年代，美国和苏联开始了太空竞赛，他们已不满足于发射的航天器只绕着地球转，而是将目光投向了地球的邻居——月球。为了将人送上月球，两国陆续向月球发射了很多探测器，其中苏联的"月球1号"在1959年起飞，目标是月球，但错过了轨道，只拍下了第一张月球背面的照片。

美国总统肯尼迪曾说："我们决定登月，我们决定在这个十年间登月，并且做一些事，不是因为它们简单，而是因为它们困难。"1969年7月20日，"阿波罗11号"载着三名美国航天员前往月球，其中阿姆斯特朗和奥尔德林两人在月球表面成功着陆。阿姆斯特朗在从舷梯走下月球时,说了一句载入史册的话:"我的一小步,人类一大步。"在男洗手间里,我们经常看见一句文明宣传标语:向前一小步,文明一大步。这个标语正是套用了人类登月后所说的第一句话。

根据NASA官方网站上记录的"阿波罗11号"飞行日志,当时在休斯敦地面指挥中心担任通信任务的埃文斯(Ronald Evans)曾向"阿波罗11号"乘组转述了一个请求,这段时长为5分28秒的通话被记录下来,其中有几句是这样的:"在今天早晨所有'阿波罗号'的头条信息中,有人要你们(在月球上)寻找一名带着大兔子的可爱女孩。在一个古老的传说里,有一个美丽的中国女孩叫嫦娥,她在那住了4000年了。她好像是被流放到月亮上去,因为偷了丈夫的长生不老药。你们也可以找找她的伙伴,一只中国大兔子,它很好找因为它只站在桂花树的树荫下。兔子的名字没有记录。"科林斯答复:"好的,我们会仔细留意这个兔女郎。"

阿波罗登月在世界范围内产生了广泛而深远的影响。在"阿波罗11号"的发射地佛罗里达,酒店爆满,公路停满了车,空地上搭满了帐篷,小贩们叫卖各种食品,仿佛是凡尔纳的科幻小说《从地球到月球》里场景的再现。当时,我国的《参考消息》在1969年7月23日整版大幅转载了法国媒体的报道《法新社报道:美两名星际航行员踏上月面》。

需要指出的是,我们经常看见的月球上大脚印的照片,很多人以为是阿姆斯特朗的,其实并不是。那个在月球上的航天员照片也不是他,而是登月同伴奥尔德林的。在月面逗留的时间里,没有人给阿姆斯特朗拍照片,除了脚印,他唯一留下的影像是在奥尔德林面窗反射出的很小的人像。他留下了一句伟大的话,但那些照片中的"阿波罗11号"登月航天员都不是他。人像虽小,但他的贡献巨大。

时至今日,仍有不少人对登月持怀疑态度,这些极端的怀疑论者着实令人无语。如果登月是假的，让一个人隐藏真相容易，但登上月球的航天员总共有12人，要让那么多人都撒谎或保持缄默，显然是不可能的。而且阿波罗11号、14号和15号的航天员在月球上留下了很多反光棱镜，称为月球激光测距反射器阵列，长期以来地球上的科学家都在使用这些反光镜进行他们感兴趣的实验，其中也包括我国的科学家。

2004年1月，美国总统布什（George Bush）要求NASA提出完整的载人航天方案（也就是后来的星座计划），以满足美国在国际空间站竣工及航天飞机退役后的需要。布什特别强调，星座计划必须兼顾载人登月目标，为人类长期驻留太空和开发月球做准备。但是，由于预算超支和进度延后等问题，星座计划中的大部分内容都在2010年被继任的奥巴马总统取消，仅保留了"猎户座号"载人飞船及太空发射系统超重型运载火箭等项目。2017年，美国总统特朗普（Donald Trump）签署了《太空政策1号指令》，正式批准美国政府资助的载人航天项目阿尔忒弥斯计划。阿尔忒弥斯计划的目标是"重返月球"，在2024年将航天员送至月球并安全返回，2028年前在月球表面建立永久基地，但目前看这一计划的实现可能会有所推迟。

当初美国的登月计划是用太阳神阿波罗（Apollo）来命名的，据说只是因为当时的NASA局长认为人类前往月球就像太阳神阿波罗驾驶战车穿越太阳，尽管这样的想法并不恰当。在希腊神话里，阿尔忒弥斯（Artemis）是月亮和狩猎女神，是阿波罗的孪生姐妹。在罗马神话里，她换了个名字，叫狄安娜（Diana），法国里昂美术馆狄安娜塑像（图5-5，右）前额的装饰应该不是香蕉，而是月牙。因此，从神话故事来看，登月计划叫"阿尔忒弥斯计划"是回归本意了。在阿尔忒弥斯计划中获得的经验也将有助于为载人登陆火星铺平道路，按照NASA的设想，载人登陆火星将在本世纪30年代实现。

图5-4　阿尔忒弥斯(左)和狄安娜(右)。左图摄于卢浮宫,右图摄于里昂美术馆(郭金虎摄)

开发月球为何如此重要

与地球相比,月球上没有磁场,所以辐射水平很高,显著高于位于地磁场保护圈内的空间站,月球上的银河宇宙线辐射量比国际空间站上的航天员所受到的要高出2.6倍。当航天员在月球表面蹦蹦跳跳地行走时,每小时将吸收约0.6毫西弗的辐射,这一剂量比跨大西洋客机上所受的辐射剂量高5—10倍,约是我们在地球表面所受到辐射剂量的200倍。此外,月球引力过小(只有地球的1/6),也没有大气层,从这方面看,月球的宜居条件连火星也不如。

综合多种因素来看,月球作为太空探索基地、前往火星及深空探测的中转站更具有可行性,而非火星那样将来用于大规模移民。不过,月球上也有丰富的资源,或许可以弥补地球能源的日益紧张与短缺。氦-3(^{3}He)能够进行核聚变反应,和重原子裂变不同,核聚变更为清洁、安全、高效，因此可以作为宝贵的能源物资。但是，整个地球上的氦-3储量加起来只有0.5吨，对地球上拥挤的人类而言，实在是杯水车薪。月壤中也含有氦-3，而且含量比地球上要丰富得多，总储量为100万—500万吨。因此，如果能利用月球上的氦-3资源，将会为解决人类的能源问题打开一扇大门。但是，想大量获取氦-3还存在很大困难。月球的氦-3主要蕴藏在于钛铁矿里，人类现有的提炼技术需要将矿石加热至600—1000 ℃的高温才能让氦-3释放出来，这需要消耗大量能源。如果通过破碎法提取就不需要高温，不过此法还在研究中。

当然，即使我们具备了开采和提纯氦-3的技术，也将面临另一个难题：从月球把这些氦-3运回地球要耗费巨量的成本。一个解决方案是在月球上原位开发、利用氦-3，但是即使在月球上成功利用氦-3生产出能源，那又如何将这些能源传输回地面？解决这些问题有赖于将来技术的进步。

月球上含有水资源，尽管这些水都是以固态冰的形式存在。国外研究以及我国的"嫦娥五号"通过探测、对取回样品的分析，都发现了水的存在。此外，有人提出可以携带一些地球上的海水前往月球，这对地球不会有明显影响，但对供给月球生存保障用水意义重大。尽管把地球的海水送往月球需要消耗发射火箭所需的能量，但由于这些水到了月球后可以循环利用，蒸馏得到的盐分也会派上其他用场，总耗费并不算大。未来，如果有机会，人类还可以俘获一些越来越靠近太阳系中心的彗星，用它们携带的水补充月球或火星的水资源。

陨石可以化作美丽的流星，点亮人们许愿的期望，也可能带来灾难。如果陨石块头很大，在空气中没有燃烧殆尽，就会撞击地球。在地球历史上，恐龙灭绝的一种可能就是陨石撞击地球导致气候剧烈变化。人类诞生以来，也不时处于陨石撞击的威胁之下。2013年2月15日，一颗陨星坠向俄罗斯车里雅宾斯克上空，在冲入地球大气层后爆炸解体。

这颗陨石虽然没有撞击到地面，但它在空中的爆炸产生了强烈的冲击波，造成当地大量建筑物的玻璃窗被震碎，超过1200人受伤，破坏力惊人。月球、火星和木星与地球毗邻，它们的引力可使本来飞向地球的陨石偏离方向。地球上的生命的岁月静好，与这些星球邻居的保护是分不开的。

月球、火星可以帮地球分担陨石撞击，为地球生命提供了保护，但是对将来移民到那上面的人而言是不利的。与地球相比，月球没有大气层，火星的大气也很稀薄，因此与地球相比就少了可以烧毁小行星或陨石的保护层，很容易遭受陨石直接撞击。在科幻小说《月球城市》里，人类未来在月球居住地是几个相连的舱室，外面有防止陨石撞击的设计。一旦陨石砸毁一个舱室，其他舱室会迅速隔断，以断臂求生的方式维持其他舱室的安全。

2022年9月26日，NASA设计让一艘名为"飞镖"（Dart）的航天器撞向一颗小行星，以使其改变轨道，通过对撞击的研究可以积累数据，如果以后真的发生小行星撞地球的情况，这些数据可以为我们规避灾难提供重要参考。目前针对小行星撞击的防御策略是尽可能改变小行星的轨道，使之偏离地球，而不是将小行星撞成碎片，否则这些碎片还是可能撞向地球引发灾难。这些研究对于未来在月球、火星上人类驻地的防护同样具有重要的前瞻性意义。

飞向月球

几十年来，关于月球本身、载人登月的相关研究和实践持续开展，不断为重返月球积累着数据和经验。为未来重返月球的漫步者提供有效的辐射防护将是重返月球的一项重要任务。NASA规定，在国际空间站执行任务的航天员每年接受的辐射总量不能超过50毫西弗。NASA的"阿波罗号"航天员在1969—1972年间登上月球时，所用的辐射计记录的是任务期间累计的总辐射剂量，而不是月球表面辐射水平的详细情况。后来数十年的研究使科学家有了更详细的认识。现在，已经有多个国家发射探测器和月球车到月球上，这些设备可以用来测量月球表面所接受的辐射量，为未来登月甚至长驻月球积累数据。

2021年11月4日，俄罗斯"天狼星-2021"密闭空间国际实验在莫斯科启动，有6名志愿者参加，分别是来自俄罗斯的航天员教员布里诺夫、外科医生基里琴科和科研人员卡利亚基娜，来自美国的俄语专业大学生布朗、宇航任务控制中心的代表科瓦利斯基，以及来自阿联酋的航天试飞员阿尔-阿梅里。他们在密闭舱里待了8个月。在为期240天的实验中，志愿者完成飞抵月球、绕月飞行寻找着陆点、虚拟出舱以及返回地球等模拟任务。当然这些都是模拟实验，志愿者并不会暴露于真正的微重力或辐射环境。

登陆月球不仅要面对微重力、辐射、能源等问题，还要面对月壤和月尘。月尘具有毒性、黏性、腐蚀性和很强的穿透力，当无人航天器着陆和巡视时，从月表扬起的月尘，会覆盖在航天器的传感器表面，或者落在仪器和机械运动机构的缝隙里，对工程的实施构成安全威胁。月球表面的重力仅是地球重力的1/6，而且月壤颗粒的电磁特性发生了改变，因此月壤的黏附力很强。航天员出舱进行科学考察时，全身极易粘满月壤和月尘颗粒。这些月壤颗粒虽然微细，却像刀尖一样锐利，很可能给航天员的安全带来重大威胁。月尘颗粒上有很多尖钩和尖刺，如果进入舱内，被吸入人体，会严重损害呼吸系统。

在登月航天服的设计中，人类也向其他生物进行了虚心学习。夏天的池塘里，一场雨过后，荷叶上会有晶莹的水珠滚来滚去，但不会沾湿荷叶（除非雨很大），原先荷叶上积的一层灰尘也会被雨水冲刷得一干二净。荷叶表面有很多细密的绒毛，这正是荷叶不沾水和灰尘的原因。科学家通过向荷叶学习，制作具有防黏附功能的航天服，当有月壤和月尘落上航天服表面时，只要回舱的时候在过渡舱里吹一吹，颗粒就会掉落，不会被带进舱内。

美国于2012年提出阿尔忒弥斯1号任务，几经波折后，2022年11月16日，"猎户座号"太空舱被送入月球轨道，并于当地时间12月11日返回地球。美国还计划于2024年进行阿尔忒弥斯2号任务，将发射载人火箭前往月球，并绕月飞行。接下来，阿尔忒弥斯3号任务是发射载人火箭，再次实现人类登月，并且在这次登月者当中将会出现女航天员的身影。

2023年7月，中国载人航天工程办公室公布了中国载人登月初步方案，计划在2030年前实现载人登陆月球，开展科学探索。在对月亮有着数千年幻想、写下无数诗篇后，中国人也能亲自拜访传说中的广寒宫了。

// 让你的想法飞上天 //

为了未来适应太空旅行，人类需要采取怎样的措施来适应往返地球和月球之间的重力变化？

远赴火星

> 你能想象他在那里（火星上）经历了什么？他在远离地球5000万英里外的地方。他认为他是宇宙中的孤独小岛。他认为我们已经放弃了他。从精神上看，这对一个人来说意味着什么？他现在究竟是怎么想的？
>
> ——电影《火星救援》的台词

"好奇号"火星车的定标板上印着一句话"To Mars to explore"，意思是去火星上探索。国产科幻作品《从地球到火星》里，三个小朋友珍珍、小强、魏秀贞偷开航天器飞往火星。他们从火星上空往下看，火星表面亮堂堂的，好像铺着一床无边的猩红毯子。在这里，这几位小朋友还看到了火星北极冰雪融化的景象，甚至看到了火星地表的苔藓、地衣。这些对火星的幻想今天看来有些是正确的，有些则是错误的。

人类从不满足于童话与幻想，总是奋力追求将之变为现实。人类已经实现登陆月球，如今正满怀信心，准备前往火星。美国、俄罗斯（苏联）、欧盟、印度和中国都已经提出了探索火星的计划，并已经开始准备和实施。迄今，美国、俄罗斯（苏联）、欧盟、印度和中国已经成功将探测器发送至火星。目前日本实现了掠飞火星，欧盟、俄罗斯、印度和阿联酋实现了环绕火星飞行，美国和中国实现火星巡视，但还没有国家能够

图5-5　地球与火星大小的比较（图片来自NASA）

从火星采样返回,这一艰巨任务有可能在2030年左右实现。

美国率先提出了将人送至火星的计划。在阿波罗计划里,航天员大约花了三天时间才从地球飞达月球,这与前往火星的旅程相比,简直小巫见大巫。如果前往月球的旅程相当于从天安门到清华大学走一趟,那么从地球去火星则相当于从北京前往乌鲁木齐的长途旅行(直线距离2600千米)。往返火星之旅需要500—550天,其中各有170天是暴露在没有重力的环境下的。

火星,神秘的红色星球

1877年,火星大冲,这是观测火星的最佳时机。意大利天文学家斯基亚帕雷利(Giovanni Virginio Schiaparelli)用他的望远镜观察,发现火星的地表似乎有纵横交错的沟壑,他把这种地形称为"canali",是意大利语"河道"的意思。为了更好地展示自己的新发现,他还细心地绘制了火星地图,记录在自己的著作中。消息传到美国,"canali"被误解为"canal",即人造运河,自此火星在人们的想象里是一个河道密布的星球,那么必然有生物甚至智慧生物存在。洛厄尔(Percival Lowell)笃信火星存在河道密织的运河，并出版了几百页的介绍火星运河的书。当然，不幸的是，这些纯粹是臆想出来的，子虚乌有。

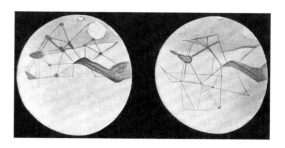

图5-6 美国天文学家洛厄尔根据想象绘制的火星运河

中国人也不乏对火星的想象。诗人流沙河在1956年出版的诗《告别火星》里这样描述火星："白的雪冠，蓝的大海，黑的运河，绿的森林，又会蒙上黄雾般的面纱。"在这些描述当中，白的雪冠和黄雾般的面纱这两点说对了。火星上有黄雾面纱（尘暴）和水，甚至有冰冠，但是没有大海、运河和森林。

早在20世纪五六十年代，法国天文学家多尔菲斯（Audouin Dollfus）就曾利用热气球把观测设备运送到约10千米高的空中去观测火星，在如此的高度上进行观测可以减少大气的干扰。他发现火星上存在极少量的水。科学家们甚至从来自火星的陨石上也找到了火星可能存在水或曾经存在水的证据，这些陨石是火星被小行星或彗星撞击而产生的碎裂岩石，由于火星的引力很小，这些碎石很容易散入太空，其中有的就来到了地球。火星上还存在赤铁矿，这也是火星上存在水的一个证据。总之，各种证据连成一串，现在火星上有水已成定论和共识。

火星的直径约为地球的53%，质量为地球的14%。自转轴倾角、自转周期均与地球相近，公转一周（即绕太阳一圈）需687天，约为地球公转时间的两倍。每隔2年又2个月，火星、地球交会一次，发射火星探测器都会选择地球和火星距离最近的时间窗口。

火星北极和赤道之间的大平原地区地势较好，水分含量较高（超过3%）。在火星北极夏季，火星处于远日点，因此夏季很长，白天温度可以达到20℃。这里富含火山岩,有足够的建筑材料。由于火山长期喷发,奥林帕斯山和众多高山附近有宝贵的矿藏,正如地球上的矿藏一样。火星两极区域有高氯酸盐。高氯酸盐是氧化剂,能够作为未来人类居民的氧气来源,火星大气96%以上的成分是二氧化碳,是植物光合作用必需的,可提供人类未来需要的能量。火星北部地势较平缓,载人登陆难度较低。当年苏联探测器和美国"极地登陆者号"登陆失败的一个重要原因,就是火星南部地貌非常复杂。

火星外表的橘红色主要是由于土壤里富含赤铁矿(氧化铁)。火星土壤有40%—45%的氧元素、18%—25%的硅元素、12%—15%的铁元素、2%—5%的铝元素。火星地下含有至少2%的水冰,北极冰盖底部有大量水冰,加热后即可获取水分。火星高山斜坡上有液态盐水流动的情况,越靠近两极水分越多,足够人类生存。

火星大气的密度仅相当于地球大气的1%,且主要成分是二氧化碳。火星表面的大气密度约等于地球上三万米高空的大气密度。因此,在火星飞行的航空器与火星大气相互作用的情况,与地球上的飞行器将有很大不同。早在20世纪90年代初,有人就在模拟火星大气条件下种植小麦,不仅模拟了火星的大气成分,还模拟了火星的大气压,气压保持在约1000帕(地球表面的大气压约为1.013×10^5帕,此为1个标准大气压)。小麦种子在这种低压、低氧的条件下根本不萌发,在补充氧气后小麦种子会萌发,但是与在地球表面的1个大气压条件下相比,萌芽和生长都较缓慢。

火星上还经常有尘暴,而且每6—8年就会爆发一次持续长达几个月、覆盖火星全境的大尘暴,风速甚至可以高达每秒180米。在谢克里(Robert Sheckley)的科幻小说《风起卡拉雷》里,一位生物学家在一个遥远的名叫卡拉雷1的星球上担任行星观测员。在他即将结束工作返回地球之前,卡拉雷1星球刮起了大风,"风声穿透了车身钢壳。那飓风怒号悲叹着,拖拽着卡车,试图在光滑的表面上找到一处着力点……狂风刮走了通风口的挡板……车舱内,密集的带电尘土飞旋如漩涡……石子以步枪子弹般的速度砸向车壳"。火星上发生尘暴时大概会是这种场景。当然,由于空气稀薄,火星上的尘暴不会有那么大的威力与破坏性,不可能吹倒建筑或者把人吹得飞起来。关于这一点,我们可以通过想象把水流和风速比较一下,水的密度远大于空气,如果水流的速度到达大风的速度,那么其破坏力也会超乎想象。即使如此,火星尘暴依然不容小觑,在发生尘暴时,本来就比较弱的阳光会更加难以照射到火星表面,扬起的沙尘也会覆盖太阳能电池板,影响供电。

　　火星大气稀薄,尘埃颗粒较多且较大,易发生米尔散射,散射掉波长跟自身颗粒大小相同的红光。由于太阳光中红色部分被散射了,所以看到的夕阳会偏蓝。在地球上发生沙尘暴时,我们见到的太阳会与火星上见到的类似,离太阳较远的天空呈现的颜色偏红,太阳和它周围的光则偏蓝。另外,由于火星与太阳的距离远大于地球与太阳的距离,在火星上看到的太阳大小只有地球上看到的约三分之二,如果在火星上看日落,应该感觉更加寂寥。

　　由于火星缺少大气和海洋,火星保温非常困难,表面平均气温为 $-55\ ℃$,而且温度变化剧烈,在 $20\ ℃$ 到 $-155\ ℃$ 间波动,在这样的环境下生活和工作,设备的损耗会非常严重。

　　地球上的植物在火星的贫瘠土壤里可能难以生长。火星距离太阳更远,因此受到的太阳照射远少于地球,但对于光合作用来说是足够的,需要考虑的就是季节长度、昼夜长度、土壤状况等因素。

　　为了改造火星环境,有人曾提出反射太阳光使火星表面升温,具体做法是,发射巨大的反光镜到距火星表面32万千米的高度,将阳光照射到火星的两极冰盖上,让冰盖融化,释放出里面存储的二氧化碳,多年之后,气温上升会导致氯氟烃等温室气体的释放。马斯克还提出在火星的两极进行核爆,使得冰冻的二氧化碳融化,成为温室气体。这些策略都存在问题,例如火星的引力较小,且没有磁场,因此,即使我们未来可以在火星上产生更多温室气体,火星也无法束缚住这些气体,它们会逸散、逃离火星。

火星原本也是有磁场的,后来才消失了。NASA的科学家在2017年曾提出修复火星磁场的"疯狂"方案:在火星L1拉格朗日点发射一个磁遮罩,磁性屏蔽将创造强大的电路,进而衍生磁场,从而偏转太阳风,使火星大气达到新的平衡。只要几年的时间,火星大气累积变成大气层,可令平均温度增加4 ℃,足以融化藏在北极冰盖中的二氧化碳。二氧化碳引起温室效应后进一步导致水冰融化,液态水在火星表面流动起来。但是,即使这一计划成功,因为火星引力只有地球引力的3/8,火星也只能保持大约3.8×10^4帕的大气压力。换句话说,按照地球的标准,即使是经过如此改造的火星,也会与喜马拉雅山脉一样空气稀薄和寒冷。

充满艰辛的火星之旅

近几十年来,火星突然热闹起来,一些奇形怪状的金属机器在火星上不同地方走来走去,摄像头转来转去,还时不时地挖取一些土样进行分析;天空里也有一些形状各异的飞行器绕着火星运转。这些都是近几十年来人类发射到火星轨道或者降落到火星地表的探测器。目前有大约10台火星探测器同时围绕火星运行或者在火星上四处游走,进行各种勘探任务。"毅力号"火星车还采集了一些岩心样本,美国打算在未来合适的时候将这些样本取回地球分析。日本计划在2024年发射探测器,采集火星的样本并带回地球;中国的"祝融号"火星车也已经到达火星。但是,人类前往火星的伟大征程目前还在准备阶段,与将探测器送往火星相比,人类的火星之旅将更为艰辛。

2009年3月底至7月14日,俄罗斯完成了为期105天的人类模拟登陆火星试验,之后又开始筹划为期更长的模拟火星研究。北京时间6月3日18时30分,在莫斯科的俄罗斯生物医学问题研究所,来自不同国家的6名志愿者走进一间模拟火星的封闭舱室,他们将在这里度过520天的时间。这项试验名为"火星500"。

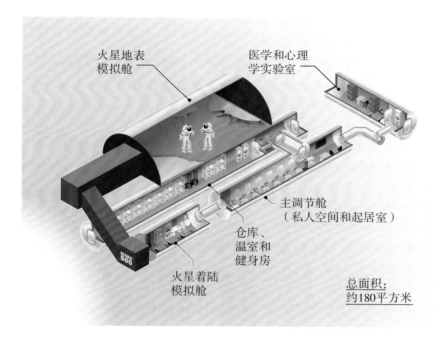

图5-7　火星500试验的医学技术装备结构示意图。整体设施由火星着陆舱、主调节舱、医学和心理学实验室、模拟火星表面模块和设备模块(包括仓库、温室和健身房)以及火星地表模拟舱组成

火星500试验实际上总共进行了520天,从2010年6月3日到2011年11月4日,分为三个阶段:250天从地球飞往火星的虚拟飞行,30天火星地表停留,240天返程。这次试验主要模拟长期的密闭环境,监测在这种环境下人的生理和心理的变化、适应情况。由于火星到地球距离很遥远,通信会出现延迟,试验过程中也模拟了前往火星过程中通信延时。

参加火星500试验的共有6名志愿者,他们的年龄范围为27—38岁,包括三名俄罗斯人、两名欧洲人和中国志愿者王跃。在试验当中,志愿者的睡眠发生了明显的变化,他们在白天的睡眠时间以及一天当中总的睡眠时间逐渐增多,负面情绪随着时间的延长也有所增多。但是,志愿者的睡眠和情绪在400多天时开始恢复,这可能与试验快要结束的心理变化有关。

身体质量指数(body mass index,BMI)是衡量人体胖瘦程度以及是否健康的一个常用指标,计算公式为BMI=体重(千克)除以身高(米)的平方。结合我国的情况,BMI正常值在18.5—23.9之间,小于18.5为体重不足,超过24为超重,28以上则属肥胖。在火星500试验当中,志愿者的体重和BMI都明显降低了。到了快要结束的第417天时,志愿者的平均体重下降了9.2%,BMI下降了5.5%,但是他们体内的脂肪含量没有改变。此外,他们的血糖不断升高,在试验结束时比开始高出约30%。志愿者的肠道微生物也发生了明显的改变,这可能与他们代谢的改变有关。此外,他们的肌肉力量也出现了改变,股四头肌和肌腱的力量明显降低。这些结果都表明,长期生活在狭小密闭空间里,会对健康带来不利影响。

那么,是不是说火星之旅的挑战就是会对体重、血糖等指标有影响,只要能挨过去就可以顺利完成火星之旅?当然不是,火星500试验是在地面进行的,并没有真正前往火星。这个试验仅仅模拟了狭小密闭环境和通信延时等因素,微重力、零磁场、强辐射等空间里更为苛刻的环境因子都没有加进来。这里所说的通信延时是,由于火星与地球之间距离遥远,火星上发出的信息虽然是以光速传播,但最快也需要4分多钟才能到达地球。如果运气不好,火星和地球分居太阳两侧,火星上发送的信息要花约20分钟才能到达地球,信息一来一回,通信延时能长达40分钟。地球与火星之间的通信延时在科幻电影《火星救援》

里体现得比较准确：主人公马克在火星上和地球通信时，每次讲完话就干其他事去了，过一会再回来接收来自地球的反馈信息。

2011年11月26日，"火星科学实验室（MSL）"启程离开地球，开始了历时253天、长达5.6亿千米的旅程，将"好奇号"火星车送上火星。一路上，美国西南研究院领导开发的辐射评估探测器（RAD），在太空舱内部对高能粒子辐射环境进行了细致的测量，为未来载人飞往火星提供了重要的参考。RAD的数据显示，飞船在巡航途中受到的银河系宇宙线照射剂量相当于每天1.8毫西弗。对于采用现有航天推进系统往返火星的任务来说，往返途中受到的总辐射剂量大约是0.66西弗。就累计辐射剂量而言，这相当于每五到六天接受一次全身CT扫描，不会立即致命，但是长期积累必会对健康造成严重损害，而火星之旅单程就大约要200天！

那么该如何防护那些宇宙线呢？如果把航天器整个用防辐射程度高的材料制造，会增加很多成本，也会增加质量。因此，有人建议在飞船的特定区域加强辐射保护级别，例如航天员休息和睡眠的区域。还有人建议航天员可以服用一些药物来清除体内的氧自由基，以重点保护神经系统。但是，这些都还在研究当中，目前距实际应用还有很长的距离。

除了辐射，在往返火星的旅途中，骨质丢失是航天员面临的另一个严峻挑战。从和平号任务起，人们就已经认识到在空间微重力环境下，尽管采取了一些对抗措施，但是航天员骨质仍然会持续丢失。骨质丢失的平均速率大约为每月0.35%，有时会超过1%。但是，未来如果人类驻留在火星则不需要考虑这个问题，因为火星有着地球3/8的引力，这就足够避免骨质丢失的发生了。此外，在往返的旅途中还可以持续或间断地施加人工重力，当然可能要花巨资，而且现在还没有这样的技术。

火星生存充满挑战

早先，人们认为火星上也生活着人类或者说类似人类的生物，如果火星上真有生物，它们来造访地球，也会发现难以适应地球环境，就如同我们人类难以适应火星环境那样。不过，我们现在还不需要为火星人能否适应地球环境而忧心——我们甚至还不清楚火星上是否存在生命，我们更应关心人类如何适应火星的环境，只有如此才能实现移居火星的梦想。

火星的磁场很弱，因此不能像地球的磁场那样起到辐射盾牌的作用。由于火星质量较小，火星的大气也很稀薄，只有不到地球大气密度的1%。火星大气也可以吸收和反射一些辐射，但是作用非常有限。由于缺少大气和磁场，宇宙中的辐射长驱直入，NASA的"好奇号"火星车在火星上才停留了4—5天，所受到的辐射量就达到地球上1年的辐射量（约2.4毫西弗）。

NASA规定航天员能够接受的辐射总剂量是1西弗，但是实际上每个人的情况不同，能够接受的辐射剂量与性别、年龄等都有关系。航天员的这个辐射剂量标准大约是因辐射而引起肿瘤并导致死亡剂量的3%。在长距离的空间任务里，辐射的非致癌效应也需要加以考虑。在未来载人火星往返途中，航天员所受到的辐射剂量接近1西弗，已经快达到这个指标的极限。

在返回地球前，如果在火星上驻留500天，所受到的辐射剂量大约是0.32西弗，大约是在地球上人的一生所受辐射总剂量的两倍——而且是在短时间里受到那么大量的辐射。对太空的长途旅行的航天员来说，或者对在其他星球定居的人来说，这样高强度的辐射可能会持续很多年，总剂量巨大。这种辐射不会导致人患上急性辐射综合征（acute radiation syndrome），但是会增加患癌的风险。这里也有一个问题：这些星际航天员和外星殖民者可能自愿选择前往，但他们未来在火星上出生的孩子并非自愿接受那么高的辐射量。

在进行空间任务或者在驻留火星（或月球）表面时，想减少环境辐射量是无法做到的，只能缩短暴露在环境辐射下的时间，并尽可能远离辐射、抵御辐射。如果环境也是辐射源并且又不能脱离环境，那就很难做到。

想在很大的空间范围内抵御辐射源很难，与之相比，为少数人员在较小区域内提供辐射抵御措施则是可以做到的。这就像古代两军对垒，箭雨如蝗，要想挡住空中飞来的所有飞箭是不可能的，但是我们可以制作盾牌和铠甲，保护住士兵不被飞箭所伤。研究显示，先进的防御材料或结构可以最大程度地为空间旅行者提供保护，这些材料可以用在航天器、居所和航天服上。

萨根认为，火星生命有着透明的外壳，可以抵御比地球表面强得多的辐射。人类没有壳，想抵御辐射得想其他办法。万物相生相克，如同《神雕侠侣》里在生长着情花的绝情谷能找到可解情花毒的断肠草，或许我们也可以在火星上就地取材，采用火星表面的沙土来建造房屋，住在里面可以大幅度减少受到的辐射。

如果在火星表面构建居所，人类将不得不加厚墙壁再涂以防辐射涂料，用来抵御辐射。但是，这样做会大幅度增加成本，以致难以构建大规模的火星基地。相比而言，在地下居住是抵御火星地表辐射更为有效的一种策略，这种策略也适用于月球。在火星或月球上，利用洞穴或熔岩管道建立地下或半地下居所，就不需要修造很厚的墙壁，就可以在显著降低成本的情况下达到防御辐射的目的，并且具有很好的保温效果。虽然地表辐射凶猛异常，但是火星土壤会吸收大量辐射。在距离火星地表三米深的地下，辐射已是强弩之末，降到了很低的水平，强度大约与地球表面的辐射相当——是我们完全可以接受的程度。

在地下居住听上去感觉很压抑，但对人类来说也并非难以接受。在澳大利亚南部的库伯佩地的澳大利亚蛋白石矿场，气候变幻莫测，酷热难耐。很多居民构建了地下居所，房间里有电有水有网络，也有排水系统，甚至还有教堂。这些房屋修建在地下16米深的地方。土耳其的卡帕多西亚城地区的地表有很多锥形的小山头，据说这是800万年前的火山喷发引起的。生活在这里的古代居民利用地下的熔岩管建成了复杂的洞穴网络，在里面居住、生活。这个地下城的历史长达2000年，最深的地方距离地面达100多米，可以容纳数万人。

熔岩管道是在熔岩流内部自然形成的管道。当液态的熔岩流流动时，由于表面冷却较快，形成固体硬壳，在表层硬壳的保温作用下，其内部温度高、流速快，从而形成管道。一个大型的熔岩流常有一个主管道和若干小的分支。当火山喷发结束，熔岩供给终止，或上游熔岩流改变方向，导致没有更多熔岩流下来，而熔岩管道中的熔岩继续向下流动排空和形成熔岩隧洞。夏威夷是个火山活跃的地方，在那里游客可以进入隧道般的熔岩管进行参观。

月球和火星的地下也存在很多的熔岩管，可以较为省事地修建成人类的长期居所，这样既有效地抵御太空的辐射，也免受表面风沙的影响，还易于保温。未来到达火星的先驱者或许可以选择火星地下的熔岩管居住。地球人每天外出前都会看看天气预报，将来火星人可能每次要离开洞穴去表面工作或活动，都要翻看当天的辐射强度预报。此外，月球的地下也存在纵横交错的熔岩洞穴网，可以因地制宜，构建人类居所。

在封闭环境中，只要维持低压富氧的环境，人类即可健康生存。"火星2020"任务将在火星上进行二氧化碳转换为氧气的实验，如果实验成功，将标志着可以利用火星北极一望无际的干冰以及大气里充沛的二氧化碳产生氧气。火星土壤中有较多高氯酸盐，通过简单加热也

a

b

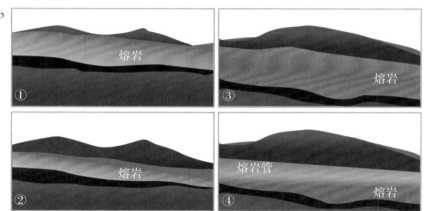

图5-8　熔岩管及其形成。a. 夏威夷群岛的一个熔岩管；b. 熔岩管的形成过程。
b显示4个步骤：① 高温的熔岩在流动时会熔化流经的岩石，形成渠道。熔岩表面
部分由于温度降低而凝固，形成坚硬外壳；② 熔岩表面部分凝固成完整的封闭的
熔岩管；③ 熔岩管里的熔岩由于不与外界接触，温度更高，可以融化下方的岩石，
使熔岩管深度增加；④ 当火山喷发停止、熔岩逐渐流尽时，形成了中空的熔岩管

可以获取氧气。火星北极存在面积很大的水冰盖，水资源丰富，用电解
水的方式可获得氧气和氢气，氢气能够与二氧化碳反应进一步生成火
箭燃料，而氧气可供呼吸或作为火箭燃料。此外，火星上丰富的二氧化

碳可以作为植物的进行光合作用的原料，变成我们的食物。利用当地的光照、土壤、水、物质等资源可以节约从地球运输的巨大成本，这种策略称为原位资源利用。

我国航天员科研训练中心以及深圳太空南方研究院等单位曾经组织开展过为期180天的大型试验，目的是掌握深度探测与星际驻留任务中生命保障体与健康维护核心技术，发展高物质闭合度生物再生生保技术，以及探索长期密闭环境下人与环境之间相互作用规律。从这次试验中，我们还能评估火星昼夜周期对受试者生理和心理的影响。

在这次180天的试验里包含了为期一个月的模拟火星周期试验，在这一个月时间里，4名志愿者生活在每天并非24小时的环境里，昼夜的周期变为24.65小时。在试验期间，其中一名志愿者全飞舟每天坚持写日记。试验结束后，这些日记结集、出版，书名为《飞舟日记》。从日记中，多多少少可以看出志愿者的情绪变化。

例如，她在第81天（模拟火星日第10天）的日记里提到："在'火星时'条件下，大家都比较疲惫，就目前的情况来说，我适应得比较好……我感觉晚上睡觉的时间更长了，白天的精力反而更加充沛了。"在第108天（模拟火星日第36天）的日记中，全飞舟写道，"'天地之间'的时差差别太大了，我们每天记住的只有三餐和睡觉的时间，其他时间都在工作""……对协同程序上安排的火星时没有直观的概念，心里不停地做着'算术题'……算得真辛苦"。还有巴望"火星日"快点结束之类。我们曾采用语言分析工具对《飞舟日记》中每篇日记的情绪进行分析，结果也发现，在模拟火星日的一个月期间，志愿者的日记字数有所减少，负向情绪有所增加，这也可能提示了"火星日"对人的心理存在影响。不过，本次试验人数还是比较少，今后在积累更多资料和数据的基础上，将会对人类能否适应火星周期研究得越来越清晰。

"勇气号"和"机遇号"的定标板上印着："Two Worlds, One Sun"，虽然照耀地球和火星的是同一个太阳，但是由于火星到太阳的距离是地球的 1.52 倍，所以到达火星的阳光强度也有所降低，只有地球表面的 43%。但是，对于植物的光合作用来说，火星地表的阳光强度足够了。有了植物光合作用，食物问题就有望解决。

当人类将高倍望远镜对准火星后，看到了上面的斑点与丘壑，由此想象出城市、运河。可惜，现实很骨感，火星至少表面肯定没有大型的生物。但是在不久的未来，像科幻电影里描绘的那样，火星上也将有人来人往，这些"人"不是外星人——其实用"外星人"的称呼很不准确，当我们到达火星后，我们才是外星人，所以，应该说是火星上的原住民——人来人往的不是火星上的原住民，而是从地球上来到此处的人类。

未来，人类不仅要在火星上进行科学探测，还要在那里建立人类的新家园。开始必有一批先行者去进行基础建设，打造满足衣食住行、适宜生活和工作的居所，然后人类再大规模前往火星，实现"拎包入住"。

探索火星也会牵涉巨大的商业利益。于是，率先实现火星移民成为一些人和商业公司的目标。"火星一号"（Mars One）公司由朗斯多普（Bas Lansdorp）和威德（Arno Wielders）创办，从 2011 年开始运行。2023 年，他们宣布将在全球范围内从网络报名的志愿者中海选出两男两女 4 名地球人，这些人经过培训后将搭乘飞船前往火星，成为这颗红色星球的第一批地球移民。这是一次单程旅行，所有旅客不再归来。不过，"火星一号"计划更像靠太空移民概念搞的商业噱头，多年下来也未见到实质进展，也有人认为这是一场骗局。2019 年 1 月 15 日，"火星一号"公司宣布破产。马斯克也曾宣称，从 2024 年开始送人上火星，到 2050 年时完成将总共 100 万人送上火星的宏大计划。但是，2024 年已至，在这么短的时间里按时完成送人去火星的计划似乎是不可能了。与科学相比，在这件事上，马斯克更关心的可能是商业炒作和利益。

在漫长的休眠中前往火星

就像首次登月的人会被载入史册一样，首次登火、首批移民火星的人也将被铭记。人类将很快登陆火星，也许几年内就会成为现实。人类将踏上这个红色星球，并把火星作为基地，向太阳系和太阳系外更远的地方进发，继续探索更远的宇宙。但是，要想实现火星之旅，还需要解决很多关键问题，否则我们可能在到达火星前已经成为一具尸体。

离开地球飞往地外空间，人体会暴露在空间环境里，很多生理机能会因此受到损害；环境狭小密闭、社会交流缺乏等因素也会给人带来很大的精神压力。试想，如果初次来到太空，看到窗外壮美的宇宙景象，肯定非常激动，但时间久了，天天面对漆黑天空、点点星辰，也会觉得非常无聊、孤寂。在这种情况下，真不如睡一个长觉——如果能像狗熊那样冬眠就更好，到了目的地再醒来，这样就不用考虑如何打发时间了，而且梦里什么都会有。

我们从小就知道狗熊会冬眠，所以对冬眠这个词很熟悉。但是如果严格区分，动物的冬季休眠可以进一步分为冬眠（hibernation）和蛰伏（torpor）。松鼠在5 ℃的洞穴里冬眠时，体温能降到10 ℃以下，心率和能量消耗等也会降低到平常1/50的水平。而且冬眠结束后，其身体的组织和功能等不会出现异常，可以自行恢复到正常状态。主要分布于俄罗斯堪察加半岛科里亚克自治区的堪察加北极地松鼠（*Urocitellus parryii*）不仅长得萌，还有很特殊的本领。当北极的冬天来临时，堪察加北极地松鼠要在冻土下的洞穴里冬眠，睡上8个月的长觉。在这个过程中，它们心率下降，大脑和核心温度可降低到冰点以上，结肠和血液的温度可降低至−2.9 ℃（平均−3 ℃），这在哺乳动物里是迄今发现最低的。在各种动物当中，榛睡鼠（*Glis glis*）的冬眠时间最长，在野外，它们能够持续冬眠9个月。

冬眠行为受到日照长短的影响以及动物身体分泌的激素的调节。在进入冬眠状态前,动物通常会在体内积累脂肪,以帮助它们度过不吃不喝的漫长冬日。它们也会在冬眠过程里醒来,吃点东西、喝点水,或者排便,然后继续睡回笼觉。从冬眠状态里醒来,动物需要花上几个小时,并且是一个消耗能量的过程。

冬季休眠的另一种方式是蛰伏。在一天当中的活跃阶段,这些动物保持正常的体温和生理状态,但进入蛰伏时,它们就会进入深度睡眠。如同冬眠,蛰伏是一些动物用以度过饥寒交迫的冬天的策略,在蛰伏过程中,动物也会体温降低,呼吸速率降低,心率降低,代谢率降低,在这种状态下它们可以节约能量。与冬眠的不同之处在于,蛰伏看起来更为自主,当条件变化时,动物就可能进入蛰伏状态,而冬眠时间基本固定。与持续数周甚至数月的冬眠相比,蛰伏持续时间较短,有时只维持一天甚至更短,因此也被称为轻度冬眠。动物从蛰伏状态中醒来需要一小时左右的时间,在这段时间里,动物的身体会剧烈颤抖,肌肉不停收缩,这些行为都需要消耗能量,但是消耗的能量比从冬眠中醒来要少。从蛰伏中起来通常是由于环境温度的变化和食物因素引发的。熊、浣熊、臭鼬等都是轻度冬眠的动物,也被一些人认为是蛰伏。

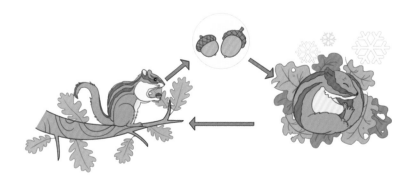

图5-9　花栗鼠春天出来活动,大量进食,秋季后进入冬眠

除了冬眠以外，有的动物还存在夏眠现象（estivation，也称夏蛰）。在地球上一些地方，夏季非常炎热、干燥、食物匮乏，在这种情况下，一些动物选择"躺平"，进入夏眠。与冬眠、蛰伏类似，夏眠中的动物基本不活动，代谢率也会降低。当气温很高、河流干涸时，一些脊椎动物和无脊椎动物会采取夏眠策略来维持较低的体温和防止脱水。夏眠动物包括软体动物、螃蟹、鳄鱼、一些蝾螈、蚊子、陆龟、倭狐猴和一些刺猬等。马达加斯加的肥尾鼠狐猴（*Cheirogaleus medius*）生活在热带雨林中，在南半球每年3—9月干旱季节来临前，它们会大量进食，将脂肪储存在尾部，然后钻到树洞里夏眠。在夏眠期间，它们的代谢率下降大约70%，体温也更接近环境温度，夜晚可降至15 ℃，白天则可升到35 ℃。美洲棕熊和黑熊在温度高于30 ℃的情况下也会采取夏眠来应对酷暑。

像动物休眠一样，如果航天员能进入休眠，就不需要携带这么多食物和水。在休眠期间，人无法进食，可以通过全肠外营养（total parenteral nutrition，TPN）给休眠的航天员提供营养。目前临床上肠外营养主要通过静脉注射，连续24小时进行以防止代谢出现不稳定，将来肠外营养如果用于航天员，需要对注射的营养成分和速率进行调整，以模拟肠道进食的规律。

休眠可以诱导动物进入低代谢状态，以应对冬季或夏季的食物短缺。除此之外，休眠还有意想不到的好处——防辐射。早在20世纪60年代，就有人发现地松鼠的冬眠可以提高其抵御辐射的能力。有人提出假设，在冬眠期间，辐射保护是源于体温降低、氧化应激引起的DNA突变减少。2017年的一项研究显示，低代谢和低体温可以降低辐射引起的死亡率。2021年有报道称，英国贝尔法斯特女王大学的研究人员曾诱导斑马鱼进入蛰伏状态，然后让这些斑马鱼以及未进入蛰伏状态的斑马鱼均暴露在相当于火星之旅的辐射剂量之下，结果显示，未进入蛰伏的对照组斑马鱼氧化应激、DNA损伤、细胞周期等过程可能受到了广泛影响，而进入蛰伏状态的斑马鱼所受到的影响要小很多。

我们前面提到，水熊虫具有强大的抗辐射能力，但是地球表面并没有如此强的辐射，水熊虫这种抗辐射能力源自其超群的耐旱能力，抗辐射能力是这种耐旱能力的"副作用"。与此类似，动物在休眠时并不需要面对辐射环境，因此休眠带来的抗辐射能力也是一种"副作用"，本来是用来应对食物短缺的休眠，却也顺带着提高了动物的抗辐射能力。对航天员来说，如果技术进步能够允许他们在休眠中前往火星的话，那么不仅可以节约能源和食物，不用忍受孤寂，还可以抵御空间里的辐射。

那么，如何在正常环境下控制动物进入休眠呢？美国得克萨斯州休斯敦大学的李成奇（Cheng-Chi Lee）教授团队在2006年发现，小鼠血液中通常受生物钟调控的5'-AMP的含量在夜间会升高。向原本不冬眠的小鼠体内注入高剂量5'-AMP，会诱发小鼠也进入类似蛰伏的状态，体温降低至和环境接近。但这种蛰伏状态不能持续太久，否则小鼠会因无法被唤醒而死亡。

灵长类动物具有休眠现象的非常少，迄今只发现狐猴具有休眠能力，人类和其他很多的灵长类动物都不能在自然状态下进入休眠。但近年来的研究发现，下丘脑视前区如同身体里的一个"空调开关"，激活这个区域的神经元可以使小鼠的体温在1—2个小时内从37 ℃降至28 ℃，并可以维持这样的低体温状态达10余个小时，同时身体散热增加、心率降低，活动量也会明显减少，这些现象与小鼠的天然休眠类似。与小鼠类似，刺激猕猴的这个空调开关——下丘脑视前区——也可以让猕猴的体温下降。这些研究都可以为将来人类在星际旅程里进入休眠提供线索。

总而言之，未来前往火星的航天器的设计可以考虑留出一块区域，一方面在硬件上加强对辐射的吸收和反射，另一方面让航天员在这里休眠,这样做可以极大地减少食物等物资的载重,减少预算和运输次数。当然,现在的技术还只限于在动物身上开展实验,并且能够维持休眠的时间很短,要想在前往火星的长途旅行中睡个长觉,还有很长的路要走。

// 让你的想法飞上天 //

火星有两个"月亮",一大一小,分别叫火卫一(音译福波斯)和火卫二(音译德莫斯)。在科幻小说《火星编年史》里这样描写:"一行人安静地在月光下移动。天空中,一对明月竞速而行,众人则一路朝向梦幻的死寂城市进发。月亮有两个,地上的人影也成了一双。"但是,由于距离太阳非常遥远,所以火星的月亮看起来非常暗淡。你能想象下,未来人类移居火星后双月亮会对生活有什么影响吗?

寻找地外生命

在"毅力号"火星车的定标板边缘印有这么一段文字:"Are we along？ We came here to look for signs of life, and to collect samples of Mars for study on Earth. To those who follow, we wish a safe journey and the joy of discovery." 这段话的意思是:"我们是孤独的吗？我们来这里是为了寻找生命的迹象,并采集火星样本供地球分析。对于后来者,我们祝福他们旅途平安,享受发现的乐趣。"

2005年,《科学》提出了最具挑战性的125个科学问题,其中一个是:地球在宇宙中是否独一无二？甚至大科学家费米(Enrico Fermi)也非常关注,还提出著名的费米悖论:如果外星人存在,他们在哪？我们的技术飞速进步,找到了很多对人类而言宜居的星球,甚至可以拍摄出遥远黑洞的照片,但是,在寻找外星生命的路途中,迄今我们仍然一无所获。

生命来自太空?

蛋白质是构成生命的大分子有机物,而氨基酸是组装成蛋白质的基本单位,发现氨基酸来源或许就发现了生命起源的线索。以前人们从一些坠落到地球上的陨石里发现多种氨基酸,似乎表明地球生命最早就是坐着陨石来到地球的。但是,有人认为这些氨基酸是在陨石落到地面后污染了地球上的氨基酸的结果。不过,氨基酸分为"左旋"和"右旋"两类,地球上的生命分子都是左旋氨基酸,而陨石中的氨基酸左旋和右旋结构都有,因此"污染"之说并非绝对。2018年6月至2019年11月,"隼鸟2号"小行星探测器探访了一颗名为"龙宫"的小行星,并采集了5.4克砂土样本。经过分析,这颗距地球3.4亿千米的小行星的砂土里含有23种与生命活动密切相关的氨基酸,其中已经确认含有异亮氨酸、缬氨酸、甘氨酸,以及产生鲜味的谷氨酸等。宇宙中有氨基酸或许说明了有机物在宇宙空间是广泛存在的。

还有一种地球生命来自宇宙的假说"宇宙胚种论",这是由瑞典化学家、诺贝尔化学奖获得者阿伦尼乌斯(Svante Arrhenius)于1907年首先提出的,他认为:在宇宙中存在着微生物,这些微生物作为物种的"孢子",在太阳光压力的推动下,被送到遥远的宇宙彼方,如果遇到像地球这样的行星,就把生命传播到那里。宇宙胚种论目前还缺乏令人信服的证据;退一步说,此说即使能成立,也没有解决最早的"胚种"(生命)是怎样起源的问题。

人类已经在浩瀚宇宙里发现了各种奇怪星球,例如有的星球整个是一个大钻石。美国天文学家2010年9月观测到了一颗距地球约50光年的星球——白矮星BPM37093,位于人马座星群。这颗蓝绿色的白矮星是一颗超级巨钻,重量达10^{34}克拉,或者可以换算为2270亿亿亿吨。甲壳虫乐队曾于1967年发行了一首单曲《露西在缀满钻石的天空中》(Lucy in the Sky with Diamonds),受此启发,科学家将这个钻石大星球命名为露西(Lucy)。如果谁能登上这个星球上并带几大块"岩石"回来,一定会非常开心。在宇宙里,连这样奇怪而奢侈的星球都能找到,但是想发现一颗有生命迹象的星球却要困难很多。

我们是否已经发现了外星人

在寻找外星生命的各种新闻报道里,混杂着很多炒作、骗局或者伪科学的内容,需要警惕和甄别。需要注意的是,迄今所有的外星人事件都无法拿出令人信服的证据。1947年7月5日,美国新墨西哥州罗斯维尔一个农场主说当晚听到了巨大爆炸声,第二天发现了散布在农场里的许多金属碎片,随后他向当地警方报告了此事。7月8日,附近一位工程师声称发现了一架飞碟残骸以及几具瘦小的外星人尸体。《每日新闻报》声称美国空军在罗斯维尔发现一架坠落的飞碟,在公众中引起轩然大波。但是,很快军方就否认了飞碟和外星人的说法,声称那些碎片只是探空气球的碎片,而那些外星人尸体只是作为飞行弹跳测试用的假人。这件事迷雾重重,有说法认为这些尸体的确不是外星人,而是与军方的秘密实验有关,但是迄今也没有人出来说明这些事情的真相,最终成为悬案。

1995年,第八届国际UFO大会上,有人播放了一段解剖外星人的黑白纪录片,引起了轰动。但是,这部片子也存在很多疑点。到了2006年,真相大白,原来这段影片是伪造的,如同古人类学界里发生的辟尔唐人化石事件,整个事件由谎言和造假组成。

说到外星人,不能不提到美国内华达州南部距离拉斯维加斯130千米的一个神秘地区,这里就是传说中的51区。很多科幻电影里,都提到过这个51区,说美国政府将外星飞行器和外星人藏在这里,进行秘密研究,学习外星飞行技术,研究外星智能生命。实际上,51区的确是美国的一个秘密军事基地,但与外星人无关,这里主要进行的是尖端飞行器的秘密研究。

空想性错视是一种心理现象,指的是大脑对外界的刺激(一幅画面或一段声音)赋予一个意义,但实际上"意义"并不存在,只是巧合。人们常常会将诸如云朵看成动物、人脸、物品等。以前有人声称在火星上发现了人脸或者陷在泥滩里的海豚,要么是开玩笑逗乐子,要么是空想性错视,都不能作为火星上存在生命的证据。那些所谓的人脸和海豚只是从某个角度看上去有点像,如果稍微变换一下角度就不像了,所谓横看成岭侧成峰,就有点这个意思。类似的段子还有把月球表面的一些阴影想象成人脸或者兔子等。

在"神舟五号"飞天之际,有传言说杨利伟在执行航天任务时带了把手枪防身,对付可能的外星人袭击。这种说法是不准确的,实际情况是,万一飞船返回时坠落在意外的地区,航天员可以用枪防备野兽攻击。还有一些好事者,把晒干的犁头鳐照片发到网上,说是外星人照片,如果没见过犁头鳐的,还真有可能会相信,因为它们长得实在太古怪。

我们绝不能排除外星人——或者更确切地说外星生命——的存在,但是在没有确凿证据的情况下,我们也不能贸然轻信。外星人很可能是存在的——但是我们需要具有说服力的证据。

霍金建议人们不要主动去联系外星人,因为外星人的文明程度可能远高于我们,毁灭人类乃至地球上的所有生命对他们来说易如反掌。但是,如果真的有更高等级的外星生命存在,并且他们是邪恶的,那么即使我们不去招惹,他们也会找上门来。闭门家中坐,外星人可能自天上来。

地球生命是否孤独

具备适合生命生存环境的星球称为宜居星球。实际上,一个星球要满足许多苛刻的条件才能成为宜居星球,例如:不能离星系中心太近,但也不能太远,这样星球表面的温度才不会过高或过低;星体所在星系的恒星不能太大,也不能太小,否则引力会不利于生命生存;自转不能太快,否则星球结构不稳定;星球上必须有液态水的存在;要有大气、磁场,表面的辐射强度也不能太高,等等。宇宙虽广阔无垠,这样的星球却并不多,像地球这样充满勃勃生机的目前还没发现第二个。但是，人类依然坚持不懈地寻找地外生命的痕迹，以回答地球生命在宇宙中是否孤独这个疑问。

寻找地外生命通常会先通过寻找生命标志物来判断，这些生命标志物包括磷、甲烷和水等。磷是所有已知生命的必需元素，因为磷是核酸（DNA 和 RNA）的组成元素，是细胞膜脂的重要成分，也与蛋白质磷酸化调控密切相关。此外，磷还是能量分子三磷酸腺苷（ATP）的组成成分，因此也是生命活动所必需的基本元素。从藻类、蓝细菌到多细胞的真菌、植物，包括人类，都能产生甲烷，因此甲烷可以作为在其他星球上寻找生命的一个标志分子。但是，甲烷的产生来源并不限于生物，非生物途径也可以产生甲烷，因此在根据甲烷推断某个星球上是否存在生命时需要谨慎。水是生命之源，地球上所有生命都离不开水。因此，找到水，就找到了生命可能存在的线索。

多年以前，虽然掠过火星的探测器已经显示火星上毫无生命迹象，萨根还是坚持他自己的想象，认为火星人的身体应该有着透明的外壳，可以通过反射来抵御强辐射；像水母那样长着很多细长触须，靠触须行走，以适应火星的低重力环境。萨根还设想了这种火星人的活动规律，他在1967年写道："他们白天用红色的小触须行走，晚上则会挖洞。"看，他竟然在想象里给火星人赋予了生物节律。1996年，萨根离世，也许去了火星继续他的宇宙探索。

有人认为，火星上生活着扁平的猫，这个想法倒与文学家老舍的小说《猫城记》不谋而合。在这部小说里，火星上生活着猫居民，也就是说喵星可能就是火星。当然，老舍的这部小说并不是基于证据的科幻小说，而是寄托想法的魔幻小说。无论是萨根还是老舍，对于火星生命都只是他们的期待或幻想。关于火星生命的证据，还需要人类探测器着陆火星后才能获得。

一些科学家分析了NASA的"机遇号"、"好奇号"、HiRISE 等火

图5-10　火星上的扁平猫想象图

星探测器传回的细部照片,仔细比对后,发现一些酷似蘑菇的"白色小球"。"机遇号"的地面数据分析人员认为这些白色小球是赤铁矿,浑圆的形状是自然造成的。然而,这一说法后来被否定了,一些科学家干脆就把这些白色小球暂定名为"火星蘑菇"(mushrooms growing on Mars),因为它们长得确实很像蘑菇(爱吃菌子的云南人表示已经心动)。另外一批真菌和地衣专家,在他们的研究中不谋而合地把这些白色小球昵称为"马勃球",马勃是一种球形真菌,生长过程中是白色的,成熟后变成包裹着很多孢子的黑褐色硬壳。有科学家发现,火星上的这些"白蘑菇"似乎会在几天、几周、几个月的时间里缩小、消失又出现。研究小组说,有证据表明,它们还会在"好奇号"探测车留下的轨道上"重新发芽"。

　　火星上一些地区的土壤里存在高氯酸盐,2008年"凤凰号"着陆器在火星北极地区的土壤样本里发现了浓度为0.4%—0.6%的高氯酸盐。高氯酸盐具有强氧化性,因此有人认为生命不可能在这种条件下存在。

但是，地球上一些耐盐的细菌能够在高浓度的高氯酸盐里生长。另外，过氧化氢（俗称双氧水）也是强氧化剂，但是地球上的一些生物（例如红蛉麦蛾）可以制造过氧化氢，并在碰到危险时从屁股里把过氧化氢喷向敌人，敌人如果被命中很快就会中毒甚至死亡。因此，火星土壤里的高氯酸盐可能并非生命存在的障碍。

2022年9月16日美国NASA宣布，研究人员对"毅力号"火星车采集的数据进行了分析，结果发现火星上杰吉洛撞击坑（Jezero Crater）的古老湖床里存在有机分子。这些有机分子含有碳、氢、氧元素，但不含有氮、磷和硫，所以应该不是来自生命，但可能是早期生命诞生的原料，或者称为构成生命的积木分子（building blocks）。遗憾的是，由于地球与火星之间有着1.4亿千米的遥远距离，目前的技术还无法将这些样品带回地球分析，要到2033年左右人类发射可返回航天器才能将这些火星土壤或岩石的样本带回来。

38亿年前，火星气候温暖，并且水资源丰富，可能存在海洋或湖泊。如今，沧海桑田——更准确地说是桑田变荒漠——液态水在这个星球上消失殆尽，尽管还残存着一些痕迹——可能是古老的河道。2013年，

图5-11 "毅力号"火星车（图片来自NASA）

NASA的"好奇号"火星车降落在盖尔撞击坑,这里在38亿年前可能就是一个巨大的湖泊。"好奇号"发现,这里的沉积物里含有有机物。科学家认为,火星地下有着以永久冻土形态保存下来的水,如果在这些冻土下面存在熔岩,水能够以液体形式存在,那么这里就有可能有微生物等生命存在。但是,即使存在这样的河道,也在深达几十米的地下,而目前人类发射到火星上的探测器是无法挖掘到如此深度的。有人提出,撞击坑下也许存在离地表较浅的地下河道,从这里寻找生命也许是一条捷径。

不管怎么说,人类登临火星的日子越来越近,人类将在不久的将来就可以回答火星上究竟是否存在生命这个已经持续困扰了我们150多年的问题。

除了火星,在宇宙里寻找生命的科学家也很关注太阳系其他一些卫星。土卫二直径约500千米,整个星球被厚厚的冰层覆盖。在其南极附近的冰层上,有几条巨大的裂缝,其中一些裂缝还会喷发出大量水蒸气。因此,有人推测,厚厚的冰盖下面也许存在海洋。加热土卫二的能量来自土星的引力。土卫二上存在间歇泉,不时地喷射水蒸气、冰晶以及一些有机物,土卫二约30—40千米厚的冰冻表面下存在液态海洋,这些都为生命的存在提供了可能性。我国科学家还发现,土卫二的海水里可能含有丰富的磷元素,浓度可能为地球海洋的100倍。丰富的磷元素意味着土卫二可能具备了生命诞生的基本条件。

土卫六又称"泰坦星",是土星最大的一颗卫星。土卫六的表面温度低达−179 ℃,因此不可能有生命存在。但是,土卫六拥有一个以氮气为主的浓密大气层以及为数众多的湖泊和海洋,这些湖泊和海洋里充满的液体不是水,而是在极低温度下处于液态的碳和(或)氧的化合物,其中绝大多数都是甲烷。土卫六大气里的雷电可能让大气、湖泊和海洋里的有机物合成构成生命的基本分子,这就为生命的诞生提供了条件。土卫六是生命的地狱,也可能是生命的天堂。

"我们的银河系就像一个大仓库,生命必需的零件散落在各处",英国皇家学会会员洛夫拉克曾如是说。因此,寻找地外生命的科学家也将目光投向了那些在行星之间穿梭的小行星。前面说过,日本的小行星探测器"隼鸟二号"曾从一颗名为"龙宫"的小行星上采集了岩石样本,从这些岩石样本里检测出了23种氨基酸,说明"龙宫"或产生"龙宫"小行星的母行星可能存在过生命,或者具备产生生命的一些基本条件。但是,虽然"龙宫"有了这些氨基酸"积木",以"龙宫"现在的情况,它还缺少其他基本条件,因此应该不可能"搭建"出生命。

揭秘生命起源也是很浪漫的事

地球生命起源是数十亿年前发生的事,我们无法穿越回去进行观察——即使能够穿越,以一个人的生命时长也不足以观察到生命诞生的完整过程。因此,对于生命起源的探索,都是通过间接的方法进行推断和研究。生命起源通常可以从4个不同角度开展研究,包括宇宙生物学、古生物学、合成生物学和前生源化学等。顾名思义,宇宙生物学主要分析地球之外是否存在生命或者形成生命的重要物质(如氨基酸、核酸等分子)。古生物学是通过化石及其他考古证据推测最古老生命的结构特征。合成生物学设法推测、合成远古时期的生物,并研究它们的生命特征从而推测生命的起源与演化过程。前生源化学家的工作主要是研究地球生命诞生之前,各种化学元素和有机分子如何相互作用、反应,逐渐合成生命大分子乃至最初的原始生命。这里所说的是"前生源"而不是"前生缘",并非在描述浪漫。但是,生命的诞生充满神秘与未知,从这个角度看,揭示生命诞生的过程必然也是很浪漫的。

在地球上环境非常严酷的地方仍然有生物生存,无论是高原、深海或者极地,这些生物被称为嗜极生物,例如我们前面介绍过的水熊虫、耐辐射奇球菌。由此可以推测,对一些环境严酷的星球来说,只要符合生命存在的最基本条件,那么这些星球也是有可能有生命存在的。如果我们能够在地外空间或者其他星球上探明生命的诞生过程,或者哪怕只是获得一些重要证据,都会对于我们揭示地球生命起源之谜起到借鉴作用。

有人认为地球生命来自宇宙,这种想法在很多科幻电影里也有体现,比如《普罗米修斯》《月球陨落》等。不过,生命穿越宇宙而来是漫长的冒险旅程,那些生命要素在旅途中会受到各种宇宙线辐射作用而死亡或丧失活性,因此这种可能性很小。

目前认为,地球现有生命的祖先起源于温度高的地方,比如海底火山口(也叫黑烟囱)的可能性比较大,因为对现有世界上各种生物往回推溯得到的祖先生物(这些祖先生物现在是不存在的,只是通过推算出来生活在过去的假想生物),都是一些耐热生物。有人将推断的祖先序

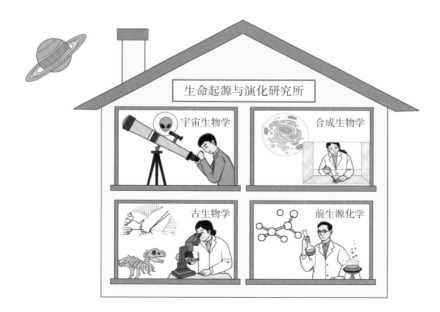

图5-12 研究生命起源的不同策略,包括宇宙生物学、古生物学、合成生物学和前生源化学

列转入现在的大肠杆菌,结果发现原本不耐高温的大肠杆菌变得可以耐受100℃的高温,这种实验的原理,有点像金庸小说《天龙八部》里原本只是菜鸟的虚竹被注入逍遥子的七十年功力后瞬间成为上乘高手。

　　由于本书主要讨论的是走出地球的生命,所以对地外生命探索仅作简单探讨。终会有一天,人们谈论起航天和空间探索已经不再非常兴奋和好奇,因为在未来这已经成为稀松平常的事。但是,人类求知与探索之心仍然会激励我们不断前行。

结　语

　　我们现在看到的阳光，其实是过去的阳光，是8分钟前从太阳表面发出来的。同样，夜空里闪亮的星光则是几百上千甚至数万年前发出来的光芒。从这个意义上说，我们看到了过去。与此同时，我们也可以预见未来。

　　在未来，生命不会仅囿于地球。尽管现实迟于幻想，但人类终将远行，奔向月球、火星，飞向太阳系外更遥远的地方。

　　人类从地球摇篮里走出，将如《2001：太空漫游》里鲍曼在进入黑石板后那样看见各种难以名状的绚丽景象，同时也将经历难以想象的磨砺与挑战。只要世界不是毁于战争，未来的科技将高度发达，普通人也可以享受爱因斯坦、霍金等科学大咖难以想象的科技成果。人类永不停歇的进取心会产生无穷的推动力，愿未来的这些科技能够被用于和平与善良。

　　当人类在宇宙中行至远方后，人类是否还是人类？这样的问题并非本书所能涵盖，还是留给科幻作家去想象，或者交给哲学家去争辩吧。我们不妨暂时将科学和哲学都拂到一边，走到门外，像惠特曼（Walt Whitman）那样去仰望星空：

　　　　我听天文大师高谈阔论，

　　　　证据、数字，旁征博引；

有图、有表,缜密推算。

演讲厅里掌声阵阵,时辰难计。

我筋疲力尽,

独自悄悄溜出大门。

黑幕何等迷惘、湿润、寂静,

我频频翘首仰观星辰。

在未来,站在其他星球的人类应该也遗传了欣赏璀璨星空的习惯吧。当他们翘首望向密布星体的天空时,在他们的内心深处,也许还会因为一颗遥远的蓝色星球而触动:他们的祖先曾经从那里走出。

参考文献

1. 中华人民共和国国务院新闻办公室.2021中国的航天［EB/OL］.［2022-1-30］. http://www.gov.cn/zhengce/2022-01/28/content_5670920.htm.

2. 阿里尔·瓦尔德曼（著），布莱恩·斯坦福（插图）.太空生存指南［M］.黄月，苟利军，译.杭州：浙江人民出版社,2017.

3. 艾萨克·阿西莫夫.不羁的思绪［M］.江向东，廖湘彧，译.尹传红，校.上海：上海科技教育出版社,2014.

4. Agrawal S N, Satpathy S, Samal D. *Deinococcus radiodurans*: the world's toughest bacterium. A review［J］. Global Journal of Medical Research: C Microbiology and Pathology, 2020, 20（2）: 1-4.

5. 埃德·扬.我包罗万象［M］.郑李，译.北京：北京联合出版公司,2019.

6. 奥诺雷·德·巴尔扎克.驴皮记［M］.郑永慧，译.北京：中国友谊出版公司,2018.

7. Bacci G, Mengoni A, Emiliani G, et al. Defining the resilience of the human salivary microbiota by a 520-day longitudinal study in a confined environment: the Mars500 mission［J］. Microbiome, 2021, 9: 152.

8. Barberis E, Vanella V V, Falasca M, et al. Circulating exosomes are strongly involved in SARS-CoV-2 infection［J］. Front Mol Biosci, 2021, 8: 632290.

9. Barger L K, Flynn-Evans E E, Kubey A, et al. Prevalence of sleep deficiency and use of hypnotic drugs in astronauts before, during, and after spaceflight: an observational study［J］. Lancet Neurol, 2014, 13（9）: 904-912.

10. Basner M, Dinges D F. Lost in space: sleep［J］. Lancet Neurol, 2014, 13（9）: 860-862.

11. Basner M, Dinges D F, Mollicone D, et al. Mars 520-d mission simulation reveals protracted crew hypokinesis and alterations of sleep duration and timing［J］. Proc Natl Acad Sci U S A, 2013, 110（7）: 2635-2640.

12. 贝恩德·布伦纳.躺平［M］.南曦，译.海口：南海出版公司,2021.

13. Bertaux J L, Leblanc F, Witasse O, et al. Discovery of an aurora on Mars［J］. Nature, 2005, 435（7043）: 790-794.

14. Bezdan D, Grigorev K, Meydan C, et al. Cell-free DNA（cfDNA）and exosome profiling from a year-long human spaceflight reveals circulating biomarkers［J］. iScience, 2020, 23（12）: 101844.

15. Bigley A B, Agha N H, Baker F L, et al. NK cell function is impaired during long-duration spaceflight［J］. J Appl Physiol（1985）, 2019, 126（4）: 842-885.

16. Brainard G C, Barger L K, Soler R R, et al. The development of lighting countermeasures for sleep disruption and circadian misalignment during spaceflight〔J〕. Curr Opin Pulm Med, 2016, 22（6）: 535−544.

17. 罗伯特·汉布利·布朗. 人类与星星〔M〕. 叶式辉, 译. 南京: 江苏科学技术出版社, 1988.

18. Buckey J C, Jr, Homick J L. The Neurolab Spacelab Mission: Neuroscience Research in Space. Results from the STS-90, Neurolab Spacelab Mission〔EB〕. NASA SP-2003-535.

19. Buckey J C Jr. Preparing for Mars: the physiologic and medical challenges〔J〕. Eur J Med Res, 1999, 4（9）: 353−356.

20. 卡尔·齐默. 病毒星球〔M〕. 刘旸, 译. 桂林: 广西师范大学出版社, 2019.

21. Cahill T, da Silveira W A, Renaud L, et al. induced torpor as a countermeasure for low dose radiation exposure in a zebrafish model〔J〕. Cells, 2021, 10（4）: 906.

22. Cao D, Song J, Ling S, et al. Hematopoietic stem cells and lineage cells undergo dynamic alterations under microgravity and recovery conditions〔J〕. FASEB J, 2019, 33（6）: 6904−6918.

23. Chen H, Lv K, Ji G, et al. Characterization of sleep-wake patterns in crew members under a short-duration spaceflight〔J〕. Biological Rhythm Research, 2018, 51（3）: 1−16.

24. 陈善广. 载人航天技术〔M〕. 北京: 中国宇航出版社, 2018.

25. 陈善广, 王春慧, 陈晓萍, 等. 长期空间飞行中人的作业能力变化特性研究〔J〕. 航天医学与医学工程, 2015, 28: 1−10.

26. Crucian B E, Choukèr A, Simpson R J, et al. Immune system dysregulation during spaceflight: potential countermeasures for deep space exploration missions〔J〕. Front Immunol, 2018, 9: 1437.

27. 大卫·M.哈兰德. 月球简史〔M〕. 车晓玲, 刘佳, 译. 车晓玲, 审. 北京: 人民邮电出版社, 201.

28. DeLeon-Rodriguez N, Lathem T L, Rodriguez-R L M, et al. Microbiome of the upper troposphere: species composition and prevalence, effects of tropical storms, and atmospheric implications〔J〕. Proc Natl Acad Sci U S A, 2013, 110（7）: 2575−2780.

29. Elmann-Larsen B, Schmitt D. Staying in bed to benefit ESA's astronauts and Europe's citizens〔J〕. ESA Bull, 2003, 113: 34−39.

30. Epelman S, Hamilton D R. Medical mitigation strategies for acute radiation exposure during spaceflight〔J〕. Aviat Space Environ Med, 2006, 77（2）: 130−139.

31. Erdmann W, Idzikowski B, Kowalski W, et al. Tolerance of two anhydrobiotic tardigrades *Echiniscus testudo* and *Milnesium inceptum* to hypomagnetic conditions〔J〕. PeerJ, 2021, 9: e10630.

32. Fackrell L E, Schroeder P, Thompson A, et al. Development of Martian regolith and

bedrock simulants: potential and limitations of Martian regolith as an in-situ resource ［J］. Icarus, 2020, 354（11）:114055.

33. Farkas Á, Farkas G. Effects of spaceflight on human skin［J］. Skin Pharmacol Physiol, 2021, 34（5）: 239–245.

34. 丰子恺.无用之美——丰子恺聊绘画［M］.南京：江苏凤凰文艺出版社,2017.

35. Flynn-Evans E E, Barger L K, Kubey A A, et al. Circadian misalignment affects sleep and medication use before and during spaceflight［J］. NPJ Microgravity, 2016, 2: 15019.

36. Goukassian D, Arakelyan A, Brojakowska A, et al. Space flight associated changes in astronauts' plasma-derived small extracellular vesicle microRNA: biomarker identification［J］. Clin Transl Med, 2022, 12（6）: e845.

37. Groopman J. Medicine on Mars［J］. New Yorker, 2000, 75（46）: 36–41.

38. 郭金虎.时间流转的痕迹［J］.画廊.2020,10：52–57.

39. 郭金虎.在太空里睡个好觉有多难?［J］.中学科技,2021,7：14–17.

40. 郭金虎, 甘锡惠, 马欢.空间里的时间：微重力等环境下的生物节律研究［J］.空间科学学报,2021,41（1）:145–157.

41. 郭金虎.生命的时钟［M］.上海：上海科技教育出版社,2020.

42. 郭金虎.生物节律与行为［M］.北京：国防工业出版社,2019.

43. 郭双生.阿波罗时代的月球植物生物学［J］.航天员,2017,5：66–69.

44. 顾逸东.探秘太空——浅析空间资源开发与利用［M］.北京：中国宇航出版社,2011.

45. 航天日历编委会.航天日历［M］.北京：北京大学出版社,2018.

46. Hargens A R, Vico L. Long-duration bed rest as an analog to microgravity［J］. J Appl Physiol（1985）, 2016, 120: 891–903.

47. Harris F, Dobbs J, Atkins D, et al. Soil fertility interactions with Sinorhizobium-legume symbiosis in a simulated Martian regolith; effects on nitrogen content and plant health［J］. PLoS One, 2021, 16（9）: e0257053.

48. Hawkey A. Small step or giant leap? Human locomotion on Mars［J］. J Br Interplanet Soc, 2004, 57（7–8）: 262–270.

49. Hawkey A. The physical price of a ticket into space［J］. J Br Interplanet Soc, 2003, 56（5–6）: 152–159.

50. Hellweg C E, Baumstark-Khan C. Getting ready for the manned mission to Mars: the astronauts' risk from space radiation［J］. Naturwissenschaften, 2007, 94（7）: 517–526.

51. Hemmersbach R, von der Wiesche M, Seibt D. Ground-based experimental platforms in gravitational biology and human physiology［J］. Signal Transduction, 2006, 6: 381–387.

52. Hesgrove C, Boothby T C. The biology of tardigrade disordered proteins in extreme

stress tolerance[J]. Cell Commun Signal, 2020, 18(1): 178.

53. Hrvatin S, Sun S, Wilcox O F, et al. Neurons that regulate mouse torpor[J]. Nature, 2020, 583(7814): 115−121.

54. Engle S B. Space travel orbits mitochondria's central role into the spotlight[EB/OL]. (2021−1−8)[2022−6−14]. https://gritdaily.com/space-travel-orbits-mitochondrias-central-role-into-the-spotlight/.

55. Zienkiewicz M. Astronauts Take Seeds to Space, Students Grow Them Out[EB/OL]. (2014−12−27)[2022−2−1]. https://seedworld.com/astronauts-take-seeds-space-students-grow/.

56. Haaretz. 2,200-year-old Mummy Afflicted With Osteoporosis[EB/OL]. (2016−7−27)[2022−4−23]. https://www.haaretz.com/archaeology/2-200-year-old-mummy-afflicted-with-osteoporosis-1.5416533.

57. Shen H. High-flying bacteria spark interest in possible climate effects[EB/OL]. (2013−1−28)[2022−6−10]. https://www.nature.com/articles/nature.2013.12310.

58. Witze A. Astronauts have conducted nearly 3,000 science experiments aboard the ISS [EB/OL]. (2020−11−3)[2022−4−13]. https://www.nature.com/articles/d41586-020-03085-8.

59. NASA. NASA standards inform comfortable car seats[EB/OL]. (2013)[2023−7−13]. https://spinoff.nasa.gov/Spinoff2013/t_4.html.

60. Gaskill M. Making Sense of Human Senses in Space[EB/OL]. (2018−11−19) [2023−2−17]. https://www.nasa.gov/mission_pages/station/research/news/human_senses_in_space.

61. NASA. Mixed Up in Space[EB/OL]. (2001−8−7)[2023−2−17]. https://science.nasa.gov/science-news/science-at-nasa/2001/ast07aug_1/.

62. Imshenetsky A A, Lysenko S V, Kazakov G A, et al. On micro-organisms of the stratosphere[J]. Life Sci Space Res, 1976, 14: 359−362.

63. Jandial R, Hoshide R, Waters J D, et al. Space-brain: the negative effects of space exposure on the central nervous system[J]. Surg Neurol Int, 2018, 9: 9.

64. Jeong A J, Kim Y J, Lim M H, et al. Microgravity induces autophagy via mitochondrial dysfunction in human Hodgkin's lymphoma cells[J]. Sci Rep, 2018, 8(1): 14646.

65. 加来道雄. 人类的未来——移民火星、星际旅行、永生以及人类在地球之外的命运[M]. 徐玢, 尔欣中, 译. 北京: 中信出版集团, 2019.

66. Jirak P, Mirna M, Rezar R, et al. How spaceflight challenges human cardiovascular health[J]. Eur J Prev Cardiol, 2022, 29(10): 1399−1411.

67. Johnsson A. Circumnutations: results from recent experiments on Earth and in space [J]. Planta, 1997, 203(Suppl 1): S147−S158.

68. Jönsson K I, Rabbow E, Schill R O, et al. Tardigrades survive exposure to space in

low Earth orbit［J］. Curr Biol, 2008, 18（17）: R729-R731.

69. Karahara I, Suto T, Yamaguchi T, et al. Vegetative and reproductive growth of Arabidopsis under microgravity conditions in space［J］. J Plant Res, 2020, 133: 571-585.

70. Karsdal M A, Byrjalsen I, Riis B J, et al. Investigation of the diurnal variation in bone resorption for optimal drug delivery and efficacy in osteoporosis with oral calcitonin ［J］. BMC Clin Pharmacol, 2008, 8: 12.

71. Kasiviswanathan P, Swanner E D, Halverson L J, et al. Farming on Mars: Treatment of basaltic regolith soil and briny water simulants sustains plant growth［J］. PLoS One, 2022, 17（8）: e0272209.

72. Keeton W T. Magnets interfere with pigeon homing［J］. Proc Natl Acad Sci U S A, 1971, 68（1）: 102-106.

73. Kelly S. Endurance: A Year in Space, A Lifetime of Discovery［M］. New Yoker: Knopf, 2017.

74. Khiati S, Bonneau D, Lenaers G. Are your mitochondria ready for a Space Odyssey? ［J］. Trends Endocrinol Metab, 2021, 32（4）: 193-195.

75. Kim M H, Thibeault S A, Wilson J W, et al. Radiation protection using Martian surface materials in human exploration of Mars［J］. Phys Med, 2001, 17（Suppl 1）: 81-83.

76. Lee W H, Kang S, Vlachos P P, et al. A novel in vitro ischemia/reperfusion injury model［J］. Arch Pharm Res, 2009, 32（3）: 421-429.

77. 雷·布拉德伯里. 火星编年史［M］. 林翰昌, 译. 上海: 上海译文出版社, 2022.

78. Levchenko I, Xu S, Mazouffre S, et al. Mars colonization: beyond getting there［J］. Glob Chall, 2018, 3（1）: 1800062.

79. Li F, Ye Y, Lei X, et al. Effects of microgravity on early embryonic development and embryonic stem cell differentiation: phenotypic characterization and potential mechanisms［J］. Front Cell Dev Biol, 2021, 9: 797167.

80. 理查德·穆迪, 安德烈·茹拉夫列夫, 杜戈尔·迪克逊, 等. 地球生命的历程 ［M］. 王烁, 王璐, 译. 北京: 人民邮电出版社, 2016.

81. 李煦. 揭秘50年前中国"曙光号"载人飞船计划［N］. 长江日报, 2021-6-22.

82. 梁小弟, 刘志臻, 陈现云, 等. 生命中不能承受之轻——微重力条件下生物昼夜节律的变化研究［J］. 生命科学, 2015, 27（11）: 1433-1439.

83. 列奥纳多·达·芬奇, H.安娜·苏.达·芬奇笔记［M］. 刘勇, 译. 长沙: 湖南科学技术出版社, 2015.

84. 林杨挺. 嫦娥四号讲述的月球"土壤"的故事［J］. 自然杂志, 2020,（6）: 433-440.

85. Link B M, Durst S J, Zhou W, et al. Seed-to-seed growth of Arabidopsis thaliana on the International Space Station［J］. Adv Space Res, 2003, 31（10）: 2237-2243.

86. Link B M, Busse J S, Stankovic B, et al. Seed-to-seed-to-seed growth and

development of Arabidopsis in microgravity［J］. Astrobiology, 2014, 14（10）: 866–875.

87. Liu Z, Wan Y, Zhang L, et al. Alterations in heart rate and activity rhythms of three orbital astronauts on a space mission［J］. Life Sci Space Res（Amst）, 2015, 4: 62–66.

88. 流沙河.告别火星［M］.北京：作家出版社,1957.

89. 刘思扬.太空日记［M］.成都：四川科学技术出版社,2017.

90. 路易莎·普雷斯顿.地球生命探索之旅——金发姑娘与萤火虫［M］.王金,译.北京：北京联合出版公司,2017.

91. Luo R, Huang Y, Ma H, et al. How to live on Mars with a proper circadian clock?［J］. Front Astron Space Sci, 2022, 8: 796943.

92. 罗伯特·谢克里.世界杂货店［M］.孙维梓,罗妍莉,胡绍晏,译.北京：新星出版社,2020.

93. 罗德·派尔.登月使命——AR实境体验人类首次登月全过程［M］.马晓耘,张琴,译.北京：北京联合出版公司,2019.

94. Ly V, Velichala S R, Hargens A R, et al. Cardiovascular, lymphatic, and ocular health in space［J］. Life（Basel）, 2022, 12（2）: 268.

95. 马欢,刘至臻,田雨,等.在轨飞行对航天员警觉度及其昼夜节律的影响［J］.航天医学与医学工程,30（6）: 391–395.

96. Ma H, Li Y, Liang H, et al. 2019 Sleep deprivation and a non-24 h working schedule lead to extensive alterations in physiology and behavior［J］. FASEB J, 2019, 33（6）: 6969–6979.

97. Ma H, Li L, Yan J, et al. The resonance and adaptation of *Neurospora crassa* circadian and conidiation rhythms to short light-Dark cycles［J］. J Fungi（Basel）. 2021, 8（1）: 27.

98. Macaulay T R, Pters B T, Wood S J, et al. Developing proprioceptive countermeasures to mitigate postural and locomotor control deficits after long-duration spaceflight［J］. Front Syst Neurosci, 2021, 15: 658985.

99. McCrory J L, Derr J, Cavanagh P R, et al. Locomotion in simulated zero gravity: ground reaction forces. Aviat Space Environ Med, 2004, 75（3）: 203–210.

100. Marshall-Goebel K, Damani R, Bershad E M. Brain physiological response and adaptation during spaceflight［J］. Neurosurgery, 2019, 85（5）: E815–E821.

101. Mishra B, Luderer U. Reproductive hazards of space travel in women and men［J］. Nat Rev Endocrinol. 2019, 15（12）: 713–730.

102. Miyazaki M, Shimozuru M, Tsubota T. Supplementing cultured human myotubes with hibernating bear serum results in increased protein content by modulating Akt/FOXO3a signaling［J］. PLoS One, 2022, 17（17）: e0263085.

103. 娜塔莎·戴利.卡尔·萨根想象中的火星［J］.华夏地理,2017,8: 26.

104. Nassef M Z, Kopp S, Wehland M, et al. Real microgravity influences the cytoskeleton and focal adhesions in human breast cancer cells[J]. Int J Mol Sci, 2019, 20(13): 3156.

105. Naz N, Liu D, Harandi B F, et al. Microbial growth in Martian soil simulants under terrestrial conditions: guiding the search for life on Mars[J]. Astrobiology, 2022, 22(10): 1210-1221.

106. Nelson M. Biosphere 2's lessons about living on Earth and in space[J]. Space: Science & Technology. 2021, Article ID 8067539. https://doi.org/10.34133/2021/8067539.

107. Nguyen H P, Tran P H, Kim K-S, et al. The effects of real and simulated microgravity on cellular mitochondrial function[J]. NPJ Microgravity, 2021, 7(1): 44.

108. Palma-Jiménez M, Ureña Y C, Bermúdez C V, et al. Microgravity and Nanomaterials[J]. Int J Biophys, 2017, 7(4): 60-68.

109. Parihar V K, Allen B, Tran K K, et al. What happens to your brain on the way to Mars[J]. Sci Adv, 2015, 1: e1400256.

110. Paul A-L, Amalfitano C E, Ferl R J. Plant growth strategies are remodeled by spaceflight[J]. BMC Plant Biol, 2012, 12: 232.

111. Paul A-L, Elardo S M, Ferl R, et al. Plants grown in Apollo lunar regolith present stress-associated transcriptomes that inform prospects for lunar exploration[J]. Commun Biol, 2022, 5(1): 382.

112. Pellegrino S. Comprendre le rôle de RecN dans la voie de réparation CDB chez Deinococcus radiodurans[D]. Sciences agricoles, Université de Grenoble, 2012, Français.

113. Petranek S. How We'll Live on Mars[M]. New York: Simon & Schuster/TED Books, 2015.

114. Pletser V, Sebastien R, Friedrich U, et al. Parabolic flight campaings in Europoe with the Airbus A300 Zero G: an evaluation of the scientific outcome[G]. 66th International Astronautical Federation(IAF)Congress, 2015, IAC-15.A2.3.2.

115. Porazinski S, Wang H, Asaoka Y, et al. YAP is essential for tissue tension to ensure vertebrate 3D body shape[J]. Nature, 2015, 521(7551): 217-221.

116. Rainwater R, Mukherjee A. The legume-rhizobia symbiosis can be supported on Mars soil simulants[J]. PLoS One, 2021, 16(12): e0259957.

117. Roberts D R, Albrecht M H, Collins H R, et al. Effects of spaceflight on astronaut brain structure as indicated on MRI[J]. N Engl J Med, 2017, 377(18): 1746-1753.

118. Ronca A E, Fritzsch B, Alberts J R, et al. Effects of microgravity on vestibular development and function in rats: genetics and environment[J]. Korean J Biol Sci,

2000, 4（3）：215−521.

119. Seedhouse E. Mars One: The Ultimate Reality TV Show?［M］. New York: Springer, 2017.

120. Stavnichuk M, Mikolajewicz N, Corlett T, et al. A systematic review and meta-analysis of bone loss in space travelers［J］. NPJ Microgravity. 2020; 6: 13.

121. 让·波德里亚.冷记忆［M］.张新木,李万文,译.南京：南京大学出版社,2012.

122. 让·艾什诺兹.我们仨［M］.余中先,译.长沙：湖南文艺出版社,2017.

123. 塞尔日·桑什.曼·雷传：达达和超现实主义的黄金时代［M］.唐解,译.上海：上海人民出版社,2021.

124. Salisbury F B. Growing crops for space explorers on the moon, Mars, or in space ［J］. Adv Space Biol Med, 1999, 7: 131−162.

125. Schwartzkopf S H, Mancinelli R L. Germination and growth of wheat in simulated Martian atmospheres［J］. Acta Astronaut, 1991, 25（4）：245−247.

126. Schwendner P, Mahnert A, Koskinen K, et al. Preparing for the crewed Mars journey: microbiota dynamics in the confined Mars500 habitat during simulated Mars flight and landing［J］. Microbiome, 2017, 5（1）：129.

127. 圣埃克苏佩里.小王子［M］.林珍妮,马振聘,译.南京：译林出版社,2010.

128. Schimmerling W, Cucinotta F A, Wilson J W. Radiation risk and human space exploration［J］. Adv Space Res, 2003, 31（1）：27−34.

129. Sgobba T, Kanki B G, Clervoy J-F, et al. Space safety and human performance ［M］. Oxford: Butterworth-Heinemann, 2018.

130. Simonsen L C, Nealy J E, Townsend L W, et al. Martian regolith as space radiation shielding［J］. J Spacecr Rockets, 1991, 28（1）：7−8.

131. Shymanovich T, Kiss J Z. Conducting plant experiments in space and on the moon ［J］. Methods Mol Biol, 2022, 2368: 165−198.

132. Simonsen L C, Nealy J E, Townsend L W, et al. Space radiation dose estimates on the surface of Mars［J］. J Spacecr Rockets, 1990, 27（4）：353−354.

133. Sol90出版公司.宇宙是如何运转的（3D版）［M］.孙媛媛,徐玢,译.成都：四川科学技术出版社,2019.

134. Song C, Wang J, Kim B, et al. Insights into the role of circadian rhythms in bone metabolism: a promising intervention target?［J］. Biomed Res Int, 2018, 2018: 9156478.

135. Stride PJ, Patel N, Kingston D. The history of osteoporosis: why do Egyptian mummies have porotic bones?［J］. J R Coll Physicians Edinb, 2013, 43（3）：254−261.

136. Strollo F, Macchi C, Eberini I, et al. Body composition and metabolic changes during a 520-day mission simulation to Mars［J］. J Endocrinol Invest, 2018, 41（11）：1267−1273.

137. 孙海鹏, 孙洪元. 矢志太空, 问鼎苍穹——中国航天员科研训练中心历史回顾 [J]. 航天员, 2018, (2): 8-12.

138. Swanson C, Shea S A, Wolfe P, et al. 24-hour profile of serum sclerostin and its association with bone biomarkers in men[J]. Osteoporos Intm 2017, 28(11): 3205-3213.

139. 斯蒂芬·韦伯. 如果有外星人, 他们在哪——费米悖论的75种解答[M]. 刘炎, 萧耐园, 译. 上海: 上海科技教育出版社, 2019.

140. Squire T, Ryan A, Bernard S. Radioprotective effects of induced astronaut torpor and advanced propulsion systems during deep space travel[J]. Life Sci Space Res (Amst), 2020, 26: 105-113.

141. Takahashi T M, Sunagawa G A, Soya S, et al. A discrete neuronal circuit induces a hibernation-like state in rodents[J]. Nature, 2020, 583(7814): 109-114.

142. Tesei D, Jewczynko A, Lynch A M, et al. Understanding the complexities and changes of the astronaut microbiome for successful long-duration space missions [J]. Life(Basel), 2022, 12(4): 495.

143. 田若光一. 我是宇航员[M]. 何本华, 译. 北京: 人民邮电出版社, 2013.

144. Tolsma J S, Ryan K T, Torres J J, et al. The circadian-clock regulates the *Arabidopsis* gravitropic response[J]. Gravitational and Space Research, 2021, 9 (1): 170-185.

145. 全飞舟. 飞舟日记——"太空180"试验[M]. 北京: 高等教育出版社, 2018.

146. 藤井旭. 伴月共生[M]. 韩天洋, 译. 北京: 中信出版集团, 2016.

147. 田中正人, 斋藤哲也. 哲學超圖解——世界72哲人×古今210個哲思, 看圖就 懂, 面對人生不迷惘! [M]. 卓惠娟, 江裕真, 译. 新北: 野人文化股份有限公 司, 2015.

148. 童恩正. 西游新记[M]. 贵阳: 贵州大学出版社, 2010.

149. Walls S, Diop S, Birse R, et al. Prolonged exposure to microgravity reduces cardiac contractility and initiates remodeling in *Drosophila*[J]. Cell Rep, 2020, 33(10): 108445.

150. Wamelink G W W, Frissel J Y, Krijnen W H J, et al. Can plants grow on Mars and the moon: a growth experiment on Mars and moon soil simulants[J]. PloS One, 2014, 9(8): e103138.

151. Wang D, Zhang L, Liang X, et al. Space meets time: impact of gravity on circadian/ diurnal rhythms[J]. A sponsored supplement to Science: Human performance in space: advancing astronautics research in China, 2014, 15-17.

152. Wang L, Wu S, Cao G, et al. Biomechanical studies on biomaterial degradation and co-cultured cells: mechanisms, potential applications, challenges and prospects[J]. J Mater Chem B, 2019, 7(47): 7439-7459.

153. Wang P, Wang Z, Wang D, et al. Altered gravity simulated by parabolic flight and

water immersion leads to decreased trunk motion[J]. PLoS One, 2015, 10(7): e0133398.

154. Wang Y, Jing X, Lv K, et al. During the long way to Mars: effects of 520 days of confinement(Mars500)on the assessment of affective stimuli and stage alteration in mood and plasma hormone levels[J]. PLoS One, 2014, 9(4): e87087.

155. Wang Y, Zhang X, Wang C, et al. Modulation of biological motion perception in humans by gravity[J]. Nat Commun, 2022, 13(1): 2765.

156. 王庭槐. 生理学[M]. 北京: 高等教育出版社, 2008.

157. Weir A. Artemis[M]. New York: Ballantine Books, 2017.

158. Wieling W, Dijk N V, Thijs R D, et al. Physical countermeasures to increase orthostatic tolerance[J]. J Intern Med, 2015, 277(1): 69-82.

159. Wilson J W, Clowdsley M S, Cucinotta F A, et al. Deep space environments for human exploration[J]. Adv Space Res, 2004, 34(6): 1281-1287.

160. Wilson J W, Ott C M, Höner zu Bentrup K, et al. Space flight alters bacterial gene expression and virulence and reveals a role for global regulator Hfq[J]. Proc Natl Acad Sci U S A, 2007, 104(41): 16299-16304.

161. Witze A. Astronauts have conducted nearly 3,000 science experiments aboard the ISS[J]. Nature, 2020. doi: 10.1038/d41586-020-03085-8.

162. Wu H, Huang C, Zhang K, et al. 2010 Mutations in cauliflower and sprout broccoli grown from seeds flown in space[J]. Adv Space Re, 46(10): 1245-1248.

163. Wu Y, Xie J, Wang L, et al. Circumnutation and growth of inflorescence stems of *Arabidopsis thaliana* in response to microgravity under different photoperiod conditions[J]. Life(Basel), 2020, 10(3): 26.

164. Quigley E M. Gut bacteria in health and disease[J]. Gastroenterol Hepatol(N Y), 2013, 9(9): 560-569.

165. 小多(北京)文化传媒有限公司. 少年时火星往返[M]. 合肥: 安徽新华电子音像出版社, 2021.

166. 小青, 李时来. "月亮树"传承航天情——记"阿波罗"14号任务背后的故事[J]. 航天员, 2013, 6: 62-63.

167. 徐清. 状物形与表我意——以《月华图》和《日出·印象》为例[J]. 艺术研究, 2020, 1: 82-83.

168. Xue X, Ali Y F, Luo W, et al. Biological effects of space hypomagnetic environment on circadian rhythm[J]. Front Physiol, 2021, 12: 643943.

169. 杨惠盈, 仝飞舟, 陈思羽, 等. 自然语言处理工具分析180天复合环境因素对1名志愿者情绪影响的个案研究[J]. 航天医学与医学工程, 2021, 34(3): 222-228.

170. 姚芳沁. 去火星定居? 建筑师已经造好房子了[J]. 第一财经周刊, 2018, 13: 42-45.

171. 伊恩·格雷厄姆. DK探索太空旅行[M]. 李楠, 译. 赵晖, 王俊杰, 审校. 北京:

科学普及出版社,2015.

172. 约翰·格里宾.地球生命简史［M］.张旭,译.北京:北京联合出版公司,2021.

173. Zeng X, Li X, Wang S, et al. JMSS-1: a new Martian soil simulant［J］. Earth Planet, 2015, 67(1): 72.

174. 扎克·斯科特.阿波罗——一部看得见的航天史［M］.陈朝,译.长沙:湖南科学技术出版社,2018.

175. Zhang J, Kaasik K, Blackburn M R, et al. Constant darkness is a circadian metabolic signal in mammals［J］. Nature, 2006, 439(7074): 340-343.

176. Zhang Y, Richards J T, Hellein J L, et al. NASA's ground-based microgravity simulation facility［J］. Methods Mol Biol, 2022, 2368: 281-299.

177. 中国人民解放军总装备部军事训练教材编辑工作委员会.航天医学工程概论［M］.北京:国防工业出版社,2005.

178. 郑文光.从地球到火星［M］.贵阳:贵州大学出版社,2010.

179. 中国科学院生物物理研究所.小狗飞天记——中国生物火箭试验纪实［M］.北京:科学出版社,2008.

180. 尹传红.漫游——卜毓麟的科学文化之旅［M］.保定:河北大学出版社,2001.

181. 赵玉芬.探索神奇火星［M］.北京:科学普及出版社,2022.

182. 郑宝拉.诅咒兔［M］.田禾子,译.桂林:广西师范大学出版社,2022.

183. Zheng H Q. Flowering in space［J］. Microgravity Sci Technol, 2018, 30: 783-791.

184. Zschokke S, Countryman S, Cushing P E. Spiders in space-orb-web-related behaviour in zero gravity［J］. Naturwissenschaften, 2020, 108(1): 1.

图书在版编目（CIP）数据

走出地球的生命 / 郭金虎著 . —上海：上海科技
教育出版社，2024.1

（哲人石 . 科学四方书系）

ISBN 978-7-5428-8047-5

Ⅰ . ①走…　Ⅱ . ①郭…　Ⅲ . ①空间探索−普及读物
Ⅳ . ① V11−49

中国国家版本馆 CIP 数据核字（2023）第 242296 号

责任编辑　伍慧玲　匡志强
封面设计　木　春

ZOUCHU DIQIU DE SHENGMING

走出地球的生命

郭金虎　著

出版发行　上海科技教育出版社有限公司
　　　　　　（上海市闵行区号景路 159 弄 A 座 8 楼　邮政编码 201101）

网　　址	www.sste.com　　www.ewen.co	
经　　销	各地新华书店	
印　　刷	上海颛辉印刷厂有限公司	
开　　本	720×1000　1/16	
印　　张	21	
版　　次	2024 年 1 月第 1 版	
印　　次	2024 年 1 月第 1 次印刷	
书　　号	ISBN 978-7-5428-8047-5/N·1204	
定　　价	128.00 元